JN441425

건축 · 도시 · 조경의 지식 지형

건축 · 도시 · 조경의 지식 지형

Topography of Discourse: Architecture, Urbanism and Landscape Architecture

초판 1쇄 펴낸날 2011년 12월 28일

지은이 정인하, 배형민, 조명래, 민범식, 배정한, 조경진

펴낸이 신현주 ‖ 펴낸곳 나무도시 ‖ 신고일 2006년 1월 24일 ‖ 신고번호 제396-2010-000140호

주소 경기도 고양시 일산동구 장항동 733 한강세이프빌 201-4호

전화 031-915-3803 ‖ 팩스 031-916-3803 ‖ 전자우편 namudosi@chol.com

필름출력 한결그래픽스 ‖ 인쇄 백산하이테크

ISBN 978-89-94452-12-8 93610

정가 17,000원

건축 · 도시 · 조경의 지식 지형

Topography of Discourse: Architecture, Urbanism and Landscape Architecture

정인하, 배형민, 조명래, 민범식, 배정한, 조경진 지음

나무도시

· 서 문 ·

이 책은 20세기 후반에 이루어진 건축 · 도시 · 조경 분야의 지식 지형을 통합적으로 접근하면서, 그것이 가지는 실천적인 함의를 집중적으로 드러내기 위해 쓰여졌다. 지금까지 한국에서 이 세 분야는 자연으로부터 물적 세계를 구축하는데 있어서 긴밀하게 연관되었음에도 불구하고 서로 소통하려는 시도가 별로 없었던 것이 사실이다. 그것은 여러 가지 원인들로부터 비롯되었다. 우선 대학에서 그들은 완전히 별개로 교육되었다. 건축은 공과대학에서, 조경은 농과대학, 공과대학에서, 그리고 도시는 공과대학, 인문대학, 사회대학 등에서 독립된 전공으로 교육되었다. 서구에서는 많은 경우 별도의 단과 대학에서 이들 분야에 대한 통합된 교육을 실시함에도 불구하고 한국은 그렇지 못했다. 이렇게 높은 칸막이가 쳐진 교육을 받은 학생들은 곧 사회로 진출하여 독자적인 전문영역을 확보하게 되고, 독립된 제도와 업역 아래서 작업을 해 나가게 된다. 이로 인해 각 영역들 사이의 분리는 심화되었다.

그렇지만 21세기에 들어와서 많은 전문 영역들이 서로 통섭되는 경향을 뚜렷이 보이고 있다. 그것은 물적 세계를 구축하는 분야들도 마찬가지여서, 그동안 별도의 영역으로 간주되었던 건축 · 도시 · 조경 분야가 지속가능성이라는 주제를 중심으로 긴밀하게 소통하기 시작했다. 여기에는 여러 가지 이유가 작용했다. 무엇보다 엄청난 도시화 과정에서 생겨난 다양한 문제들을 해결하기 위해, 이들 분야들의 독립적인 개입보다는 통합적인 접근이 바람직하다는 공감대가 형성되었다. 사실 현대 도시 속에는 너무나 많은 기능들과 시설들 그리고 복잡한 사회 · 경제적 의미들이 함축되어 있어서 건축 · 도시 · 조경으로 각기 개입해서는 문제들을 적절하게 해결할 수 없었다. 이와 함께 도시의 급속한 팽창이 어느 정도 마무리된 시점에서 도시를 기능적인 관점보다는 환경적이고 생태적인 관점으로 보려는 시각이 우세해졌다. 이에 따라 건축 · 도시 · 조경 분야의 조율된 접근이 요구되는 다양한 프로젝트들이 이어졌고, 이것은 각 분야에 대한 협동적인 참여를 진작시키게 되었다.

한국에서 건축 · 도시 · 조경 세 분야는 오랫동안 독자적인 영역으로 발전해 왔기 때문에 그들을 통합적인 틀 속에서 사고하는 것이 힘든 것이 사실이다. 그래서 여러 번의 논의를 통해 이같은 다양성을 통합할 수 있는 틀을 고안해 내는 것이 이 책의 저자들에게도 매우 어려운 과제로 다가왔다. 담론, 아비투스, 구조, 생성 메커니즘과 같은 다양한 주제어들이 제시되었지만 결국 지식 지형이란 말이, 많은 논란에도 불구하고,

최소한의 통합적 틀을 유지할 수 있다고 판단되었다. 지형은 특정 장소나 영역들의 상대적인 위치를 기술하고, 그들의 물리적 · 사회적 · 문화적 경계를 탐구하는 지리학적인 용어이다. 최근 들어 이 개념이 광범위하게 도입된 배경에는, 풍경-scape이라는 말과 함께 지형도 혹은 지도 제작 등이 다양한 의미작용을 효과적으로 재현할 수 있는 매체로 각광 받으면서였다. 또한 그들은 대단히 개념적이면서도 동시에 실천적인 의미를 갖는다. 지형이라는 개념이 인문학과 사회학 그리고 공학과 예술에 폭넓게 걸쳐 있는 것은 바로 이런 성격 때문이다. 특히 건축 · 도시 · 조경처럼 실천을 전제로 지식이 형성되어야 하는 분야에서는 이 말은 매우 효과적으로 사용될 수 있다.

지형이라는 개념을 통해 우리는 여러 점들을 보다 효과적으로 드러낼 수 있다. 우선 지형이라는 개념은 다양한 현상들을 구조화시키는데 커다란 장점을 가진다. 지형은 하나의 장 속에 포함된 다양한 힘들을 공간적으로 배치하기 때문에, 물적 세계를 둘러싼 여러 현상들의 구조적 속성을 드러내는 데 매우 유용하다. 두 번째로 현대 문명은 빠른 변화와 흐름으로 특징 지워지기 때문에 지형은 그런 움직임을 포착하는 데 많은 장점을 가지고 있다. 여러 개의 지형도를 연속적으로 중첩시킬 경우 움직임의 전략과 전개방식이 쉽게 도출될 수 있기 때문이다. 마지막으로 지형은 물적 세계를 창조하는 주체들과 구조화된 현실 사이를 연결시키고 있다. 주체와 현실은 상호의존적인 방식으로 관계 맺고 있다. 즉, 구조화된 현실은 주체들에게 실존적 지평으로 작용한다. 모든 주체들은 객관적인 사회 현실 속에서 활동을 하며, 그들의 행위 역시 그 속에서 이루어진다. 그렇지만 구조화된 현실은 운동 경기의 규칙처럼 명확하게 드러나지 않고, 또 시간이 지나면서 계속해서 변해 나간다. 따라서 주체들은 그것의 작동원리를 직관적으로 혹은 다양한 연구를 통해 파악한 후 그들을 최대한 이용하려 한다. 또한 필요한 경우 그런 규칙들의 불합리한 측면을 지적하고 그들을 부단히 변화시키려고 노력한다. 이 과정에서 도전과 다양한 마찰들이 수반되기도 하지만 어떤 식으로든 주체는 이런 과정을 통해 사회 구조와 상호작용하게 된다. 그리고 구조화된 그들의 내면에 내재화된다. 이 과정에서 독특한 지식 지형이 형성된다. 그것은 의식과 현실 사이에서 지형도가 그려지는 과정이다.

지식 지형이라는 큰 우산 아래 모두 여섯 개의 글들이 모아졌다. 그들은 건축 · 도시 · 조경이라는 각기 다른 관점으로 지형도를 그리고 있기 때문에, 중첩되는 부분들보다는 서로 상이하게 어긋나는 부분들이 훨씬 더 많다. 그렇지만 이 글들은 근대성, 정체성, 환경, 장소, 현실, 생산과 같은 키워드들을 공통적으로 포함하고 있어서 지식 지형을 그리는 데 중요한 바탕을 제공하고 있다. 또한 논리 전개과정에도 몇 가지 공통점이 드러난다. 즉, 정인하가 사용한 '아이디어와 현실' 의 이분법, 조명래가 제기한 도시에 관한 '추상지와 경험지' 의 구분, 그리고 배형민이 제기한 '서구적인 지식과 체험에 의한 앎' 과의 구분을 통해, 비록 사용된 용어가 다르지만 근대화 과정에서 표출된 지식과 현실 사이의 간극을 읽어 낼 수 있다. 그리고 조명래의 '자기다움의 표출 혹은 재현적 근대성' , 배정한의 '박정희의 전통 이데올로기' , 조경진의 '장소의 기억과 재현' , 배형민의 '전통과 파편' 을 통해 각 영역에서 정체성의 추구가 공통적으로 일어나고 있음을 알 수 있다. 그리고 민범식의 '건전한 공동체 의식' , 배형민의 '개인의 형태의지와 공공의 존재' , 조명래의 '도시주체들의 사회적 참여' 등에서 도시공간 속에서 나타나는 개인과 공공 사이의 대립과 참여의 이중적 과제를 읽어낼 수 있다.

건축분야를 다룬 정인하와 배형민의 글은 비슷한 시기의 건축을 이야기하고 있지만, 글쓰기의 방식과 관점에 있어서 그다지 많은 접점들을 드러내지 않는다. 정인하가, 주로 현실 속에서 등장하는 건축의 본원적 가치들인 장소, 프로그램, 유형, 기술, 그리고 지역성을 중심으로 논의를 전개해 나간 반면, 배형민은 건축과 언어, 파편과 알레고리를 통해 건축가들의 담론에 접근하기 때문이다. 정인하가 다양한 건축 현상들을 준거시키려는 지시 체계를 찾아 나선 반면, 배형민은 그런 틀의 존재를 부정하고, 한국 현대 건축에서 나타나는 파편의 의미를 부각시키기 때문이다.

비슷한 차이가 도시 분야에서도 발견된다. 조명래와 민범식의 글은 도시를 바라보는 두 가지 다른 시각을 던져주고 있다. 조명래는 "도시지식이 도시현실, 도시 관련 지식 주체, 도시의 역학구조, 그리고 도시 관련 지식의 패러다임이라는 네 가지 요소들의 상호관계 속에서 생성되고 변화를 겪는다"고 주장하였다. 그리고 1980년대 이후의 도시지식의 유형이 토목적, 성찰적, 시민적, 권력적 도시지식으로 변천해 갔다고 주장하였다. 이런 생각은 도시를 정치경제적 관점에서 바라보았을 때 보다 유의미해 보인다. 조명래의 글과는 달리 민범식의 '이상적 도시환경'은 1990년대 이후 도시설계에 나타난 새로운 변화들을 요약해서 소개하고 있다. 조명래의 분류에 따른다면, 그것은 제도권 학회나 연구기관이 주도적으로 생산하고 유포하는 지식으로 정책적 도시담론이라고 부를 수 있는 것이다. 그것은 사회에서 요구하는 다양한 요구들을 도시 공간 속에서 실현하기 위해 적절한 도시계획적 방법을 개발하는 것을 의미한다. 또한 기존의 도시설계에서 등장하는 문제점들을 파악하고 보다 나은 대안들을 제시하는 것을 목표로 하고 있다. 그런 점에서 민범식의 도시지식은 도시에 대한 이념적인 접근보다는 실천적인 의미가 강조된다.

배정한과 조경진의 글은 한국 현대 조경의 지식 지형을 다루고 있지만, 그들의 시각은 엇갈려 있다. 배정한은 "한국 현대 조경의 지형이 내부적인 성찰과 성장에 의해 자생적으로 형성되지 못했고, 정치적 상황, 도시 및 개발정책, 전통에 대한 강요, 대중의 획일적 취향과 같은 외부적 지식에 의해 실천의 방향이 좌우되었다"고 보고, 그런 왜곡된 현상의 근저에는 박정희의 조경관이 위치해 있다고 생각한다. 이에 비해 조경진은 장소의 기억과 재현의 차원에서 한국 조경의 현대성을 내부로부터 탐구하고 있다. 그에 따르면, "1970년대 조경이 제도화되면서 일제하의 장소 기억들을 소멸시키는 동시에 애국적인 영웅들을 부각시켜 집단적인 기억을 새롭게 재생시키려 한 반면,

1980년대 이후에는 개별 부지의 장소적 기억을 다양한 방식으로 재현해 나가고 있다"고 보고 있다. 이런 두 가지 생각에서 조경의 지식 지형이 갖는 자율성과 외부 의존성을 동시에 엿볼 수 있다.

이 책은 건축 · 도시 · 조경이라는 세 가지 분야를, 한편으로는 지식 지형이라는 통합적 틀로 묶으면서, 다른 한편으로는 엇갈린 시각을 통해 표출된 분열과 단절을 그대로 드러내고 있다. 그런 점에서 이 책은 매끈한 표면을 가지기 보다는 굴곡과 불연속성으로 특징 지워진다고 생각한다. 이 때문에 여기에 실려진 글들을 어떻게 읽느냐가 매우 중요하며, 그 단절된 심연을 채워나가는 것은 순전히 독자들의 몫이라고 생각한다.

2011년 겨울

저자들을 대표하여

정인하

·차 례·

Part3. 조경의 지식 지형

· Part1 ·

건축의 지식 지형

Topography of Discourse: Architecture

현실의 발견 _ 정인하

근대화의 정착과 세계화로의 이행

파편과 체험의 언어 _ 배형민

1980년대 이후 한국 건축 담론

현실의 발견

근대화의 정착과 세계화로의 이행

정인하 _ 한양대학교 건축학부 교수

이 글은 1980년대 후반부터 1990년대 중반까지 나타난 한국 건축의 지식 지형의 변모 과정을 서술하고자 한다. 특별히 이 시기를 조명하려는 이유는, 이 시기의 건축이 과도기적이어서 이전까지의 성과들을 함축하면서 동시에 이후에 전개될 경향의 단초를 드러내기 때문이다. 또한 그것은 당시 한국 사회의 근본적인 변화와도 깊게 맞물려 있다. 이 시기 한국 사회는 정치적으로 군부 독재가 마감되면서 민주화된 정치 체제로 이행되던 시기였다. 그것은 군인들에 의해 주도된 개발 독재 시대가 끝났음을 의미했다. 경제적으로는 수출 위주의 성장 정책에서 복지와 분배의 문제가 중요시되기 시작했다. 경제 성장에 따라 대거 늘어난 중산층의 욕구를 정부가 더 이상 억압할 수 없게 되었다. 사회적으로는 이때에 이르러 인구 성장이 멈췄고 도시 인구도 더 이상 늘어나지 않았다. 여기에다 한국을 둘러싼 국제적인 질서도 급격하게 바뀌고 있었다. 냉전 체제가 붕괴되면서 세계는 자본주의 중심의 일극 체계로 재편되었다. 이에 따라 한국 사회는 새로운 세계 질서에 맞춰 모든 것을 바꿔 나가야만 했다. 건축가들 역시 이런 변화에 민감하게 반응했고, 과거와는 다른 방식의 건축을 추구하게 되었다.

1980년대 후반부터 한국 사회를 강타한 일련의 변화들로부터 우리는 19세기말부터 시작된 근대화 과정이 한국 사회에 어느 정도 정착되어가고 있음을 확인할 수 있다.[1] 그것은 서구의 학자들이 제시했던 모더니티의 핵심원리들이 한국 사회에서 유효하게 작동하기 시작했음을 의미한다. 그렇지만 근대화가 진행되던 1990년대 중반부터 또다시 변화가 시작되는데, 세계화라는 엄청난 파도가 한국 사회를 덮쳤던 것이다. 세계화는 근대화와는 근본적으로 다른 속성을 가지고 있다.[2] 아파두라이에 따르면 세계화는 더 이상 중심과 주변, 흡입과 압출, 잉여와 결손, 소비자와 생산자라는 이원적 관계에 의해 설명되지 않는다. 근대 문명처럼 서구로부터 제삼세계로, 도시로부터 농촌으로, 생산자로부터 소비자로 일방적인 방향으로 전파되고 수용되지 않기 때문이다. 대신 전체 장 속에서 모든 것들이 서로 영향을 주고받으면서도 국지적인 특수성을 그대로 보유하게 된다.[3] 거기서 다양한 지역성들은 서로 공존하며 하이브리드적인 문화를 만들어내고 있다. 이 같은 상황은 건축을 근본적으로 새롭게 정의하게 만들었다. 오늘날 한국 사회는 모든 분야에서 세계화의 직접적인 영향을 받고 있다. 이런 점에서 1980년대 후반부터 1990년대 중반까지의 시기는 일종의 전환기로서, 한국 건축가들은 이중적 과제를 떠안게 된다. 즉, 20세기에 이루어진 근대 건축을 비판적으로 수용하면서, 세계화의 새로운 담론에 적응해 나가는 것이다. 이 시기 건축 지식의 지형은 바로 이런 현상을 정확하게 반영하고 있다.

한국 근대 건축에서의 현실과 지식 체계

20세기 한국에서 이루어진 근대화 과정은 서구와는 근본적으로 다른 길을 걸었다. 그것은 대단히 불연속적이고 이질적인 과정을 거쳤으며, 또한 서구보다 한참 뒤늦게 이루어졌다. 건축법의 제정, 공공주택의 건설, 신도시 건설과 같은 도시화의 주요 지표들만을 비교해 볼 경우 한국과 서구 사이에 대략 50~100년에 이르는 시간적 격차를 계산해 낼 수 있다.[4] 이로 인해 한국의 근대 건축은 몇 가지 독특한 현상을 경험하게 된다.

첫 번째로 건축가들이 갖고 있었던 생각들과 현실적 토대 사이의 관계가 역전된 것이다. 서구에서는 근대 건축이 출현하기 전에 이미 그 현실적 토대를 갖추고 있었다. 서구 건축가들은 이런 새로운 현실을 바탕으로 건축과 도시에 대한 지식 체계를 만들어냈다. 근대 건축은 산업혁명 이후 나타난 새로운 현실을 포착하여, 거기서 나타나는 여러 문제들을 해결하는 과정에서 성립되었다. 건축가들은 가용할만한 모든 재료들을 가지고 새로운 현실에 적합한 건축형태와 공간을 만들어냈다. 이런 점에서 서구의 근대 건축은 하나의 양식으로 자리 잡기 이전에 이미 현실 자체를 직접적으로 반영하고 있다. 지식 체계는 그런 다양한 현실을 건축 및 도시 담론으로 전환시키려는 지적인 노력들이다. 그렇지만 유럽에서 확립된 지식 체계가 2차 대전 이후 다른 나라들로 전파되면서 다른 모습을 띠게 된다. 그것은 중성적으로 전달되지 않고 힘, 지배 그리고 복잡한 헤게모니의 관계를 포함하게 된다. 이로 인해 서구의 지식 체계들이 한국 지식인들의 사유의 중심에 자리 잡게 되었고, 한국의 지식인들은 그것에 맞춰 한국의 현실을 바꿔나가야만 했다. 에드워드 사이드Edward Said가 이야기한 오리엔탈리즘Orientalism은 바로 여기서 발생했다.5) 이 경우 근대 건축을 배태시킨 현실은 배제되었고 오직 완성된 담론 체계로서 수입되었을 뿐이었다. 한국 건축가들은 현실을 통해 하나의 지배적인 지식 체계로 발전되는 과정에 참여할 수 없었고, 대신 이미 만들어진 건축적, 도시적 성과물들을 한국 건축이 도달해야 할 선험적인 모델로 설정하였다.

지식 체계와 현실이 전도되면서 나타나는 가장 큰 문제점은 건축 행위를 둘러싼 다양한 활동들을 포섭할 수 있는 지시 체계frame of reference가 붕괴된 것이다. 이에 따라 도시, 예술 그리고 기술들 사이의 학제적인 연계가 거의 불가능해졌다. 서구에서 이들은 모두 하나의 동일한 현실로부터 도출되었던 반면, 한국은 각 분야에서 필요한 만큼 각기 다른 모형을 받아들였고, 이로 인해 이들 분야들 사이에 심한 단절과 불균형이 발생하게 되었다. 이와 함께 건축사 속에서 등장하는 모든 건축적 성과들이 단편으로서 고립되는 현상이 발생했다. 가령 김중업의 삼일로 빌딩과 김종성의 효성 빌딩은 동일한 건축 모형에서 유래된 것이지만 그들이 처했던 현실은 전혀 달랐다. 즉, 삼일로 빌딩의 경우 주로 일본에서 전적으로 수입된 재료들과 시공방식으로 건설된 반면, 효성 빌딩은 순수하게 국내 시공기술과 재료만으로 지어진 것이다. 이처럼 동일한 원전으로부터 비롯되었지만 각기 다른 물적 기반에 의존하기 때문에 이 두 건물 사이에 의미 있는 관계를 설정하기가 매우 어렵다. 오직 시그램 빌딩-삼일로 빌딩, 시그램 빌딩-효성 빌딩과의 일방적인 관계만이 성립할 뿐이다.

세 번째로 한국 건축의 담론에서 전통이 지나치게 강조된 점도 이 같은 상황에서 발생했다. 서구에서도 근대화 이전 오랫동안 발전시켜온 건축적 전통이 존재했다. 그렇지만 그것은 산업혁명 이후 새롭게 전개된 현실을 더 이상 담아낼 수 없었다. 이에 따라 근대 건축가들은 그것을 철저하게 거부하는 대신, 대량생산된 건축 재료들과 공업화된 시공방식에 기반한 새로운 방식을 추구했다. 그러나 한국을 포함해서 동아시아의 국가들은 이와는 다른 태도를 취하게 된다. 이들 지역의 건축가들은 지역적 전통을 철저하게 거부하기 보다는 오히려 어떤 방식으로든 그것과의 결합을 도모하게 된다. 그것은 하나의 지식 체계로서 수입된 근대 건축이 동아시아인들의 삶과 현실에 직접적으로 관계 맺지 못했기 때문에 일어난 현상이라고 생각한다. 그런 점에서 한국 건축에서의 전통 논의는 현실의 부재가 만들어낸 일종의 대리보충의 심리로 여겨진다.

마지막으로 지적 체계와 현실 사이의 관계가 역전되면서 도시 분야에서 중앙정부의 역할을 지나치게 확대시키는 결과를 가져왔고, 그것은 결국 개발 독재development dictatorship[6)]의 시대로 이어졌다. 특히 1960년대 이후 1990년대 중반까지 건축과 도시

정책들의 대부분은 중앙정부에서 수립되었고, 건축가들은 의사결정과정에서 배제되었다. 일단 국가의 근대화가 최종적인 목표로 정해진 이상, 그것을 가장 빨리, 가장 효율적으로 성취하는 것이 지상의 과제로 설정되었다. 고도로 중앙 집중화된 계획시스템이 도입되었고, 상향식 개발 정책에 반대하는 논의들은 계속해서 묵살되거나 탄압되었다. 한국에서의 근대화는 서구와는 달리 다양성이 결여된 채 단선적으로 이루어졌고, 이로 인해 새로운 담론을 생성해 낼 수 있는 현실적 바탕이 결여되었다.[7]

현실에 대한 새로운 인식

1980년대 후반 이후 현실에 대한 새로운 인식이 대두되기 시작했고, 그것은 한국 건축을 크게 변모시켰다. 그렇다면 이 시기에 이르러 이처럼 현실이 강조된 이유는 무엇일까? 이들 질문에 대한 대답은 한국 건축의 근대화 과정과 연관 지으며 검토될 필요가 있다. 김수근과 김중업으로 대변되는 소위 한국 건축의 1세대 건축가들은 서구의 근대 건축을 한국 사회에 정착시키는데 집중했다. 그들은 외국의 앞선 건축 문화를 받아들이면서 거기서 그들 건축의 정당성을 찾으려 했다. 그 과정에서 근대 건축을 주어진 아이디어로서 받아들였을 뿐, 그것을 도출해낸 현실에 대해서는 별다른 관심을 기울이지 않았다. 수용을 전제로 근대 건축에 접근했기 때문에 시기에 따라 계속해서 변모하는 물질적 기반들과 삶의 방식들을 제대로 포착해 낼 수 없었다. 또 한국 사회가 너무나 낙후되었기 때문에 건축가들이 몸담고 있는 현실이 그들의 건축행위에 바탕이 되질 못했다. 이 때문에 1세대 건축가들은 현실에 앞서 이미 형성되어 있는 개념을 선험적인 것으로 받아들일 뿐이었다. 그렇게 해서 일단 목표를 설정한 다음에는 그것 자체에 대해 더 이상 의문을 제기하지 않았다. 그 대신 그것을 효율적으로 성취하는 방법에 몰두했다. 그들은 설계에 앞서 어떤 식으로든 선례를 가지고 시작했고, 오히려 그것을 제대로 충족시켜주지 못하는 현실을 바꾸고자 했다.

그렇지만 이런 인식은 1980년대 후반 이후 크게 바뀌게 된다. 20여 년에 걸친 집약적인 경제성장을 경험한 후 한국 사회는 다원화되었고 고도화되었으며, 이에 따라 미리 고정된 인식만으로 다양한 현실들을 수용해 내기가 어렵게 되었다. 건축가들은 현실에 맞춰 다양한 건축 담론을 스스로 만들어내야만 했고, 그것을 위해 담론들을 생성시키는 현실을 어떤 방식으로든 이해해야만 했다. 이런 상황은 건축을 바라보는 눈을 완전히 바꿔 놓았다. 건축 담론이 선험적 모형보다는 현실적 토대 위에서 재구성되어야만 했기 때문이다.

물론 1990년대 이후에도 서구의 건축 경향은 계속해서 흘러 들어왔지만, 이들은 이전처럼 일종의 선험적 모형으로서 작용하지 않았다. 그보다는 현실적 토대를 구성하는 다양한 요소들 가운데 한 부분으로 간주되었다. 이에 따라 이 시기 건축을 지배한 것은 더 이상 선험적인 개념이 아니라 현실적인 방법론이었다. 선험적인 모형을 취할 경우 현실을 이해하려는 다양한 접근 방법들이 배제되었고, 이로 인해 건물 속에서 체험되는 경험의 폭이 대단히 빈약했다. 그렇지만 새로운 건축 경향이 현실이라는 토대 위에 배치되면서 비로소 다양성을 획득하게 된다. 현실은 여러 양상들을 파생시키는 공통된 기반으로 작용했고, 이로 인해 그런 양상들은 설명 가능한 관계를 획득하게 되었다. 그 이전까지 한국 건축에서 그 같은 관계는 잘 발견되지 않았다. 그렇지만 1980년대 중반 이후 다양한 건축 경향들은 동일한 현실을 바탕으로 만들어졌고, 이에 따라 아무리 시각이 다양하더라도 그들은 일정한 토대 위로 수렴될 수 있었다.

이처럼 한국 건축이 리얼리티를 바탕으로 만들어진 데에는 네 가지 요인들이 복합적으로 작용했다고 생각한다. 우선 이 시기 동안 엄청난 물량의 건설 공사가 이루어졌다. 200만호 주택 건설을 위한 신도시 개발이 본격적으로 이루어졌고, 대규모 공공 프로젝트들이 동시에 진행되면서 사상 유례 없는 건설특수를 맞이하였다. 이 시기 동안 치러진 국제행사만 해도 1988년의 서울 올림픽, 1992년의 대전 엑스포, 2000년 ASEM

회의, 2002년의 한일 월드컵, 부산 아시안게임 등 다양했다. 이 과정에서 건설 산업은 전체 국가 경제의 30%를 차지할 정도로 팽창했다. 이것은 한편으로 한국 건축가들에게 엄청난 기회를 제공했지만, 다른 한편으로 건축가의 생각을 현실적인 한계 속에 가둬 버리는 상황을 초래했다. 두 번째로 경제성장과 함께 성장한 도시 중산층들이 대거 건축주로 등장하면서 그들의 생각이 이 시기 건축에 깊이 반영되기 시작했다. 그들은 경제적인 측면을 충분히 고려하면서도 기능적으로 편리하고 안전한 건축을 요구했다. 이런 변화와 함께 1970년대부터 발전하기 시작한 생산기술과 시공기술이 이 시기에 이르러 일정 수준에 도달했고, 이에 따라 한국의 건축가들은 별다른 어려움 없이 사실적이고 객관적인 건축을 추구할 수 있었다. 특히 1970년대 중반부터 시작된 한국 건설업체의 중동 진출은 시공기술을 높이는 중요한 계기를 마련했다. 그리고 마지막으로 지적할 사항은 이 시기에 활동을 시작한 건축가들의 사유방식과 관계된다. 1980년대 들어서 그때까지 건축 담론을 주도했던 김수근과 김중업이 잇달아 타계하면서 일종의 공백상태를 맞게 되었다. 그렇지만 문제는 그런 공백상태를 메울만한 새로운 대안이나 방향성이 설정되지 않았다는 점이다. 그것은 혼란을 의미했고, 그런 상황은 1990년대 초반까지 계속되었다. 그 과정에서 새로운 건축가 그룹의 출현을 보게 된다. 그들은 대학에서 근대 건축에 관한 교육을 주로 받았고, 그래서 그들의 설계방식에는 근대 건축의 이념이 자연스럽게 녹아들게 된다. 그들은 현실적인 인식을 바탕으로 많은 수의 프로젝트들을 수행했고, 필요에 따라서 대규모 사무실을 운영하기도 했다. 1980년대 들어서 100명 이상의 직원을 가진 설계사무소가 여럿 등장하게 된 것은 우연이 아니다. 그들은 건축 개념의 탐구보다는 각 프로젝트들이 가지는 현실적인 문제들을 해결하는데 주력했고, 또한 단시간 내에 엄청난 양의 건물을 설계했다.

이런 요인들이 복합적으로 작용하면서 한국의 건축은 처음으로 통일된 지시 체계 속에 포섭되는 양적인 다양성을 확보할 수 있었다. 1990년대 한국 건축은 대단히 엷게

펴져 있는 표면 속에 분포된다. 거기서 두께는 잘 감지되지 않지만, 시각의 다양성은 명확해 보인다. 그리고 이런 다양성은 리얼리티의 발견과 직접적으로 연관되어 있다. 즉, 건축에서 현실을 바라보는 관점은 다양하게 열려 있고, 그 현실은 다양한 건축적 방법들을 생성시키기 때문이다. 그래서 이 시기의 건축 지형도는 얇은 표면으로 펼쳐져 있다. 그 모습은 마치 근대성modernity이라는 두꺼운 밀가루 반죽을 계속해서 밀어서 만들어낸 평평한 표면을 상상해 보면 쉽게 이해될 것이다. 이것을 위에서 바라다보면 매우 다양한 모양을 띠고 있지만, 이상한 점은 눈을 아래로 돌려서 그 판의 측면을 바라보면 모두 하나의 얇은 선으로 수렴된다는 것이다. 1990년대 한국 건축은 그 다양성만큼이나 획일적인데, 그 이유는 지형도가 입체적이지 않기 때문이다. 건축가들은 새로운 개념을 생성해 내기보다는 기존의 건축적 아이디어를 소비해서 현실적 요구들을 충족시키는데 몰두했다. 이로 인해 건축의 중심이 비어 버리는 현상이 발생했다. 그리고 엄청난 건설 물량에도 불구하고 새로운 건축을 생성해낼 잠재성의 두께를 만들어내지 못했다. 이 시기 건축가들의 활동은 대부분 '삶의 조건' 이라는 얇은 표면에 갇혀 있고, 그래서 그것은 언제든 현실 속으로 와해되어 버릴 위험을 내포하고 있었다.

현실을 바탕으로 한 건축과 지역성

현실을 바탕으로 한 건축은 지역성을 이해하는 데도 커다란 변화를 불러 일으켰다. 사실 근대성과 지역성은 20세기 한국 건축을 규정짓는 두 가지 축이었다. 이들은 서로 경쟁하면서 매우 독특한 건축적 지형을 발생시켰다. 그렇지만 1980년대 중반 이후 이 두 가지 경향은 모두 현실적 토대 위에서 건축 담론을 구성하는 요소들로 간주되었고, 이에 따라 그들의 관계 역시 바뀌게 된다. 경우에 따라서 이 두 가지는 서로 대립하기보다 보완적인 관계를 유지하기도 했다. 이 시기의 건축가들에게 가장 중요하게 제기되었던 질문은, 그 건물이 한국적인가를 묻기에 앞서, 현실적으로 가장 적합한 해결책인가를 묻는 것이었다.

새로운 세대의 건축가들은 건축주의 요구와 프로그램, 기능, 그리고 장소적 특징들을 모두 포괄하는 해결책을 발견해내려 했고, 오랜 지역적 전통과 첨단 테크놀로지 역시 그것을 위한 중요한 요소로 간주되었다. 거기서 "지역성은 더 이상 건축의 목표가 아니라 결과적으로 성취되는 것일 뿐이었다."[8] 이 같은 건축을 추구하는 건축가들은 유행하는 건축 개념이나 최신의 건축 언어에 대해 그다지 민감하지 않았다. 이 시기 세계 건축계를 풍미했던 포스트모더니즘, 하이테크 건축, 해체주의 건축으로부터 한 발짝 옆으로 비껴나서 오직 현실적인 문제들을 해결하는데 집중했다. 개념을 바탕으로 건축 작업을 하는 대신 그들은 주어진 현실을 대단히 긍정적으로 받아들이고, 그것을 통해서 다양한 방법론들을 탐구하려 했다. 아이디어는 그 과정에서 생겨나고, 그것은 건축가가 현실을 어떻게 바라보느냐를 이야기하고 있다.

이 시기에 활동한 건축가들은 건축을 더 이상 선험적 모형을 통해 접근하지 않고, 대신 건축가들이 발 담고 있는 '현재 여기'를 어떻게 드러내느냐로 이해했던 것이다. 그것은 지역성 자체도 리얼리티를 구성하는 한 요소로 파악했음을 의미한다. 이런 생각은 국립중앙박물관 현상설계에서 극명하게 표출되었다. 새로 지을 건물의 한국적 특성에 대해 이 현상설계의 당선자는 "양식이나 형태보다는 고건축에서 느끼는 경험"[9]을 이야기했다. 사실 이 건물은 국가적 정체성을 표현해야 하는 건축물이었기 때문에, 독립기념관 현상설계 때처럼 또다시 전통 논쟁이 불거질 가능성이 높았지만 실제로는 그렇지 않았다. 그 대신 건물 내에서의 경험이 보다 충만하게 인식될 수 있도록 하는 건물의 질적인 가치가 무엇보다 중요하게 인식되었다. 이것은 이 시기에 이르러 건축을 바라보는 시각이 근본적으로 바뀌었음을 의미한다.

1980년대 중반 이후 등장한 한국 건축을 현실적이고 사실적인 건축으로 정의한 데에는 두 가지 이유가 있다. 첫 번째로 건축 설계가 선험적인 모형에 의해 지배되기 보다는 현실적인 조건을 바탕으로 이루어졌기 때문이다. 이 시기 건축가들은 다양한 현실적 요구들을 충족시키는 것을 최우선적인 과제로 설정했고, 이런 태도가 전체적인 건축적 담론의 지형도를 결정지었다. 그리고 이로 인해 다양한 방법론들이 등장한 것이 사실이다. 두 번째로 포스트모던 건축에서 볼 수 있는 것처럼 건축 디자인이 더 이상 자율적인 형식체계로 파악되는 것이 아니라, 다양한 기능들이나 구조체계, 그리고 장소성과 같은 현실적 조건들에 따라 결정됨을 의미한다.

현실의 참여

건축가들에게 한국의 현실이 중시되면서 그것에 대한 다양한 인식 방법이 등장했다. 사실 건축적 현실을 가장 심각하게 인식했던 건축가가 정기용이었다. 그는 서울건축학교Seoul Association of Architects의 운영위원으로 있으면서 한국의 건축과 학생들이 세 가지 병에 걸려 있다고 진단했다. 그에 따르면 "세 가지 병이란 건축과에만 들어오면 막연히 문화인이 된 듯한 '문화 병', 끊임없이 대가의 건축만을 건축으로 알고 있는 '대가 병', 그리고 자신의 프로젝트만이 세상을 구원할 것 같은 '유토피아 병'이다." 이 같은 병은 학생들뿐만 아니라 건축가들 역시 공통적으로 경험하는 것이기도 하다. 그는 그것을 치료하는 하나의 약을 제안한 바 있는데 그것이 바로 현실이다. "그것은 서양의 대가들의 건축과 도시 속에서 우리들의 해법이 있는 것이 아니라 지금, 여기 현실의 구체성 속에서 우리들의 문제와 해법이 있음을 역설한 것이다."[10] 그는 전통에 대해서도 다음과 같이 이야기했다. "어느 나라도 일본성, 불란서성, 이집트성을 찾아야 현대 건축이 발전한다고 말할 수 없다. 발견의 측면보다는 이것은 우리나라 현실에서 간곡히 요청되는 것에 귀를 기울이고 다양성을 주는 것이 더 급하다고 하겠다."[11]

그가 1996년부터 10여 년간 무주에서 행한 30여개의 건축 프로젝트들은 현실에 대한 이 같은 인식을 잘 반영하고 있다. 인구가 급감하고 있는 전형적인 농촌마을에서 그는 건축을 통해 현실을 새롭게 조직하는 법을 실험하게 된다. 1990년대 새롭게 실시된 지방자치법은 어렵게나마 이런 작업을 가능케 했다. 정기용이 무주에서 성취하고자 했던 것은 형태적, 공간적 수월성이 아니라 바로 주민들과 자연이 공간 조직에 능동적으로 참여할 수 있도록 충분히 플렉서블한 틀을 제공하는 것이었다. 1970년대 벨기에 건축가 루시앙 크롤이 프랑스 신도시에서 했던 것처럼[12] 그 역시 건축가의 사회적 역할에 대해 커다란 의미를 부여했다. 건축이 궁극적으로 사회를 바꿀 수 있다고 믿었다. 그에게 "건축은 사람들의 삶을 조직한다는 것을 대변해 준다. 즉, 건축에서는 외관의 형식을 정하는 게 중요한 것이 아니라, 사람들이 원하고 사회가 원하는 삶의 형식을 실현시킬 수 있게 해 주는 것이 먼저이고, 그 결과가 형태나 모양으로 드러난다. 이는 건축의 기능에 대한 문제가 아니라 면밀한 관찰을 통해 사람들의 삶을 보살펴 주는 배려에 대한 문제다."[13] 이 같은 생각은 1990년대 한국 건축가들이 가졌던 현실에 대한 인식의 단면을 잘 보여 준다.

비판적 지역주의

1980년대 후반에 등장한 현실적 건축은 비슷한 시기 서구에서 소위 '비판적 지역주의' 라고 불리는 경향과 일정 부분 맥을 같이 한다. 이것은 과거 개발시대에 등장했던 지역주의적 경향과는 완전히 다른 모습을 띠게 된다. 그것은 전통 건축을 선험적인 모델로 설정하지 않고, 건축적 현실을 구성하는 한 요소라고 간주했다. 특히 이 시기 건축가들은 대단히 빠르게 이루어지는 기술적 진보에 주목하였고, 그것을 한국의 지역적 특수성과 결합시키고자 하였다. 이로 인해 이것은 과거에 논의되었던 지역주의와는 많이 달라진다. 이전처럼 토착적인 재료나 독특한 수공업 그리고 자연 조건과 전통 문화, 신화 등이 서로 반응하며 자연발생적으로 만들어진 것이 아니다. 또한 과거로 회귀하려는 욕망을 수사적으로 부추기지도 않는다. 또한 하나의 양식으로 존재하기 보다는 현실을 건축적으로 발전시키려는 방법으로 존재한다. 우규승이 설계한 뉴욕 메트로폴리탄 박물관의 한국관은 이 점을 잘 나타낸다. 이 프로젝트는 12m×12m의 크기를 가진 작은 공간 안에 한국 문화의 본질을 담아내는 작업이었다. 그렇지만 건축가는 의도적으로 한국적인 모티브나 상징물들의 사용을 거부했고, 대신 빛이나 물성, 내향성을 바탕으로 그것을 표현하고자 했다. 전통적인 방식으로는 주변의 중국관이나 일본관과 경쟁할 수 없었기 때문이다. 이런 태도는 다른 건축가들에게서도 공통적으로 나타난다. 그들은 지역성을 존중하되, 그것을 합리적인 방식으로 표현하고자 했다. 이를 위해 각각의 현실을 상대화시키고 대상화시킬 필요가 있었다. 그들은 건축을 설계하며 개념적인 성취 보다는 좋은 건물을 만드는 것을 최우선적인 가치로 내세웠고, 이를 위해 다양한 방법들을 강구했다. 이 시기 건축가들의 대표작이라고 할 수 있는 국립현대미술관, 환기미술관, 명보극장, 밀알학교 등은 다양한 방향으로 발산하지만 명백히 이런 관점을 공유하고 있다.

이 시기 건축가들은 건축적 방법을 이야기하면서 공통적으로 현실을 중심에 놓고 있다. 그리고 무엇보다 그런 생각의 이면에는 미국의 실용주의가 강하게 자리 잡고 있다. 이와 관련해서 김태수는 다음과 같이 이야기했다. "나의 건축에서 가장 중심이 되는 동기는 '무엇이 적합한가' 이다. 개개의 디자인에 있어서 이 질문에 대한 대답은 몇몇 상호 연관된 요소들의 총합으로서 이런 요소에는 건축주의 요구, 예산, 건축 현장의 제한 요소 및 건축물의 기능이 있다."[14] 우규승은 자신의 건축적 목표를 "건물에 주어진 현실적 여건을 가장 잘 해결하는 것"[15]이라고 설정한 바 있다. 그리고 철저히 프로페셔널로서 건축주의 요구사항을 해결하는 것을 건축설계의 최우선 과제로 내세우고 있다. 유걸 역시 건축에서의 현실을 강조하며 다음과 같이 주장하고 있다. "한국의 건축가들은 건축을 너무 심각하게 생각하면서 오히려 심각한 현실로부터 유리되는 자가당착을 범한다. 건축은 그것이 담고 있는 삶이나 그 삶의 주인을 제거하고 나면 아무런 의미가 없는 물건이다."[16]

현실적 건축의 주요 특징들

현실을 바탕으로 설계된 건축물들은 모두 개별적이고 특이해서 그들을 하나의 양식이나 경향으로 묶어서 부르기가 힘들다. 그래서 그들에 대한 이해나 서술 역시 개별적일 수밖에 없다. 이 글에서는 건축가들의 주요 접근방식들을 중심으로 논의를 진행하고자 한다. 케네스 프램톤은 비판적 지역주의를 주장하면서 10가지 논쟁점들을 제시한 바 있다. 이들은 아직 많은 논쟁이 필요하지만 이들을 통해 신뢰할만한 바탕으로 도달할 수 있다고 그는 보았다.[17] 이 가운데 몇 가지 점들은 1980년대 중반 이후 등장한 현실적 건축을 이해하는데 시사하는 바가 크다. 그들은 바로 장소성(도시적 맥락), 프로그램(혹은 유형), 기술, 전통적 패턴이나 형태이다. 이들은 이 시기 건축가들의 주요 작품에서 공통적으로 나타나는 것이기도 하다. 그렇지만 이것은 르 꼬르뷔제의 근대건축의 다섯 가지 원칙처럼 필요불가결한 공리로서 작용하지 않는다. 그들은 하나의 건물을 설계하는 과정에서 동시에 등장하기도 하고, 건축 작품에 따라서 그 가운데 하나가 빠지거나 혹은 어떤 부분이 강조되기도 한다. 그런 점에서 그들은 건축적 현실로 접근해 들어가는 다양한 방법들로 이해될만하다. 건축적 현실이 건축가의 내면으로 주름 잡혀 만들어내는 내부성의 일부인 것이다.

장소성과 도시적 맥락

한국에서 자연은 오랫동안 건물들의 배치와 형태를 결정하는데 가장 핵심적인 역할을 해왔다. 그렇지만 그런 전통은 개발시대에 사라졌고, 자연은 도시화 과정에서 참혹하게 파괴되었다. 남산에 1960년대 건립된 대규모 공공시설들을 보면 이런 사실은 명확해진다. 그렇지만 1980년대 들어서 한국의 건축가들은 새로운 태도를 보이기 시작한다. 그들은 현실적 토대를 디자인의 출발점으로 삼았고, 이 경우 가장 먼저 다가오는 주제가 바로 건물이 들어설 대지가 가지는 도시적 혹은 자연적 맥락을 어떻게 이해하느냐였다. 특히 이 문제는 건축가 김태수에게 특별한 의미를 부여했다. 다른 한국 건축가들과는 달리, 그는 미국의 뉴잉글랜드 지역을 중심으로 활동하면서 한국에 여러 개의 건물을 설계했다. 건축 현실적 조건들을 중시하던 그가 미국과 한국에 작업을 하면서 각기 다른 방식으로 접근한 것은 당연해 보인다. 특히 한국 작품들에서는 고유한 자연 환경을 이용하여 독특한 장소성을 강조하는 방식을 자주 사용하였다. 이런 태도는 그가 설계했던 과천 국립현대미술관과 교보생명 연수원에서 잘 드러난다.

과천 국립현대미술관은 건축과 장소와의 관계를 탁월하게 실현하고 있다. 그렇다면 이 건물은 장소성을 어떻게 표현하고 있는가? 사실 장소성은 하나의 요소의 문제가 아니라 하나의 시간과 장소 속에서 건물과 자연 그리고 인간이 만들어내는 모든 관계들을 가리키는 것이다. 그래서 그것은 장소와 시간에 따라 다르게 체험되는 것이기도 하다. 이와 관련하여 건축가들이 고민하는 것은 두 가지이다. 먼저 대지가 갖고 있는 잠재력을 정확하게 파악하고 건물을 통해 그 잠재력을 확장시키는 것이고, 또한 건물 속에서 사람들이 다양한 풍경을 체험할 수 있도록 공간을 조직하는 것이다. 이것을 통해 대지와 건물이 일체가 되도록 했다.

건축가 김태수가 한국에 설계한 건물들에서 특히 그런 점들이 잘 나타난다. 그는 건물이 들어서게 되는 맥락에 따라 건물의 성격이 달라질 수밖에 없다고 생각했다. 특히 1980년대 중반에 잇달아 설계한 국립현대미술관과 교보생명 연수원은 미국에 설계한 박스형의 단순한 건물들과는 완전히 다른 면모를 보여 주고 있다. 미국에서 지은 건물들은 명백하게 두 가지 영향 하에서 이루어진 것으로 보인다. 하나는 뉴잉글랜드 지방의 도시적 맥락이다. "그가 설계한 건물들은 주변의 맥락 속으로 아주 자연스럽게 스며들어가고 있다. 그들은 주변 건물들을 결코 모방하지 않지만, 그들의 스케일과 형태를 자주 지시하고 있어서 전체라는 보다 큰 의미를 만들어낸다."[18] 두 번째는 예일 대학과 필립 존슨 사무소를 거치면서 터득한 합리적인 설계 원칙들이다. 그것은 대단히 현실적이면서도 최선의 해결책을 찾는 것이다. 그래서 그의 건축은 기능적으로 잘 조직되어 있고, 또 사용자들의 요구를 적절하게 만족시키고 있다. 그리드로 된 공간과 단순한 형태, 그리고 구조적인 명료성은 이 과정에서 도출되었다. 그렇지만 프로젝트에 따라 도시적 맥락과 내부 기능이 충돌할 경우도 있는데, 건물로부터 분리된 외벽을 통해 이들을 완충시키고자 했다. 이 점은 그가 코네티컷에서 설계했던 미들베리 초등학교와 하트포드 대학의 그레이 문화센터에서 잘 나타난다. 그는 이런 외벽이 유년시절에 한국의 전통 건축에서 등장하는 담에서 나왔다고 생각했다.

그렇지만 한국에서의 건축은 전혀 다른 방식으로 이루어졌다. 그것은 무엇보다 건물이 들어설 장소가 달랐기 때문이다. 철저한 현실주의자였던 김태수에게 이 점은 대단히 중요했다. 또한 설계 과정에서 그가 참조했던 건물들도 완전히 달랐다. 그가 한국을 떠나기 전에 강한 인상을 받았던 건물들이 건물 설계에 큰 영향을 미쳤다. 그런 점에서 김태수가 생각하는 현실은 사실적이면서 동시에 대단히 개인적인 것이다. 이런 점은 국립현대미술관을 설계하는 과정에서 잘 나타난다. 김태수가 국립현대미술관을 설계하면서 가장 먼저 했던 일은 건물이 들어설 장소를 둘러보는 일이었다. 대지는 청계산 아래에 있는 작은 언덕으로, 그 앞에는 커다란 과천 호수가 놓여 있어서 매우 아름다운 풍광을 가지고 있었다. 도심에서 한창 떨어진 산 속의 장소가 미술관 대지로 결정된 데에는 당시 군사정권의 무지가 크게 작용했다. 1981년 서울 올림픽 개최가 확정된 후 한국 정부는 현대미술관의 건립을 서둘렀다. 대지 선정에서 결정적인 역할을 담당했던 사람은 전두환 대통령이었다. 그는 외국의 야외 미술관에 큰 인상을 받고 돌아와서 가급적 넓고 경치 좋은 곳을 선정하도록 지시했다. 당시 상황에서 아무도 그런 지시를 거스를 수 없었다.

김태수는 처음 그곳을 둘러보면서 "저 땅에 어떤 건물이 들어서면 가장 좋은가 스스로 물으면서 땅과 직접 대화를 했다"[19]고 한다. 그가 멀리서 바라본 대지는 대단히 웅장하면서도 섬세한 산으로 둘러싸여 있었다. 이런 곳에 건물을 배치하면서 그가 중요하게 생각했던 것은 건물의 스케일을 조절하고 가장자리 부분을 처리하는 것이었다. 우선 건물의 스케일을 조절하기 위해 그가 떠올렸던 기억은 광복 전에 한 때 머무른 적이 있었던 경상남도 칠원 마을이었다. 그곳은 뒷산을 배경으로 작은 초가집들이 옹기종기 모여 있는 전형적인 시골 마을이었다. 이와 함께 수원성에 있는 봉수대도 그의 상상력을 자극했다. 언덕 위에 놓인 기단 위로 여러 개의 봉화대가 우뚝 솟은 모습은 이 건물의 형태와 직접적으로 조응한다. 이런 기억의 단편들을 통해 건축가는 하나의 기단 위에 세 개로 분절된 매스를 생각하게 된다. 이를 통해 건물의 스케일을 의도적으로 작게 가져가려고 했다. 그것이 장소적인 의미를 훼손하지 않는 것이라고 확신했고, 실제로 이런 생각은 그의 초기 스케치부터 일관되게 등장하고 있다. 그리고 이런 배치방식은 이 건물 이후 한국에 설계된 또 다른 건물인 교보생명 연수원에서도 비슷한 방식으로 등장했다.

이런 건물 배치와 함께, 건축가는 건물의 가장자리의 처리를 매우 중요하다고 생각했다. 그것은 자연과 인공이 만나는 곳으로, 건축가는 이 둘이 명확하게 분리되지 않은 것처럼 보이도록 배려했다. 이를 위해 건축가는 비교적 큰 매스의 건물을 산의 지형 속으로 자연스럽게 삽입하고자 했다. 국립현대미술관에서 건물 전면에 여러 켜로 된 저층 건물들이 점차 높이가 올라가게 한 것도 이 같은 이유 때문이다. 점차적으로 건물 높이가 상승하도록 하여 건물이 주변 자연 속으로 조화롭게 맞물려 들어가도록 한 것이다. 또한 건축가는 대지의 경사차를 건물 내부에서 효과적으로 흡수하도록 설계했다. 그래서 건물이 산의 완만한 경사로부터 자연스럽게 흘러나온 듯하게 만들었다. 이런 점들을 통해 대단히 큰 규모의 건물이 주위 자연 속에 편안하게 자리 잡게 만들었다.

건물과 자연 사이의 관계 이외에 이 건물에서 중요한 의미를 가지는 것이 바로 건물 외부와 내부를 연결하는 연속적인 시퀀스이다. 이를 위해 건축가가 많이 참조한 것은 영주 부석사였다. 이 절은 김태수가 가장 좋아했던 전통 건축이기도 했다. 그는 거기서 등장하는 연속된 시퀀스를 현대적인 방식으로 응용하고자 했다. 사실 한국의 전통 건축에서 공간이란 건물의 내부만을 지칭하는 것이 아니고 건물 사이 또는 건물과 담장 등 다양한 요소들 사이에 맺어지는 관계를 총칭한다. 거기서 "건물이란 하나의 방과 같이 무성격한 구성단위이며 부분적인 요소일 뿐이다."[20] 이 경우 가장 중요하게 다가오는 것은 바로 요소들을 통합하는 방식이다. 사찰에서는 그것이 입구에서부터 본전까지 긴 선형 축을 집어넣은 후 이 축을 중심으로 다양한 건물들을 배치하는 것이다. 그는 이런 점을 명확히 인식하고 그것을 국립현대미술관에 집어넣으려 했다. 그래서 국립현대미술관의 경우 건물 바깥의 다리에서부터 시작하여 건물 내부의 꼭대기까지 긴 흐름을 가지고 있다. 그 과정에서 여러 장면을 거치게 된다. 우선 다리를 건너면서 건물과 주변의 자연과의 조화로운 관계를 바라보고, 또 주변의 야외 조각공원도 이것과 함께 연계되었다. 일정한 켜를 가진 건물 전면을 지나 건물 내부로 들어오면 천장으로 된 중앙 로툰다가 등장하고, 여기서 양쪽으로 동산이 분배된다. 이곳에 있는 램프는 마치 구겐하임 박물관의 램프를 연상시키는데, 미술관의 복잡한 기능을 연결하면서도 계속해서 외부로의 전망을 가능케 한다. 이 창을 통해 건축가는 새로운 풍경을 창조하고 있다.

프로그램과 유형

건축 프로그램과 유형은 근대 건축가들에게 가장 전형적인 디자인 방법으로 등장했다. 특히 많은 물량의 건물들을 설계해야만 했던 한국의 대규모 설계사무실들, 정림건축, 원도시건축, 서울건축 그리고 일건건축 등에서 이런 경향은 특징적으로 나타났다. 사실 프로그램과 유형은 근대 건축이 처한 독특한 현실 때문에 생겨났다. 이것은 산업혁명 이후에 쏟아져 나온 산업제품들의 제작방식을 건축에 도입하려는 생각에서 비롯되었다. 즉, 근대 건축가들은 하나의 건물을 설계하기 위해 각각의 고유한 기능들을 가정하고서, 그들을 하나의 일관된 설계 프로세스 내로 통합했다. 건축가들은 그런 프로세스를 조직하고 관리하는 역할을 떠맡게 된다. 건물 형태는 그 프로세스의 최종적인 결과물에 의해 결정되었다. 그렇지만 비판적 지역주의는 명백히 이런 방식을 거부한다. 그것은 지역적인 특수성을 무시하고 기계적인 프로세스를 모든 곳에 적용하도록 강요하기 때문이다. 그렇지만 근대 건축의 이념은 1980년대까지 한국 건축가들에게 깊은 그림자를 드리웠던 것이 사실이다. 그 당시 건축가들은 프로그램을 통한 건물 설계가 당시의 엄청난 건설물량을 소화해 낼 수 있는 가장 효율적인 방식이라고 판단했다. 이 때문에 그것이 가지는 다양한 측면이 탐구되었던 것이 사실이다.

우규승 역시 건물 프로그램을 건축 유형으로 전환시키는 작업을 주된 방법으로 삼았다. 그는 "조각이나 회화와는 달리, 건축은 프로그램을 가진다"라고 명확히 밝히고 있다. 그렇지만 프로그램을 지역성에 기반한 유형을 통해 창조하려 했다는 점에서 그의 건축은 특이성을 가진다. 그의 이런 시도는 한국과 미국 건축 사이에 존재하는 차이점을 명확히 인식하는 데서 출발한다. 이와 관련하여 그는 두 가지를 주장했다. 첫 번째는 건축주들의 의식이고 두 번째는 건축을 둘러싼 컨텍스트이다. 이 가운데 건물을 둘러싼 도시적 컨텍스트는 건물 설계에 커다란 차이를 불러 일으켰다. 우규승에 따르면 "보스턴을 중심으로 한 뉴잉글랜드 지방은, 꽉 짜인 도시 틀 속에서 건물들이 하나의 유형을 이루며 도시와 약속된 관계를 유지하고 있다." 반면, 서울의 경우 "빠른 변화와 발전으로 인해 전체적 틀과 개별적인 유형들, 그리고 전체와 부분의 관계가 제대로 확립되지 못했다."[21] 이 같은 다른 현실 속에서 건물을 설계할 경우 접근방식이 달라질 수밖에 없다. 즉, 뉴잉글랜드에서의 목표가 기존의 틀과 유형을 유지하면서 최대한 변화를 추구하는 것이라면, 한국에서는 무엇보다 새로운 틀과 유형을 만드는 것이 최우선 과제가 된다.

이를 위해 그는 뉴잉글랜드와 한국의 건축을 외향적인 것과 내향적인 것으로 구분했다. 한국 건축을 내향적이라고 규정한 것은 그가 미국에 건너가기 전까지 한국의 도시와 건축으로부터 받은 건축가 개인의 기억에 의존하고 있다. 사실 한국의 전통 건축은 전혀 내향적이지 않지만(오히려 병산서원에서 볼 수 있는 것처럼 경우에 따라 대단히 외향적이지만), 그가 미국으로 떠나기 전 생활했던 도시형 한옥과, 또 인상 깊게 보았던 서울의 고궁들은 내향적인 구조를 가진다. 그래서 그것의 내향적인 공간구조가 그의 뇌리 속에 깊이 각인되었던 것으로 보인다. 우규승이 한국 건축의 지역성을 철저하게 내향성과 연결지어 생각했다는 점에서 그것들은 그의 건축에서 하나의 생성 다이어그램으로 작용하고 있었다. 이에 비해 뉴잉글랜드 지방의 주거는 마당 가운데 건물을 세우고 그 주위에 정원을 배치하게 된다. 실내에서 모든 시선은 외부를 향하게 되고 그런 의미에서 그것은 외향적 주택이라고 할 수 있다. 우규승은 내향성이 한국 건축을 대변하는 것이라면 외향성이 미국 건축을 특징짓는 것이라고 생각한다. 그래서 그가 미국에서 설계한 주거들은 대부분 외향적인 반면, 한국에서 설계한 작품들은 내향적이다.

내향성과 외향성이라는 이분법적 구분 외에 우규승이 건물 프로그램을 발전시키는 데 중요하게 작용했던 것이 바로 동선조직이다. 김태수가 비슷한 생각을 전통 사찰에서 끄집어낸 반면, 우규승은 그것을 서울에서 자연발생적으로 생겨난 마을 구조에서 찾았다. 이 같은 방식을 중시하게 된 까닭은, 그가 '주거, 도시, 지역계획 연구소 Housing, Urban and Regional Planning Institute'에 들어가서 오스왈드 네글러 아래서 건축을 배우면서였다. 특히 우규승은 1966년부터 금화공원을 위한 프로젝트에 참여하면서, 서대문구 현저동 일대의 판자집촌에서 자연발생적으로 나타나는 공용공간을 집중적으로 연구했다. 그리고 건물과 건물 사이의 길과 지형의 높이차에 의해 생겨난 공간을 끄집어내서 집중적으로 스케치했다. 우규승이 생각하는 동선조직은 많은 부분 여기서 나왔다. 이런 경향은 그가 네글러의 도움으로 미국에 건너가서 거기서 루이 서트Jose Luis Sert와 함께 일하면서 더욱 강화되었다. 서트의 영향은 우규승이 설계한 작품 곳곳에서 발견되는데, 특히 루스벨트 아일랜드 주거단지를 시작으로 서울 올림픽 선수촌 아파트에 이르기까지 우규승이 설계했던 집합주거들에서 서트의 영향은 매우 컸다. 이후 건축 작품을 설계하며 우규승은 도시적 현실을 건축적으로 발전시키는데 집중했고, 그의 설계방식들은 이 과정에서 많은 부분 도출되었다. 그것은 부분과 전체를 구분하고 이들을 연결하는 연속된 동선체계를 계획하며 건물이 들어설 지리적인 여건을 대단히 중시한다는 점에서 그렇다. 그의 건축에서 특징적으로 등장하는 매우 긴 동선체계는 루스벨트 아일랜드에서 처음 등장한 것으로 이후 단일 건물에서도 계속해서 등장했다.

우규승이 설계한 환기미술관은 건축가가 오랫동안 탐구해 온 생각들을 집약적으로 담고 있다. 여기서 건물은 크게 네 부분으로 분리된다. 도서실, 현관, 전시 홀 그리고 갤러리가 바로 그것이다. 그리고 이들 각 부분이 기능에 맞춰 각기 다른 형태와 동선조직을 가지도록 했다. 네 부분 가운데 가장 중요한 것이 8m의 입방체로 된 전시 홀이다. 건축가는 이곳에 두 개의 개념을 집어넣었다. 하나는 일찍부터 발전시켜 온 소우주 개념이다. 2층 높이로 터져 있고, 둥근 천창이 설치된 이 공간은 건물 전체에 강렬한 중심성을 부여하고 있다. 그리고 이 공간 위의 옥상에는 마치 한옥의 마당과 같은 공간을 집어넣어 내향성을 확보하도록 했다. 그곳의 중심에 놓인 오브제는 마치 한옥 마당에 놓인 우물과 유사한데, 실제 기능은 전시 홀의 천창 역할을 한다. 이 두 가지 특징을 통해 이 건물은 다른 건물에서는 볼 수 없는 대단히 강렬한 인상을 남긴다.

잘 고안된 외피

새로운 테크놀로지를 활용하여 건축의 구축성을 표현하려는 시도는 1980년대부터 건축가 김종성에 의해 집중적으로 탐구된 바 있다. 그렇지만 1990년대 이후 유걸은 그것을 다른 방향에서 추구하고 있다. 즉, 그의 건축은 유리나 철과 같이 공업 생산된 재료들을 직접적으로 드러내면서, 그들이 주는 생경한 풍경을 강조하기 때문이다. 그가 기술을 사용하는 주요 목적은, 하이테크 건축가들이나 미니멀리스트 건축가들과 달리, 빛이 충만한 터진 공간을 효과적으로 담을 수 있는 외피를 만드는 것이었다. 그리고 그런 생각은 그의 종교적 신념과 한국적 현실에 대한 나름대로의 인식을 기반으로 끄집어낸 것이다. 그는 한국과 미국을 오가며 이 두 나라 건축에는 명확한 차이가 존재한다고 생각했다. 그 가운데 가장 큰 차이가 영역을 구분하는데서 생겨났다고 본다. 한국 전통 건축의 경우 그 같은 영역 구분은 담에 의해 이루어진다. 건축은 그 속에서 내부공간과 외부공간으로 나뉘어 자유롭게 공존하고 있다. 이 경우 모든 공간적 전이는 담에 난 대문을 통해서 이루어진다. 그래서 한국 건축에서 담은 서구의 울타리와는 근본적으로 다른 의미를 가지게 된다. 그것은 건물의 부속적인 기능을 담당하기보다는 건축의 영역을 규정하는 가장 일차적인 요소가 된다. 이렇게 담에 의해 일차적인 영역이 구분된 상태에서, 방의 기능을 구분해주는 벽체는 별다른 의미를 가지지 못한다. 그들은 더운 여름날에는 곧바로 제거될 수도 있다. 대신 그 방의 영역을 확보해 주는 것은 벽이 아니라 바로 바닥이다. 이 경우 그 바닥은 비어진 공간으로 그곳을 누가 쓰느냐에 따라 기능이나 의미가 달라진다.[22] 여기에 비해 미국의 건축은 벽체에 의해 구획된 내부공간을 갖는다. 모든 공간적 전이는 현관을 통해 이루어지고, 그래서 많은 건축물에서 이 부분이 강조되기도 한다. 또한 건물 내부에 들어가서도 건물은 벽체에 의해 사적 공간과 공적 공간이 명확히 구분되고, 각 개별 공간들은 명확한 기능을 갖게 된다. 유걸은 이런 차이점을 명확하게 인식하고 있었고, 그가 설계한 건물들은 이런 두 가지 사이를 지나가고 있다. 그의 건축은 내부공간과 외부공간을 포괄하는 커다란 외피를 만들고자 했고, 그 속에서 여러 기능들이 자유롭게 설치되도록 했다. 그런 경향은 분명 한국 전통 건축의 지역성을 새롭게 해석한 것이었다.

그의 건축을 면밀히 검토해 보면 그것은 넓게 확보된 영역 안에 자유롭게 펼쳐진 공간으로 특징 지워진다. 이런 특징들은 그가 미국을 떠나기 전에 설계한 정릉 주택에서 잘 드러나고 있다. 건축가는 똑같은 건물 두 개를 함께 지었는데, 각각의 건물들은 매우 단순한 형태, 넓게 터진 공간 그리고 중앙에 위치한 계단실 등으로 특징 지워진다. 이들은 모두 유걸 건축의 초기적인 면모를 보여 주고 있고, 그 후로 계속해서 유걸

건축의 주제로 남게 될 것이다. 그렇지만 오랫동안 미국에서 생활한 후 한국에 귀국하여 다시 설계를 시작하면서 몇 가지 변화된 모습을 보여준다. 1993년에 설계한 홍릉 주택에서는 건물 중심에 위치한 계단실의 역할이 더욱 강조되었다. 이 주택은 두 세대가 한 집에서 거주했기 때문에 공간을 두 부분으로 나누게 되었고, 그것을 계단실이 연결하도록 했다. 이를 통해 각 세대의 프라이버시를 존중하면서도 유기적인 연결이 이루어지도록 했다.

이처럼 투명한 외피 속의 개방된 공간과 복잡한 통로라는 두 가지 특징은 그가 설계한 밀알학교에서 좀 더 적극적으로 나타난다. 사실 이 건물은 오랫동안 머릿속에 가지고 있었지만 잘 표현할 수 없었던 건축가 자신의 생각을 잘 드러내고 있다. 이 건물은 장애인 학교와 교회를 겸하도록 설계되었다. 이에 따라 건축가는 일반교실과 특수교실을 구분하고, 그 사이에 커다랗게 터진 공간을 만들었다. 그리고 다양한 기능들이 마치 독립된 집속의 집들로 계획되도록 했다. 그리고 그 공간이 보다 쾌적한 환경을 갖도록 다양한 기술들을 도입하고 있다. 또한 지붕의 철골 트러스 방식을 그대로 노출시켜 사용하고 있다. 유걸의 건축에서 기계적인 특징이 자주 등장하는데, 그것은 열린 공간을 효과적으로 확보하기 위한 수단이면서 동시에 강력한 표현 도구였다. 이런 공간을 설계하면서 건축가는 우선적으로 이 건물을 사용하게 될 사용자들에게 초점을 맞췄다. 그리고 사람이 모이고 관계하는 장소를 만들어주기 위해 커다란 오픈스페이스를 만드는 것이 중요하다고 생각했다.[23] 넓은 빈 장소는 여러 가지 행위를 동시에 수용하면서 다양한 공간들을 연결시켜주는 중심공간의 역할을 한다.

이처럼 커다랗게 터진 공간 속에 그는 긴 램프를 설치했다. 장애자들의 이동을 쉽게 하기 위해서였다. 사람들은 이곳을 오르내리며 환하게 내리 쬐는 터진 공간을 감상하게 된다. 터진 공간이 다양한 행위들을 유발시키는 다목적 공간이라고 한다면, 긴 통로는 각기 다른 레벨에 있는 사람들의 시각을 엮어주는 기능을 하게 된다.[24] 이것을 통해 사람들은 시각적으로 끊임없이 서로를 인식하게 된다. 이외에도 불규칙하게 돌출된 몇몇 계단들은 큰 공간 속에서 시선을 끌어 모으는 초점 역할을 하기도 한다. 이를 통해 밀알교회의 내부공간은 다소 자유로운 시설들의 배치 속에서 일정한 질서를 획득할 수 있었다.

밀알학교에 이어 설계된 교회 건축들에서는 외피와 빛의 개념이 더욱 강조된다. 이로 인해 그의 건축은 현실적이기 보다는 다소 관념적으로 변해간다. 거기서 빛에 대한 생각은 그의 독특한 종교관에서 비롯되었는데, 그는 "예수의 왕림이 곧 만민에게 평등하게 비추어지는 빛으로 다가온다"[25] 라고 해석하며, 건물 전체가 빛으로 충만해지기를 원했다. 강변교회에서 이런 생각은 잘 드러난다. 거기서 투명한 유리로 처리된 건물 천정을 통해 들어오는 빛들은 건축가의 이상을 드러내고 있다. 그렇지만 문제는 내부 환경을 어떻게 조절하는가 였다. 냉난방과 음향 등에서 많은 문제가 일어났기 때문이다. 이를 위해 건축가는 효율적인 외피와 시스템의 조합을 구상하게 된다. 여기서 "효율적인 외피는 계속해서 유동적으로 변화해 나가는 내부공간을 수용하기 위해 새로운 테크놀로지의 이용을 통해 완성된다."[26] 유걸이 계속해서 새로운 테크놀로지에 집착하는 것은 바로 이런 생각과 밀접하게 연관되어 있다.

지역적 전통의 새로운 해석

한국적 전통은 계속해서 거론되었지만 그 의미가 달라졌다. 김원, 김석철, 류춘수 그리고 김영섭과 같은 건축가들의 작품에서 이 점은 명확하게 나타난다. 이들은 앞서 언급한 바 있는 김태수나 우규승과는 달리 미국에 정착하거나 생활하지 않았고 거의 한국적 토양에서 성장했다. 이에 따라 지역성이 중요한 주제로 작용했지만, 그들의 표현방식은 이전과는 달랐다. 전통 건축을 근대 건축과 대립되는 것으로 간주하지 않고, 새로운 기술과의 자연스러운 조화를 꾀하였다. 그들은 김중업과 김수근으로 대변되는 제 1세대 건축가들의 작품을 보면서 성장했고, 그들의 작업태도가 이들 건축가들의 작품에 영향을 미쳤다. 그렇지만 전통은 절대적인 의미를 잃어버렸고, 다양한 가치들 가운데 상대적인 의미만을 부여받게 되었다.

이들 가운데 김석철은 르 꼬르뷔제가 추구했던 지중해적 건축에 깊이 매료되었고, 그것은 그의 건축 작품에 계속해서 등장하게 된다. 이로 인해 그의 건축은 후기 르 꼬르뷔제 건축에서 자주 등장하는 매우 거친 물성과 자유로운 조형 형태로 특징 지워진다. 김석철에게 깊은 영향을 미친 또 다른 건축가는 제임스 스털링이다. 그의 영향은 다소 복합적으로 이루어진다. 사실 스털링 건축은 시기로 명확히 구분된다. 첫 번째는 근대 건축의 영향 아래 다양한 형태들을 조작하는 시기이다. 우리에게 브루탈리즘으로 알려져 있는 작품 경향으로, 1960년대 영국에서 설계했던 작품들이 이런 경향을 대변한다. "이 시기의 작품들은 무엇보다 근대성을 찬양하고 있다. 그들은 형태가 기능을 따른다는 기능주의의 모토에 충실하면서, 기술 발전의 증거들을 자랑스럽게 내세우고 있다."[27] 그의 건축은 주위의 맥락과 조화를 꾀하기 보다는 하나의 오브제로서 스스로를 영웅적으로 드러내고 있다. 그렇지만 이런 초기의 경향은 1970년대 중반을 기점으로 완전히 바뀌게 된다. 그는 근대적인 기계 미학 대신에 역사와 도시적 맥락을 끌어들이고 있다. 이를 위해 유럽의 건축 유형에서 자주 발견되는 기본 요소들에 독립된 정체성을 부여하고, 그들을 서로 충돌시키고, 그들을 파편화시켜서 그들 사이에 조형적인 긴장감을 유발시키려 했다. 그것은 명백히 근대 건축의 전통에 도전하려는 언어학적 과정으로 환원되고 있다. 이 같은 두 가지 경향은 김석철 건축에서도 명백히 확인된다. 한편으로 명보극장이나 베니스 비엔날레 한국관처럼 철저하게 기계 미학을 추구하다가, 다른 한편으로 제주 영화박물관이나 청담동의 공동주택처럼 가촉적인 물성이 중시되기도 한다.

이런 이유 때문에 김석철 건축에서 등장하는 지역주의는 대단히 큰 스펙트럼을 가지고 있다. 그는 명백하게 한국 전통 건축에서 등장하는 조형 의지와 형이상학을 자신의 건축의 바탕으로 삼는다고 주장했다.[28] 그렇지만 그의 주요 건축에는 주변과 쉽게 동화되지 않는 보다 원초적인—롱샹 성당에서 등장하는 모티브들과 유사한— 형태들도 등장한다. 그는 그들을, 전통 건축이 중국의 영향으로 형식화되는 시기 이전의 샤머니즘적인 정서와 연결하려 했다. 그렇지만 그런 정서가 한국보다는 지중해 지방과 더욱 긴밀하게 연결되어 보이는 것도 사실이다. 그런 점에서 그의 건축에서 지역성은 그가 발 딛고 있는 현실로 수렴되는 것이 아니라, 그의 삶에서 다양하게 참조한 건물들로 발산되고 있다. 그리고 그의 건축에서 풍기는 생경함은 전위적인 실험에서 오는 것이 아니라 원초적이고 투박한 조형 의지를 통해 나온다. 건축가는 명확히 분절된 볼륨들을 비틀거나 부풀리는 방식으로 이질감을 증폭시켰다. 그래서 사실적 건축으로는 잘 분류될 수 없는 특이함을 가지게 되었다.

현실적 건축의 의미와 한계

사실 1980년대 후반의 한국 건축에 나타난 리얼리티의 문제는 건축에 국한되지 않고 시대 전체와 맞물려 있다고 생각한다. 그때까지 한국의 문화 주체자들은 있는 그대로의 현실을 스스로의 눈으로 바라보지 못했지만, 이때에 이르러 그것이 가능하게 되었다. 한국 영화는 대표적인 예이다. 역사적으로 보면 비슷한 시기가 있었다. 18세기 초 정선의 진경산수화는 바로 그 대표적인 예이다. 그는 한국의 산하를 직접 답사하면서 한국의 산의 독특한 형태를 인식하고, 이를 사실적으로 그려내는 화풍을 창안하여 독자적인 화풍을 개척하였다. 그 전까지 한국의 화가들은 중국에서 유래된 화법을 통해 한국의 현실을 바라보았던 것이다. 이처럼 '지금 여기'에 대한 인식은 한편으로 문화적 자신감의 발로라고 생각하고, 다른 한편으로 선험적인 아이디어로서 받아들인 서구의 모더니티가 현실 속에 착근되어 나가는 과정이라고도 볼 수 있다. 즉, 이질적이었던 서구 근대 문명이 점차 한국 사회 속에 동화되어 내적인 생성방식으로 작동해 나간 것이라고 볼 수 있다. 그런 관점에서 본다면 1980년대 중반 이후의 한국 건축은 개발시대의 그것보다 한 걸음 더 앞으로 나간 것이라고 볼 수 있다.

그렇지만 비판적인 시각에서 본다면 이 시기 건축은 현실적 조건에 갇혀 더 이상 깊이 있는 건축 존재론을 탐구하지 못했고, 이에 따라 계속해서 생성가능한 건축적 다이어그램을 만들어내지 못했다. 새로움을 배태시킬 만큼 잠재성이 빈약했던 것이다. 여기에다 비판적 지역주의와 마찬가지로 이 시기 건축은 근본적으로 후위적인 특징을 가진다. 아방가르드들처럼 새롭게 대두된 세계 인식을 탐구하기 보다는 그들에 의해 이미 탐구된 것들을 현실 속에 적용시키는 것이다. 그런 점에서 새로움을 배태시키는데 많은 한계를 지녔다. 또한 현실을 강조한 이 시기 건축은 자칫 익명적인 생산시스템과 현실적 조건 속으로 와해되어 버릴 수 있는 위험을 가지고 있었다. 그것은 건축적 개념이나 자율성을 탐구하기보다는 현실적인 방법에 의존했기 때문이다. 건축 자체가 가지는 잠재력을 확장시키지 못했고, 이에 따라 시장의 원칙 속으로 와해되어 버릴 수 있는 위험을 가지게 되었다. 실제로 2000년대 이후 한국 건축은 작품성을 우선시하는 아틀리에 사무실들이 대규모 건축사무소에 압도되는 상황이 발생하였다.

---

1. 근대화 개념은 다양하게 정의될 수 있지만, 하버마스는 다음과 같이 정의하고 있다. 그것은 자본의 형성, 자원의 동원, 생산력과 노동생산성의 발전, 중앙 집권화된 정치권력, 정치참정권의 확산, 가치와 규범의 세속화 등이 상호 연계되고 강화되는 한 묶음의 과정으로 정의된다. Jurgen Habermas, *Philosophical Discourse of Modernity*, Cambridge: MIT Press, 2000, p.2.

2. 근대화를 정의하면서, 서구학자들은 다음과 같은 가정을 하게 된다. ①전통과 근대 사회는 이분화되고 분리된다. ②정치, 경제, 사회적 변화들은 통합되어 있고 상호의존적이다. ③근대성을 향한 발전과정은 공통적이고 선형적으로 이뤄진다. ④개발도상국의 발전은 선진국과의 접촉을 통해 비약적으로 발전할 수 있다(Michael E. Latham, *Modernization as Ideology*, University of North Carolina Press, 2000). 그렇지만 이런 가정은 세계화가 진행되

면서 더 이상 유효하지 않게 된다.

3. Arjun Appadurai, *Modernity at Large*, Minneapolis: University of Minnesota Press, 1996, p.32.

4. 근대성 자체가 정치적, 경제적, 사회적, 심리적, 공간적 그리고 심미적 체험을 동시에 포괄하기 때문에 그것 전체를 수치화하는 것은 불가능하며, 다만 논의를 다소 단순화시켜 그것을 검토해 볼 수는 있을 것이다. 우선 근대화는 도시화와 산업화라는 두 가지 현상으로 설명될 수 있고, 이 가운데 건축과 밀접한 관계를 지니는 도시화에 관한 주요 지표들을 끄집어내어 비교할 경우 근대화에 따른 시간적 격차를 대략적으로 계산해 낼 수 있다. 이를 위해 런던과 도쿄, 서울의 인구 추이를 살펴보고자 한다. 이들 도시는 도시화 현상이 집중적으로 일어난 곳이어서 영국, 일본, 한국의 근대화 과정을 비교하는데 표본적 가치를 지닌다고 생각한다. 여기서 주목할 점은 급격한 인구 증가를 경험한 때가 다르다는 것이다. 런던은 1861년부터 1941년까지 80년 사이, 도쿄는 1901년부터 1961년까지 60년 사이, 그리고 서울은 1950년부터 1990년까지 40년 사이에 그것이 일어났다. 이들 나라에서 도시와 건축의 근대화 과정은 바로 이 때 집중적으로 이루어졌고 한국의 경우 출발은 늦었지만 짧은 시간에 압축적으로 이루어졌음을 알 수 있다. 이런 시간적 격차는 건축법의 제정, 공공주택의 건설, 신도시 건설과 같은 주요 건축적 사건들에서도 비슷하게 나타난다. 건축법의 제정은 도시 인구가 급증하면서 국가가 최초로 사유권을 제한하는 행위라고 볼 수 있다. 그런 의미에서 그것은 도시화 과정을 측정해 볼 수 있는 하나의 기준이 된다. 영국의 런던에서 건축법령(Metropolitan Building Act)이 제정된 때는 1844년이고, 일본에서 동경시구개정조례가 제정된 때는 1888년이다. 그리고 한국에서 시가지 건축취제규칙이 규정된 때는 1913년이다. 영국과 한국 사이에 대략 70여 년의 격차가 존재한다. 그리고 주거난이 가중되면서 정부가 공동주택 건설에 직접 개입하기 시작하는데, 여기서도 비슷한 시간적 격차를 발견할 수 있다. 영국의 경우 왕립위원회(Royal Commission)가 소집되어 노동자 계급의 주거법령(Housing of the Working Classes Act)을 제정한 때는 1890년이었다. 이 법은 공공주거 건설을 장려하기 위해 제정된 것으로 영국 정부는 이 법을 바탕으로 여러 노동자 주거를 건설하였다. 프랑스의 경우 최초의 공공주거 건설기관이라고 할 수 있는 HBM(Habitation à bon marché)이 설립된 시기가 1906년이었다. 일본의 경우 1923년의 관동 대지진 이후 주택재건을 목적으로 동윤회(同潤會)가 설립되었으나 공공주택의 건설이 다소 부진하여서 1941년에 일본 정부는 일본주택영단을 창설하고 동윤회를 그 속에 흡수시켰다. 한국의 경우 조선총독부가 1941년 조선주택영단을 설립하고 주택건설계획을 실시하기에 이르렀다. 영단주택은 우리나라 최초의 공동주택으로 1945년까지 모두 1만2184호를 건립하였다. 이처럼 공공 주거의 건설이라는 차원에서 본다면 영국과 한국과는 여전히 50여년의 시간적 격차가 존재한다. 마지막으로 신도시 건설에 관한 것이다. 도시 외연을 아무리 확장시켜도 늘어나는 인구를 감당하지 못할 때 신도시의 건설이 이루어졌다. 보통 그 시기는 도시 인구가 정점에 달했을 때였다. 영국에서 신도시 건설이 처음으로 이루어진 것은 1946년으로 런던의 도시 인구가 8백 50만 명을 넘어섰을 때였다. 이 해에 제정된 신도시 법(New Town Act)을 바탕으로 런던 주위에 8개의 신도시가 건설되기 시작하였다. 일본의 경우 대도시의 주택난을 해소하기 위해 1963년 센리(千里) 뉴타운을 시작으로 도쿄와 오사카를 중심으로 대규모 신도시가 건설되었다. 이 때 도쿄의 인구가 천만 명을 넘어섰다. 한국에서 신도시가 건설되기 시작한 것은 1989년으로 서울을 중심으로 5개 신도시가 건설되었다. 이때 서울 인구 역시 천만 명을 넘어 섰다. 영국과 일본과는 대략 17년, 영국과 한국과는 대략 43년의 격차가 있다.

5. Edward W. Said, *Orientalism*, New York: Vintage, 1979.

6. 이 용어는 원래 남미, 동유럽, 동아시아 그리고 동남아시아에서 일어난 특정 현상을 지칭하기 위해 사용되었다. 동경대학 교수인 수에히로 아키라에 따르면, 그것은 1980년대 남한과 대만의 민주화, 그리고 동아시아와 동남아시아의 경제성장 과정에서 등장했다. 특히 일본 언론에서는 필리핀의 마르코스, 싱가포르의 리콴유, 인도네시아의 수하르토를 설명하는데 이 말을 많이 사용했다. 이 말은 특정 국가가 가지는 두 가지 특징을 가리킨다. 하나는 경제개발을 추구하는 것이고, 다른 하나는 정치적인 독재를 펼치는 것이다.

7. Peter G. Rowe, *East Asia Modern*, London: Reacktion Book, 2005, p.68.

8. 황두진, "김태수와 한국적 전통", 『건축과 환경』 1995년 1월호, p.59.

9. 『국립중앙박물관 국제설계경기』, 기문당, 1995, p.36.

10. 정기용, 『사람, 건축, 도시』, 현실문화, 2008, p.8.

11. 정기용, "한국현대건축: 한국성의 재발견 2/설문", 『공간』 241, p.37.

12. Jacques Lucan, Architecture en France(1940~2000), *Histoire et Theories*, Paris: Le Moniteur, 2001, pp.237~8.

13. 정기용, 『감응의 건축』, 현실문화, 2008, p.79.

14. 김태수, "건축가의 생각", 『건축과 환경』 1995년 1월호.

15. 우규승과의 대담, 『건축가』 1995년 3월호.

16. 유걸, "전통적인 컨텍스트 속에서의 현대건축", Pro Architect, vol.10, 1998.

17. Kenneth Frampton, "Ten Points on an Architecture of Regionalism: A Provisional Polemic", in *Architectural Regionalism*, New York: Princeton Architectural Press, 2007. p.378.

18. Thomas Fisher, "The Id and the Archetype: The Architecture of Tai Soo Kim Partners", in *Tai Soo Kim Partners, Selected Works*, Victoria, Australia: Image Publisher, 1999, p.9.

19. 국립현대미술관, 건축가 김태수 초청 강연회, 2006년 8월 25일.

20. 김봉렬, 『한국건축의 재발견 3 - 이 땅에 새겨진 흔적들』, 이상건축, 1999.

21. 우규승, "조망이 있는 중정", 『건축과 환경』 222, 2002년 3월호.

22. 유걸, "한국주택의 문화비교론적인 이해 - 미국과의 비교를 중심으로", 『플러스』 1991년 3월호.

23. 유걸과의 인터뷰, 2004년 4월 26일.

24. 앞의 인터뷰.

25. 앞의 인터뷰.

26. 성유미, 『유걸의 건축작품에서 나타나는 디자인 전개과정에 관한 연구』, 한양대학교 석사학위논문, 2004.

27. Robert Maxwell, "The Pursuit of the Art of Architecture", in *James Stirling, Architectural Design Profile*, London: Academy Editions, p.5.

28. 김석철, "전통재론", 『추계학술논문집』, 서울대학교 공대, 1973.

파편과 체험의 언어

1980년대 이후 한국 건축 담론

배형민 _ 서울시립대학교 건축학부 교수

쓰다 남은 것들로 작업하는 것, 일상적이고 흔한 쓰레기와 폐품을 이용하는 것, 현대 미술의 전통은 이런 방식으로 만들어졌다. 마술사가 일상적인 물건을 귀한 물건으로 변환시키는 것처럼 예술가는 이런 방식으로 세상의 사물과 마주치게 되었다. '전쟁 유품'을 이용하는 것, 다시 말해서, 모던 무브먼트가 패배해 버린 싸움터에 버려진 것을 다시 쓰는 것 말고는 건축의 가치를 지켜낼 방법이 없다고 보는 시각, 오늘날 이러한 시각이 가장 깊이 공감대를 형성하고 있다는 사실은 당연한 것인지 모른다. 이렇게 해서 새로운 '순수성의 기사'들은 그들도 보지 못하는 유토피아의 단편을 깃발처럼 휘날리며 오늘날의 논의에 등장하고 있다.

지금, 건축이 말을 하도록 하려면 그 어떤 의미도 간직하지 않은 것들에 의존해야 한다. 모든 건축적인 이념, 사회적인 기능에 대한 모든 꿈과 그 어떤 유토

피아에 대한 잔재들을 0도Degree Zero로 축소해야만 한다. 건축가의 손으로 현대 건축의 전통에 축적된 요소들이 갑자기 묘연한 파편으로 변해버린다. 아무렇지도 않게 역사의 사막에 버려 잃어버린, 벙어리가 된 기호로 축소되어 버린다.[1)]

스스로를 말이 앞서는 건축가라고 생각합니다. 그것은 스스로가 한 말에 자신을 속박하기 위해서 입니다.[2)]

이 글은 한국의 건축, 도시, 조경 이론서를 만들겠다는 건축도시공간연구소의 프로젝트에서 출발하였다. 현대 건축의 영역을 맡은 필자에게 지난 수십 년간 눈에 띄게 성숙해진 한국의 건축을 폭넓게 조망할 수 있는 글을 기대했던 것이다. 그러나 기획의 출발부터 필자는 한국 현대 건축의 "이론"을 설정할 수 있느냐는 원론적인 문제를 대면해야만 했다. 이론 대신에 "지식", 또는 "지식 지형"이라는 개념도 제시되었다. 하지만 이론과 지식은 몇몇 개인의 의지에 의해 짧은 시간 동안 만들어지는 것이 아니다. 그렇기 때문에 한국 건축에서 섣불리 이론을 요구해서는 안된다. 지난 반세기 한국 현대 건축은 비평과 이론의 부재 속에 성장해왔다 해도 과언이 아니다. 이론이든 지식 지형이든 역사를 통해 축적된 건축 담론, 프로젝트, 건축물을 묘사하고 설명할 수 있는 건축에 관한 언어를 전제로 한다. 문제는 우리에게 과연 이러한 언어가 있는지, 있다면 그것이 무엇인지가 불분명하다는 것이다. 물론 우리는 건축에 대해서 늘 말을 하고 글을 쓴다. 건축 사무실에서 일상적인 업무 진행을 위한 말과 글, 대중과의 교감을 전제로 한 건축 이야기들, 고도의 이론적인 담론에 이르기까지 건축에 대하여 다양한 말과 글이 분명 존재한다. 하지만 우리나라에서 언제부터 건축에 대해서 이야기하기 시작했는지, 어떻게 이러한 말을 할 수 있게 되었는지, 이런 말들의 의미가 무엇인지를 이해하고 있는 상황은 아니다. 역사를 조망한다거나 흐름을 통섭하는 이론이 가능하다고 전제하기 이전에 과연 한국의 현대 건축에 대해서 말을 하고 글을 쓴다는 것 자체가 어떻게 가능했는지를 물어야하는 것이 한국 건축의 현 상황인 것이다. 이 질문들이 전제 되었을 때 비로소 필자는 이 글을 쓸 수 있게 되었다.

물론 우리에게 건축 언어의 전통이 없었다고 할 수는 없다. 우리는 집을 짓고 정주 환경을 만들어 온 긴 전통을 갖고 있다. 한국 건축은 그것을 "건축"이라 부르지 않았을 지언정 의미심장한 "영조"의 역사를 갖고 있었고 삶의 터전에 대해 다양한 방식으로 담론을 펴냈다. 그러나 적어도 지난 반세기, 사회 전반과 건축계 안에서 통용되고 있는 건축의 개념과는 근본적으로 다른 전통이었다. "건축"이란 말은 일본의 메이지 유신 때 서구의 영향을 받아 만들어졌고 일제 강점기에 우리나라에서 통용되기 시작하였다. 일제강점기를 거치면서 우리나라의 건축 교육과 건축 제도가 근대적인 체제를 갖추지 못하였고 해방 이후에도 건축의 기율과 조직, 한국 사회 속에서의 역할이 불안정하게 설정되었다. 지난 백년 일제와 서구의 건축론이 우리에게 지대한 영향을 미쳤다는 것은 자명하다. 그러나 이러한 현대 건축의 개념들이 어떻게 한국의 건축 언어와 건축 실천에 작용했는지를 잘 알고 있지는 않다. 사회, 문화, 정치 속에서 건축의 위치와 역할, 건축이 사회 속에서 존재하는 양식에 대한 인식이 그만큼 불안정하고 유동적인 상황이다. 건축 자체의 정의가 모호한 상황에서, 건축 담론의 형식과 범주가 불분명한 상황에서 말과 사물, 공간과 체험이 얽힌 건축 담론의 지도를 그려낸다는 것이 과연 가능한 일인가?

지난 백여 년 한국 건축의 이론적인 담론이 없었던 것은 물론 아니다. 일제 강점기, 해방이후에서 한국전쟁 시기, 1960년대 초반 등 20세기 한국 건축에 대한 연구가 점차 축적이 되면서 20세기 한국 건축에 대한 이해가 확장되어가고 있다. 하지만 이렇게 지식이 확장되고 있는 상황 속에서도 여전히 우리가 기대고 있는 역사와 지식은 산만하고 파편적이라는 것이 이 글의 전제이자 가설이다. 건축가들의 발언이 그러하며 학자와 비평가의 담론 역시 그렇다. 이론과 역사가 제공해주는 체계가 미약한 상황에서 건축가와 학자들은 각자의 산만한 경험과 독서가 제공하는 단편들을 이용하여 건축에 관한 이야기를 엮어나가야만 했다. 파편을 이용하여 의미를 창출하는 것을 알레고리라 한다. 이 글에서 알레고리의 개념이 중요한 이유가 바로 여기에 있다. 크레이그 오웬스의 표현을 빌리자면 알레고리는 "전통과 소외되었다는 인식"을 근간으로 등장하는 예술의 형식이다. "과거가 저 멀리 있다는 믿음, 그리고 현재를 위해 그것에 생명을 불어넣고자 하는 욕망"이 파편과 알레고리를 엮어주는 필연이라 할 수 있다.[3] 한국의 현대 건축에서 알레고리가 중요한 것은 그 어느 분야보다도 역사적인 불연속성의 문제를 안고 있기 때문이다.

하지만 우리의 파편과 알레고리는 분명 서구의 그것과 다르다. 서구의 현대 건축은 긴 시간을 거쳐 구축된 일련의 기율, 지식의 체계, 그리고 실천의 배열이다. 서구는 건축적 지식의 보편성, 추상적인 형식 개념과 형이상학적 담론을 건축 이론과 기율의 근거로 단정 지어왔고 지금까지도 이 패러다임을 유지해 오고 있다. 서두에 인용한 만프레도 타푸리의 글귀에서 보듯 서양 현대 건축의 파편과 언어는 "전통"이라는 단단하고 광범위한 역사적 체계 속에서 도출되는 것이다. 타푸리가 1970년대에 제기했던 건축 파편과 건축 언어의 문제는 바로 이런 전통이 훼손되고 전복되어 가는 과정에서 등장했던 주제들이다. 서양의 파편이 전통의 붕괴에서 나오는 개념이라면 한국 현대 건축의 파편은 아련한 옛 전통과 산만한 외래의 단편들을 이용하여 건축을 새롭게 만들어가려는 과정에서 등장한다.

이 글은 1980년대에서 1990년대까지 한국 현대 건축의 담론을 살폈다. 물론 한국 건축계가 생산한 모든 담론을 포섭하려는 것은 아니다. 건축가들의 건축론을 중심으로 건축과 말 사이의 관계가 1980년대 이후에 어떻게 설정되었는지를 탐색하였다. 도시와 도시계획에 대한 담론, 주거에 대한 담론 등 건축의 기성 사회제도 속에서의 위치를 가늠할 수 있는 담론을 다루지 못한 한계가 있음을 미리 전제한다. 1980년대 새로 창간된 건축 잡지들을 통해 확장된 건축비평 담론에서부터 1990년대 4.3그룹을 중심으로 한 새로운 건축 담론까지 담론의 형식을 주로 분석하였다. 구체적인 분석의 대상으로는 민현식과 유걸, 상반된 입장과 작업을 하는 두 건축가의 담론을 중심으로 한국의 현대 건축가들이 자신의 건축에 대한 담론을 전개했던 범주와 양식을 살펴보았다. 한국의 현대 건축의 형성 과정이 갖고 있는 특수성, 한국의 현대 건축이 한국과 세계의 문명사 속에서 왜 의미가 있는지를 가늠하기 위해서는 건축이란 물리적 실체만큼 건축과 말 사이의 관계를 이해해야만 한다. 이를 위한 필수적인 작업으로 지난 30여년 동안 건축에 대해서 어떻게 말을 했는지를 살피는 것이 이 글의 목적이다.

건축의 언어: 1980년대 전통과 파편

1980년대는 억압된 사회 분위기 속에서 시장이 팽창하고 국가 주도형의 문화 사업이 대대적으로 진행되었던 시기이다. 제 5공화국은 1970년대의 보수적인 문화정책을 이어가는 한편 상업 자본의 확대에 기반을 둔 소비문화와 대중문화의 팽창을 주도했다. 1980년대에 들어서면서 대규모 상업 업무 건물들이 들어서기 시작하였으며, 아시안게임과 올림픽을 계기로 많은 공공 건축 프로젝트들이 발주되었다. 특히 공공의 문화 프로젝트들은 5공화국의 구체적인 문화 기획이 그 이면에 있었다. 1983년에 발표한 5차 경제사회 발전 5개년 수정계획에 처음으로 문화부문 계획을 포함시켰으며 이 문화부문 계획은 문화시설의 확충과 전통문화유산의 개발을 두 개의 큰 목표로 삼았다.[4] 헌법 제 8조에 "국가는 전통문화의 계승발전과 민족문화의 창달에 노력해야 한다"는 국가의 문화진흥 의무를 명기하였다. 구체적인 건축 사업으로 국립현대미술관, 독립기념관, 예술의 전당, 전쟁기념관 등 대형 문화시설이 서울에 계획되었고, 국립진주박물관, 국립전주박물관, 국립청주박물관, 광주민속박물관, 화폐박물관, 군산시민회관, 전주시청사 등 많은 공공 프로젝트들이 지방에 들어서게 되었다. 이들 대부분은 현상설계 과정을 통해 한국성을 표현할 것이 강요되었다.

공공과 민간 건축의 물량이 대대적으로 팽창했던 만큼 건축 매체도 건축 잡지를 중심으로 확장하였다. 1967년 창간한 『공간』은 이후 10년 가까이 유일한 건축 전문

잡지의 역할을 해왔던 상황이었으나, 1977년 『꾸밈』, 1981년 『건축문화』의 창간을 기점으로 10년간 『건축과 환경』, 『이상건축』, 『플러스』, 『POAR』 등이 출간되었다. 성인수가 지적했듯이 이런 건축 저널리즘의 확장은 한국 건축의 "외적, 양적 변화"와 무관하지 않았다. 양적으로 확장한 건축 담론 속에서 한국성과 전통의 문제가 여전히 지배하고 있었으나 형식과 내용에 있어서 새로운 주제가 모색되었다.

1980년대에 창간된 여러 잡지 가운데 건축 담론의 변화를 주도했던 것은 『건축과 환경』이었다. 같은 시기 『공간』은 미술 전문 편집장이 주도하면서 주로 현대 미술을 다루었으며 『꾸밈』도 건축보다는 디자인을 더 중요시 했던 시기였다. 『건축과 환경』은 건축비평 전문지를 표방하면서 1984년 9월에 창간되었다. 주간 역할을 했던 김경수는 박길룡과 함께 1980년대 초에 건축비평동인이라는 모임을 이끌었고 이런 잠재적인 필진에 기대어 새로운 건축 담론의 생산을 주도했다. 건축비평동인 이외에 건축비평 활동을 위해 모인 집단으로 건축평론동우회가 있었다. 이일훈을 중심으로 했던 건축평론동우회는 『꾸밈』의 건축평론상 수상자들로 구성되어 있었으나 건축비평동인처럼 꾸준히 담론의 포럼을 제공해주는 건축 잡지를 갖고 있지는 않았다.

『건축과 환경』이 창간호부터 적극적으로 추진했던 기획이 "작가와 비평" 시리즈였다. 이를 주관했던 김경수는 다음과 같이 이 시리즈를 소개하였다.

> *건축가 여러분께 창작의 노고 이외에 자기 비평이라는 새로운 짐을 부과해드린 것으로도 볼 수 있겠습니다(그러나 창작이 끊임없는 자작비평의 토대 위에서만 가능한 것이라고 할 때 그러한 부담을 간단히 귀찮은 것으로만 여길 건축가는 없으리라고 믿고 있습니다).*[5)]

"작가와 비평"은 기획의 제목이 바뀌기도 했지만 약 2년간 지속되었다. 여기에 참여했던 건축가와 사무실로 원도시, 정림, 황일인, 삼정(김기웅), 김영수, 종합건축, 정시춘, 김원, 엄이, 조성렬, 김기석, 김중업, 강건희 등이 있었다. 그러나 이들 가운데 "작가와 비평" 시리즈의 기획의도에 따라 자신의 건축론을 펼쳤던 건축가는 거의 없었다. 창간호의 "작가" 로 선정되었던 원도시는 "건축에 대한 변명" 이라는 짧은 글에서 스스로 "어떤 부류의 건축 집단으로 불리운다거나 표방하는 건축 철학이나 주의, 주장을 채근당할 때마다 당혹스러움을 금하기 어렵다" 는 말로 시작하여 원도시의 건축이 "어떤 일관하는 방법론에 의해서 진행되고 제작되었다라고 얘기하기 보다는 주어진 요구들, 입지 그리고 당시의 감수성 등이 복합적으로 묶이어" 나타난 것으로 설명하였다. 건축가로서 "주어진 상황을 최선의 결과로 유도하려는 태도를 지켜왔다" 는 중성적이고 소극적인 입장을 표명하였다.[6] 원도시, 정림, 종합과 같은 조직형 사무실은 짧은 원고에 집필자가 누구인지도 명기하지 않았으며, 작가 자신의 건축론 칼럼이 없었던 경우도 많았다.

『건축과 환경』의 "작가와 비평" 시리즈가 보여주었듯이 건축가들은 "자기 비평" 에 익숙치 않았으며 『건축과 환경』이 제공하는 기회를 적극적으로 이용하지 않았다. 담론에 대한 건축가들의 거부 반응이 드러난 것은 조직형 건축 사무실에 국한된 것도 아니었으며, 1980년대 당시의 문제만도 아니었다. 1960년대에서 1980년대 초반까지 작가 정신으로 한국 건축을 주도했던 김수근과 김중업도 건축론을 적극적으로 펼치지는 않았다. 김중업의 경우 자신의 건축론을 피력했던 글이 거의 공표되지 않았다고 할 수 있다. 김수근은 잡문을 많이 생산하였으나 자신의 건축을 설명하는 것, 글을 쓰는 것 자체를 대단히 어색해하고 어려워했다. 김수근의 건축론은 여기서 자세히 논할 수 있는 상황은 아니다. 그러나 김수근이 휘말렸던 부여박물관 사건은 한국에서 건축 담론을 펴나가는 것이 얼마나 어려운 일인지를 잘 보여주었던 1960년대 후반의 한 단면이다. 1967년 10월 김수근이 설계했던 부여박물관의 입구, 즉 건축의 한 부분이 일본의 도리이와 닮았다, 그렇기 때문에 왜색이라는 비난을 받으면서 부여박물관 논쟁이 촉발되었다. 이에 김수근은 다시 그의 설계의 한 부분이 "구족"(개다리 소반)과 닮았다, 그래서 한국적이라는 논리로 대응하면서 더 곤혹스러운 상황에 빠졌다. 논쟁이 진행되면서 점점 말의 미궁 속에 빠져든 김수근은 결국 자신의 "건물 자체가 표현이므로 이를 말로 표현하는 건 한갓 사족에 불과하다" 고 주장하면서 건축에 대한 말을 부정하기에 이른다.[7] 부여박물관 사건에서 보았듯이 건축에 대하여 말을 하는 가장 전형적인 형식은 건물의 한 부분을 떼어내, 다시 말해 하나의 파편을 두고 그에 대해 어떤 언어적인 통념을 대응시키는 방법이었다.

1960년대 후반, 이러한 파편의 언어가 한국 건축을 지배했던 가장 악명 높았던 사건은 국립박물관 현상설계였다. 1966년 1월 8일 문화재관리국이 국립박물관 현상설계 공고문을 다음과 같이 발표하였다.

> *유구한 역사를 이룬 전통적인 유형 내지 무형문화의 발전상을 시대적 유물로서 보존함과 동시에 나아가 새로운 우리나라 고유양식의 창의를 발휘하여 이를 후세에까지 전할 수 있는 문화의 전당을 건립함에 있어 그 최선의 안을 채택하고자 다음의 설계안을 공모한다.*[8]

문화재관리국이 응모자 신청과 함께 설계 조건의 유의서에 "건물 그 자체가 어떤 문화재의 외형을 모방한 것으로써 콤포지숀 및 질감이 그대로 나타나게 할 것이며, 여러 동의 조화된 문화재 건축을 모방해도 좋음"이라고 명기한 문건을 교부했다. 강봉진은 이러한 설계 지침에 따라 수덕사 팔상전 등을 조합한 안으로 당선되었다. 국립박물관의 현상 설계 지침과 부여박물관 논쟁은 현장에서 분리된 건물 한 동의 이미지, 지붕의 모양, 구조의 받침부위 등, 한국의 옛 건축을 단편과 조각으로 이야기했다는 측면에서 모두 파편의 언어 구조 속에 머물러 있었다. 1960년대 드러나기 시작했던 파편의 언어는 전통과 한국성을 내세웠던 1980년대의 문화 프로젝트로 이어졌다. "굵직한 국가적, 공공단체적 프로젝트에는 꼭 또는 필연적으로 전통이라는 이 형상 없는 추상적인 개념이 악령처럼 건축가들에게 붙어 왔다"는 당시 이범재의 말은 전통이 강요되었던 1980년대의 상황을 잘 말해준다. 동시에 필자가 강조하고 싶은 것은 당시의 전통이 "형상 없는 추상적인 개념"만이 아니었다는 사실이다. 전통은 대단히 구체적인 형상이었으며 건축과 건물의 한 파편이었다. 『건축과 환경』의 "작가와 비평" 시리즈에서 보았듯이 당시 한국의 대표 건축가들은 자신의 건축에 대해서 어떻게 이야기하는지를 모르고 있었다. 이러한 상황 속에서 한국 건축에 대해서 이야기할 수 있는 담론의 한 전형이 파편의 언어를 중심으로 자리 잡게 되었던 것이다.

1980년대에 파편의 건축과 파편의 언어를 가장 극명하게 드러내주었던 프로젝트는 독립기념관이었다. 1983년 5월 10일 독립기념관 건립추진위원회에서 발표한 현상공모문에서 "민족의 얼을 현대적으로 구현하여 민족적 일체감을 느낄 수 있는 창조물"이 되어야 한다고 기술하였다. 국립박물관만큼 노골적이지는 않았지만 독립기념관의 현상공모 지침에는 한국적 건축이란 항목을 설정하여 경사로, 계단, 옹벽, 수구, 노단식 테라스 등이 구체적으로 나열되었다. 당선안의 건축가인 김기웅은 독립기념관이 20년 전 파문을 일으켰던 국립박물관의 후예임을 명확하게 인식하고 있었다. 경사벽, 성곽, 팔작지붕 등 전통이 제시해주는 무궁무진하게 많은 요소들을 "인용"하고 이러한 "엘리먼트의 구사"를 통해 자신의 건축을 설명하는데 주저하지 않았다.[9] 독립기념관의 설계가 확정되고 건설이 진행되는 과정에서도 프로젝트에 대한 담론 역시 파편을 중심으로 진행되었다. 특히 대중적인 담론에서는 독립기념관의 지붕이 천안문 보다 높다는 사실이 가장 중요한 스토리로 반복되었다. 더 나아가 이 한국적인 지붕이 작가 개인의 결정이 아니라 국민들의 뜻에 따라 결정되었다는 이야기가 아래의 문구처럼 매체를 지배하고 있었다.

> *독립기념관의 중심 건물인 기념관은 지붕만 3천여 평에 달하리만큼 웅대한데 연건평이 서울 동대문운동장 축구장의 두 배 정도이며 높이가 45미터로 중국 북경의 천안문을 앞선 세계 최대 규모라고 한다. 특히 지붕과 추녀의 굴곡은 수차례의 시행착오 끝에 곡을 준 국민의 화합과 중지의 결정이었고 공사 때 로프와 아이젠까지 착용하면서 공사를 진행하였다는 관계자의 설명이다.*[10]

"동양 최대의 기와지붕, 천안문 보다 높아야 된다, 요는 그런 '말'을 위한 건축이 돼버리는 것"이라는 당시 김원의 불만이 드러내주듯이 지붕이라는 건축의 한 파편은 건축에 대한 언어의 자료를 제공해주었던 것이다. 이에 김기웅은 설계지침이 "한국적인 이미지"를 요구하고 있고 "대중"들도 같은 것을 원하기 때문에 그 요구들을 받아들이되 그것들을 "어떻게 소화해서 표현할 것인가는 작가에 따른 문제"라고 주장하였다. "대중들이 기와지붕이어야 한다고 하는 데에는 건축을 에피소드의 조형물로 여기고 있고 거기에 스토리를 담으려는 수준에 있기 때문"[11]이 아니냐는 당시 김광현의 반박에서 보듯이 전통의 파편은 건축에 언어를 접목시킬 수 있는 가장 쉬운 방편이었다.

국가 권위와 대중성에 야합하여 "말을 위한 건축"을 만들었다는 비판을 받은 김기웅은 자신의 작업을 변호하는 건축론을 제시했다. 전통 건축을 단지 파편으로 모사한 강봉진의 작업과는 달리 독립기념관에서는 "건축의 duality, juxtaposition, variety, layer, ambiguity" 등 작가적인 방법론을 실현했다고 주장하였다. 로버트 벤츄리를 구체적으로 언급하면서 이질적인 요소의 병치를 통하여 포스트모더니즘의 중요한 개념으로 대두되었던 "건축형태에 있어서 복합과 모순"으로 나타날 수 있음을 주장하였다. 이러한 면에서 김경수는 김기웅의 태도가 "국립박물관 이래 위축되어온 건축 조형의 전통에 대한 기피 자세에 비하면 훨씬 건강하다"고 판단하면서 건축 언어를 만들어가는 김기웅의 구체적인 "방법론적인" 태도를 높이 평가하였다.[12] 비평가의 입장에서 김경수는 김기웅이 내세운 병치수법이 "서로 대조되는 것들을 날카롭게 부각시킴으로써 새로운 경험, 내지는 의미를 줄 수 있다"고 생각하였다. 그러나 이러한 건축의 언어 속에서 새로운 경험의 성격이 무엇이며 그 경험의 의미가 무엇인지는 분명하지 않았다.

김기웅과 김경수의 입장은 1980년대 초반부터 국내에 본격적으로 소개되기 시작된 포스트모더니즘의 맥락에서 이해할 수 있다. 한국에서 비평의 부재를 개탄하면서 "작가와 비평" 시리즈를 창안했던 김경수가 언어적 체계와 소통의 문제를 핵심에 두었던 포스트모더니즘에 관심을 가진 것은 당시의 시류를 넘어 충분히 이해할 수 있다. 김경수는 건축에 대한 언어, 즉 건축에 대한 말과 글이 파편에 기대는 것이 아니라 체계적인 공간과 형태의 언어와 긴밀하게 공존하기를 갈구했던 것이다. 그러나 『건축과 환경』의 "작가와 비평" 시리즈에서 이미 보았듯이 김경수의 기대와는 달리 당대 한국의 건축가들은 건축의 언어에 대한 인식이 없었거나 이를 부정하였다. 김경수가 한국 건축가 중에서 가장 높이 평가했던 김석철은 창간에 즈음하여 건축비평에 대하여 다음과 같은 입장을 피력한 바 있다.

> *건축은 한 시각적 대상으로서가 아니라 항상 "사건의 연속"과 "시각의 연쇄" 속에 건축적 현상을 갖는 "비자립적 차원의 종합기술 예술"이므로 구체적인 모티브나 시사는 그들을 지배하는 더 큰 잠재력에 의해서 이해되고 평가되어야 한다. 로버트 벤츄리의 작품이 유사한 그의 동료들의 것에 비해 비견할 수 없는 경지의 것을 보여주는 일이나 로말도 지울골라의 작품이 보여주는 엄정한 세련미 등은 건축에 대한 그들의 본능적인 앎에 기인하는 것이다. 건축 비평은 부족한 감수성을 서책의 이론들로 메운 성채 속에 안주하여 폐허의 궁성을 지키는 잡초에 불과할 것이다. 한국 건축의 질곡은 무엇이 좋은 건축인지, 건축이란 무엇인지에 대한 기초적인 질문보다 서책과 원색잡지의 사진술에 압도당한 위성문화권의 콤플렉스에 빠져있다.*
> *우리는 건축의 문제를 정면에서 부딪쳐 보아야 한다.*[13)]

김기웅과 함께 1980년대 한국적 포스트모더니즘의 리더로 인식되었던 김석철에게는 건축의 언어적 체계보다는 원초적인 건축 체험의 문제가 가장 중요했다. 건축을 "사건의 배치"로 규정했던 김석철의 생각은 1970년대부터 일관되게 견지해왔던 입장이라 할 수 있다.[14)] 김석철에게 건축은 체험을 해야 할 하나의 사건이며 건축 이외에도 많은 사건들이 원초적 체험의 대상일 수 있는 것이다. 다음에 발췌한 그의 여행일기에서 볼 수 있듯이 김석철에게 언어는 무엇보다도 자기의 체험을 묘사하는 것이다.

> *1979년 2월 12일 리야드에서 그는 "대낮의 거리를 간다. 덥다. 나흘 전까지 눈발 속을 다니다가 문득 대낮 정오 해변의 햇살을 받는다. 청정한 태양의 세례 속을 걷는다. 전신이 나른해오는 만복감을 체험한다."[15]*

이러한 글쓰기는 김석철이 주장했던 "본능적인 앎" 이란 원초주의의 한 양상이라 하겠다. 그 대상이 건물이든, 자연 환경이든, 길거리를 다니는 무명의 여인이든 김석철에게 언어는 자신의 체험을 전달하는 장치였다.

1980년대 글쓰기를 막 시작했던 젊은 비평가, 학자와 건축가들은 비평을 "잡초"라 생각했던 김석철의 생각에 대부분 동의하지 않았겠지만 건축의 문제를 "정면에서 부딪쳐 보아야 한다"는 생각은 공유하고 있었다. 한국 건축계가 전통 건축에 대한 이해의 스펙트럼을 넓히는데 지대한 영향을 미쳤던 한샘 건축기행이 김석철의 주도하에 이루어졌고 젊은 건축가와 학도의 호응을 얻은 것도 이러한 맥락에서 충분히 이해할 수 있다. 1980년대에 소장 학자로서 한국 건축에 대한 답사 책자를 펴냈던 김봉렬도 "건축사학의 연구에 선행되어야 할 작업이 실물 답사"라는 확신을 갖고 있었다. 김봉렬이 펴냈던 『한국의 건축』은 1984년 "한국 전통건축의 체험" 이란 제목으로 『공간』에서 연재된 글을 엮은 책이었다.[16] 이런 그의 생각은 1990년대까지 이어지게 된다.

> *한국 건축을 많이 봐야 된다는 것은 한국적인 것을 의식적으로든 무의식적으로든 기억되게 해야 한다는 것이죠. 이런 것들을 은연중에 자신도 모르게 그려낼 수 있을 정도로 봐야한다는 것입니다. 많이 봐야만 그려낼 수 있는 것입니다. 본 것이 없는 상태에서는 아무 것도 그려낼 수 없는 것입니다. 또 느껴야 합니다. 사진으로 한계가 있습니다. 한국 건축의 집합성을 사진으로 찍어낼 수는*

없을 것입니다. 현장에 가서 터가 주는, 건축이 주는, 건축의 집합이 주는 기운을 느껴야 합니다.[17)]

현장의 체험이 중요하고 현장을 체험한 개인의 느낌과 감동이 중요하다는 주장이다. 문제는 이 직접적인 건축 체험의 언어가 넓은 건축 담론의 커뮤니티를 형성하기는 어렵다는 것이다. 체험은 한 개인에 한정된 것이다. 1980년대에 전통 건축의 파편을 이용하여 현대 건축의 체계적인 언어를 만든다는 것이 어려웠지만 국가 권위와 대중성에 기대어 건축의 의미와 소통이 거론되었다. 체험의 언어는 그것이 솔직한 표현이든 아니든 역시 규율에 근거하여 형성되는 것이 아니기 때문에 한 사람의 체험이 다른 사람과 공유될 수 있다는 보장이 없다. 더 나아가, 김석철과 같이 언어가 원초적인 체험과 맞닿을 수 없다고 생각한다면 언어의 역할에 대해 부정적일 수밖에 없는 것이다. 체험의 중요성은 1990년대의 건축 담론에서도 이어져 나갔다. 그리고 건축에 대해 발언하고자 하는 일부 건축가들의 의지도 더욱 강해졌다. 체험, 파편, 언어의 관계가 변하면서 한국 건축 담론의 새로운 지평이 열리기 시작하였다.

주체, 단편, 알레고리: 1990년대 건축 담론의 새로운 지평

1990년대는 어려운 민주화 과정을 거쳐 얻은 새로운 자유가 한국 사회 모든 방면에 발산되었던 시기이다. 여행이 자유로워져 제한되었던 해외 건축 답사가 활발해졌고 잡지와 책을 통하여 해외 정보가 바로 전달되기 시작했던 시기다. 김중업과 김수근, 두 거장이 1980년대 후반에 타계하였고 그 수하에서 훈련을 받았던 건축가들이 자유롭게 자신의 건축을 펼 수 있는 가능성이 열렸다. 1980년대에 해외 유학을 떠난 젊은 건축가와 학자들이 귀국하여 1990년대 중반부터 독자적으로 활동하기 시작했던 것도 건축 언어에 대한 갈망을 심화시켰던 요인으로 볼 수 있다. 1990년대는 건축가가 자신의 작업을 어떠한 방식으로든 말로 표현해야 한다는 전제가 널리 동의를 얻기 시작했던 시기였다. 김경수가 문법과 규칙이 건축 언어의 기반이라고 전제했다면, 1990년대에는 건축가라는 주체의 의식이 강하게 요구되었다. "60년대의 거장들은 '공간'과 '표현' 을 무기로 모더니즘을 구현했지만 그들에게 진정한 의미의 '건축 이론' 이란 없었다. 이론이란 조형이나 공간 구성에서 출발하는 것이 아니라 작가의 세계관에서 출발한다"[18]는 김봉렬의 주장에서도 보듯이 건축 이론이 작가의 세계관에서 발로되는 것으로 보았다. 1996년 한국의 건축가에 대한 최초의 체계적인 작가론을 저술한 정인하는 김수근의 근대성을 작가적 자아론으로 해석하였다는 사실도 이러한 맥락에서 이해할 수 있다. 이렇듯 '작가정신' 이 화두였던 당시, 말은 주체와 객체를 새롭게 대면할 수 있는 기제로 작용하였다.

연배로 따져 본다면 1990년대의 건축 담론은 1940년대 생들이 이끌었다. 민주화 과정과 함께 시장 논리가 지배하기 시작하는 한국의 건축과 도시가 변해야 한다고 믿었던 규범적인 모더니스트들이었다. 가장 연배가 높은 유걸, 우규승에서부터 조성룡, 정기용, 민현식, 김인철, 우경국 그리고 상대적으로 젊은 작가로는 김영섭, 승효상, 김병윤 등을 들 수 있다. 유걸과 우규승은 본고에서 다시 언급하겠지만 미국에서 활동을 하여 한국에서 늦게 작품을 선보였던 건축가들이다.

탈파쇼 시기 건축의 가장 중요한 기점을 제공해준 것은 4.3그룹의 활동이었다. 1980년대 말의 청년건축가협의회, 1990년대 초의 건축의 미래를 준비하는 모임 등 사회제도 개혁의 기치를 내건 건축 운동이 시대변화의 가늠자이기도 했지만 구체적인 건축 작업을 동반한 모임은 4.3그룹이었다. 당시 30대, 40대로 구성된 4.3그룹의 건축가들은 새로운 건축을 주장했고 새로운 건축 담론을 표방했다. 1970년대와 80년대의 경우 건축가들은 자신의 건축을 관찰자의 입장에서 이야기하였다. 자신의 건축관을 피력할 경우에도 시대적인 상황과 결부시키지 않았다. 4.3그룹은 건축가가 자신의 건축관을 스스로 전면에 내세웠고, 그 시대적 당위성을 주장하였다.

4.3그룹의 건축가, 특히 민현식과 승효상이 1990년대의 새로운 담론적 구도의

중심에 있었다면 이보다는 약간 늦게 건축가 유걸이 다른 종류의 담론을 펴기 시작했다. 유걸은 독특한 이력을 갖고 있는 한국의 건축가다. 서울대학교 건축학과를 졸업하고 무애, 공간 사무실에서 일을 했으며 1970년대 중반에 미국으로 이민 갔다. 미국에서 1970년대 말 퇴사한 이후 거의 10년간 건축을 하지 않다가 1980년대 후반 올림픽 선수촌 아파트와 몇몇의 주택을 서울에서 설계하면서 건축계에 복귀하여 2010년대까지 한국의 건축가로서 왕성한 활동을 하는 가장 연배가 많은 작가라 할 수 있다. 조로 현상을 벗어나지 못하는 많은 한국의 건축가와 다른 길을 걸어왔던 건축가이다. 30대에 건축가로 독립하고 40대에 이미 큰 프로젝트의 설계를 맡고 50대에 생명력을 잃고 마는 한국 건축가의 전형적인 행로와는 달리 유걸은 50대 후반에 이르러서 가장 중요한 대표작이라 할 수 있는 밀알학교를 실현시켰다. 밀알학교가 완공되면서 적어도 한국에서 볼 수 없었던 열린 내부 건축공간의 가능성이 제시되었다. 그가 본격적으로 국내 건축계에 복귀하게 된 계기가 1993년 고속철도 천안역사의 당선이었다는 사실도 우연이 아니다. 고속철도 역사는 민주화되어가고 세계 경제에 편입되어 가고 있던 한국의 대표적인 대형 공공시설이자 비非장소의 전형이었다. 한국적 아이덴티티에 얽매이지 않고 테크놀로지에 기반하여 보편적 공간을 만드는 작업이었다. 철골구조로 투명하고 열린 공공의 공간을 만드는데 유걸의 관심이 집중되었다는 것은 지당한 일이다. 천안 역사 이후 고속철도 부산역사와 대구역사의 계획안을 만들었고 강변교회와 전주대학교 채플, 그리고 밀알학교가 완공된 1990년대말 그는 과감한 대형 내부 공간의 건축가로서의 이미지를 갖게 되었다.

한국 건축계에서 유걸의 등장이 갖는 또 다른 의미는 김태수, 우규승, 손학식 등 미국에서 사무실을 운영하는 재미 한국인 건축가들의 활동과 비교했을 때 더욱 명확해진다. 김태수, 우규승, 손학식은 한국에서 중요한 프로젝트 기회를 잡기는 하지만 한국 건축계 내부에서 활동을 적극적으로 하지는 않았다. 유걸은 이들과는 달리 사무실을 국내에 두고 한국의 건축학교에서 교편을 잡기도 했다. 특히 이 글의 맥락에서 볼 때 유걸과 다른 재미 건축가와의 중요한 차이점은 유걸이 지속적이고 일관된 담론을 펼쳤다는 점이다. 김태수와 우규승은 국내에서 대단히 중요한 작업을 했지만 한국 건축계와 폭넓은 교감을 갖지 않았다. 얼마나 자주 글을 발표하고 강연을 하느냐의 문제라기보다는 그들의 건축에 대한 담론을 국내 건축의 담론적 구도 속에 설정하지 않았다는 뜻이다. 이와 대조적으로 유걸은 자신의 건축을 기존 한국의 건축 안에서 그 자리를 설정하였다. 1990년대 중반에 즈음해서 적극적으로 국내의 담론을 비판하기 시작했으며 2000년대까지도 가장 직설적으로 자신의 생각을 표현하였다.

자유로워진 1990년대의 풍토 속에서 건축가로 독립한 젊은 건축가들이 언어와 단편의 문제를 새로운 방식으로 건축 담론 안으로 끌어들인 것이었다. 4.3그룹의 담론이 1980년대와 달라진 면모를 크게 두 가지로 생각할 수 있다. 첫째, 4.3그룹의 멤버들이 관심을 가졌던 단편은 전통 건축의 직설적인 파편에 한정되어 있지 않았다. 넓어진 건축 환경과 정보량을 반영하듯 서양과 동양, 옛 것과 지금의 것, 그림, 조각, 사진 등 다양하고 산만한 대상들이 이들의 참조체로 등장하였다. 둘째, 이 단편들이 건축가의 작업에 직설적으로 사용된 것은 아니었지만 자신의 작업을 설명하기 위해 제시되었다. 건축 출판물들이 대부분 건축가 자신의 작품 사진, 완성된 건물의 도면, 그리고 작품에 대한 변으로 구성되어 있었던 것에 반해 4.3그룹 전시회 카탈로그는 건축 작업과 관련된 다양한 참조체들을 드러내 보였다. 이런 양상은 4.3그룹의 멤버 중에서 특히 민현식과 승효상의 작업에서 두드러지게 나타났다. 4.3그룹이 자신의 건축을 설명하는데 있어서 이전 건축가와 달랐던 것은 "인용"에 있었다. 민현식은 4.3그룹 전시회 도록에 자신의 작품들에 "적용된 원칙, 이미지, 수집된 논의, 표제" 등을 나열하였다. 그가 사용한 이미지들은 동서고금을 망라하여 그가 "발췌, 인용"한 것들이었다.[19] 민현식은 소쇄원, 부석사, 독락당, 베니스 그리고 외국의 현대 건축과 미술에서는 루이스 칸, 루이스 바라간, 크리스토의 작품을 인용하였고 문필가로는 이탈로 칼비노, 와딩턴, 존 버거, 마이클 베니딕트 등을 자주 인용하였다. "빈자의 미학"을 내세웠던 승효상은 김시습, 쟈코메티, 김환기, 추사에 관련된 이미지와 글을 일정한 포맷 속에 편집하였다. 이들은 건축의 결과보다는 그 발상의 원류를 보여주고자 했다.

단편적인 텍스트와 이미지를 통해, 4.3그룹의 건축가들은 산만한 파편에 현재적 의미를 불어넣으려고 했다. 이 단편들을 통해 자신의 건축을 보고, 자신의 건축을 통해 과거의 단편을 다시 독해하고자 했다.

1990년대 초반 아직은 이방인의 입장에서 한국 건축에 대하여 코멘트를 하기 시작한 유걸은 4.3그룹의 파편과 알레고리를 비판하는 입장에 섰다. 한국의 "창작 예술이 너무 관념적"이라는 그의 발언은 당시 4.3그룹의 언어를 겨냥한 것이라고 볼 수도 있다.[20] "너무 관념적"이라는 이 말의 구체적인 뜻은 한국의 건축가와 예술가들이 한국성과 옛 유산에 대해 부질없이 집착하고 있다는 것이었다.

> *많은 경우 우리의 유산에 대한 평가는 우리의 바람이고 실재하지 않는 허상이다. 우리의 과거에 대한 애정은 [코마] 상태에 있는 부모나 친지를 차마 보내지 못하여 죽어가는 본인의 뜻에도 반하여 생명을 연장시키면서 이 분은 살아나실 것이고 또 훌륭한 일을 하실 거라고 희망적인 생각을 갖고 말하며 또 그 밖의 일은 입 밖에 내지도 못하는 경우와 유사한 모양이다.*[21]

죽은 것이나 다름없는 과거에 매달리지 말라는 유걸의 주문은 그 당시로서는 파격적인 발언이었다. 일체의 단편, 유산, 전통을 인정하지 않았다는 주장은 용기가 필요한 단언이었다. 이러한 맥락에 따라 유걸 역시 건축에 대해 일체의 의미와 수사학을 부여하는 것을 거부하였다. 1993년 자신의 작품에 실용적 가치 이외에 어떠한 가치가 있는지, "작품의 저변에 깔려있는 무의식의 문화적 바탕"과 연관시켜 이야기해달라는 요청에 유걸은 "실용적 가치가 전부"라고 대답하였다.[22] "허구를 떠나 사실을 파악하고, 옳고 그른 것의 판별을 통하여 일을 하여야 하겠고, 우리의 관심은 과거로부터 미래로 돌려져야 한다. 형식과 외모가 아니라 실한 내용을 만들어야 한다."[23]

하지만 파편의 문제는 유걸의 건축에도 잠재하고 있었다. 그가 한국에 일시 귀국했던 1986년 국립현대미술관 강연에서 볼 수 있듯이 이 당시만 해도 한국성의 문제를 부정하지 않았다.

> *(우리의) 전래적 사고 및 생활 방식은 고형적인 콘크리트로 이루어진 벽으로 된 현대의 아파트 속에서 혼돈을 겪고 있는 것이다. 한국 건축에 있어서의 내부 공간은 외부, 즉 마당과의 관계를 그 생명으로 하기에 내부 자체는 극히 소박하고 간결하고 최소적이었다. 모든 불필요한 요소를 제거하고 또 제거하여 본질만을 남기려고 한 것이 한국 건축의 실내인 것이었다. 한국 건축의 실내는 결국 그 바닥 그것만을 남겨놓는 정도가 된 것이다.*[24]

벽을 부정하는 유걸의 입장은 1990년대 이후까지 계속 이어지지만 여기서 주목해야 할 것은 그가 한국의 마당과 바닥을 인정하고 있었다는 사실이다. 다시 말해서, 1980년대 중반만 하더라도 유걸에게도 분명 전통 요소에 대한 인식이 있었다는 것이다. 그렇다면 이러한 한국적 단편은 유걸의 건축에서 어떤 역할을 했는가. 서세옥 주택에 관련된 대담에서 유걸은 "한국이라는 콘텍스트에서 내가 어떻게 일할 것인가를 명확히 결정" 할 수 있게 되었다고 전한 바 있다.

> *처음엔 서세옥 선생 댁에서 연경당과의 관계를 고민했다. 건물이 연경당의 배경이 되어 사라질 수도 있고, 한옥의 공간 구조를 재해석해 받아들일 수도 있는 등 여러 가지 대안을 생각했다. 하지만 배경이 되는 건 못하겠고, 조화를 이루는 것도 썩 내키지 않았다. 그래서 도달한 결론, 한옥은 한옥이고 새 건물은 완전히 다른 집이라는 것이다.*

서세옥 주택을 설계하면서 유걸은 독립기념관을 설계했던 김기웅과 마찬가지로 현대와 전통을 병치시키는 전략을 택했다. 유걸의 건축 언어는 김기웅과 전혀 달랐지만 파편에 대한 논리는 비슷했다. 유걸에 의하면 전통과 현대는 "동전의 양면" 과 같아

이들을 동시에 볼 수 없는 것이다. 그렇기 때문에 "현 문화의 복합성과 다양성에 대한 이해는 다양한 시각의 단편적인 분석"을 통해서만 공유될 수 있다는 것이 그의 입장이었다.[25] 즉, 전통과 현대는 하나로 조화될 수 없기 때문에, 각각을 단편으로 접근해야 한다는 것이 유걸과 김기웅의 공통된 입장이었다.

유걸, 그리고 4.3그룹의 건축가들은 자신의 말과 건축을 스스로 파편으로 이해하지는 않았다. 그러나 1990년대 초, 적어도 4.3그룹의 작업을 파편으로 이해하는 시각이 이미 학계에 자리 잡고 있었다. 당시 비평가로 활동했던 이동언은 승효상이 수졸당에서 "한국 건축의 형상figure을 교묘히 파편화시키는 작업을 지속"했다고 평하면서 승효상의 건축을 "철저히 위장된 포스트모더니스트의 아류"라고 공격하였다. 즉, 4.3그룹 자신의 자각과는 달리 1980년대의 인습을 그대로 답습하고 있다는 것이 이들에 대한 비판의 핵심이었다. 이동언의 이러한 비판의 배경에는 서구적 포스트모더니즘에서 파편과 알레고리 사이의 관계에 대한 가정이 있었다고 볼 수 있다. 4.3그룹의 건축가들과 많은 접촉을 하고 이들의 작업에 대하여 깊이 숙고했던 김광현도 이들의 작업에서 파편의 문제를 발견했다. 당시에 4.3그룹의 활동에 대한 그의 통찰들은 말과 건축의 관계에 대한 많은 시사점을 제공한다.

이동언과 달리 김광현은 4.3그룹이 당시 한국적인 포스트모더니즘으로 치장된 건축 주류와는 분명 차별된다고 생각하였다. 4.3그룹은 "단편에의 호기심은 만연되어 있으나 단편에 열광하지도 않고, 상대적 가치관으로 치장되어 있으나 철저하게 상대적이지도 않으며, 철저함을 떠나 비철저한 은신만을 반복해 오고 있는 이 시대의 건축과 스스로가 다르기를 희구하며 만들어진 자기발견의 장"이라고 규정하였다.[26] 그러나 김광현의 입장에서 4.3그룹은 분명한 한계가 있었다. 4.3그룹 전시회 도록에 김광현은 "규방의 건축을 벗어나기 위하여"라는 제목으로 다음의 통찰을 하였다.

> *'전쟁 유품'을 이용하는 것, 곧 아방가르드가 패배해 버린 저 싸움터에 버려진 것을 다시 쓰는 것 말고는 건축의 가치를 지켜낼 방법이 없다고 보는 시각이*

오늘날 가장 깊은 공감을 불러일으키고 있는데, 그렇다고 놀랄 일은 못된다. 이렇게 해서 새로운 '순수성의 기사' 들은 유토피아의 단편을 깃발처럼 휘날리며 오늘날의 논의에 등장하고 있지만, 그러나 그들은 스스로 유토피아에 정면으로 대치할 수 없다.[27)]

단편에 대한 호기심의 수준에 머무는 한국의 포스트모더니스트들과는 달리 4.3그룹은 "유토피아의 단편을 깃발처럼" 휘날린다는 것이다. 김광현에 의하면 "조용히 얻는 것", "본연성", "절대와 초월", "고요함과 정점" 등 전시회에 제시된 이와 같은 많은 개념어들이 "추상적인 형태에 담고 있는 의미들이며, 물리적인 형태를 만들어내기 위한 통사적인 개념어들이 아니"라는 점에서 "유토피아의 언어"라고 규정하였다. "이 시대의 모순으로부터 탈출하기 위해 설정된 언어", 즉 "일종의 유토피아 상태"라고 설명하고 있다. 김광현에 의하면 이러한 언어는 현재를 탈출하기 위한, 거짓된 초월을 위한 장치일 수 있다는 것이다. 그는 그런 임의적인 말들이 4.3그룹 건축가들의 성패를 가늠하는 척도가 될 수는 없다고 주장하면서 그 대신 "언어의 유토피아"를 제안했다. 이는 "자괴와 충돌"을 야기할 수 있는 구체적 건축, 내재적인 비판의 힘을 스스로 지니고 있는 건축을 뜻할 수도 있다. 즉, 김광현은 이러한 말들이 건축 내부의 "이론"이어야 한다고 생각했던 것이다. 문제는 "건축을 순수하게 외부의 산물로 여기거나, 아니면 작가의 내면적인 세계만으로 국한해 두려는 데 있다"고 지적하였다.

4.3그룹의 건축가들도 이러한 문제를 인식하지 못했던 것은 아니다. "공간은 침묵이기를 바랬고 모순되게 형태는 역동성을 지니기를 바랬다"[28)]는 김병윤의 자아비판은 침묵이라는 말과 건축의 실제 형태가 갖는 괴리에 대한 인식으로 이해할 수 있다. 4.3그룹이 확실하게 언어의 주체로서 건축가를 설정했다면 이제는 그 언어의 대상이 존재하느냐는 질문을 던져야 하는 것이다. 김광현의 주장에 의하면 이 말들은 이미 만들어진 것에 대한 일정의 언어적 희구일 뿐 말이 새롭게 설정하는 새로운 대상이 아니라는 것이다. 그래서 그는 이 말들을 언어의 유토피아라고 불렀던 것이다.

김광현의 통찰에서 주시해야 될 것은 김광현 자신도 이 "언어적 희구"의 논리에 예속되어 있었다는 사실이다. 4.3그룹 도록에 실렸던 "규방의 건축을 벗어나기 위하여"라는 글이 만프레도 타푸리의 "규방의 건축"이라는 에세이의 부분을 주석 없이 취한 글임을 상기하자. 김광현이 앞서 언급했던 "전쟁 유품"에 대한 문구는 타푸리의 에세이에서 거의 동일하게 써있다. 김광현은 타푸리가 삼고 있는 대상과는 전혀 다른 1990년대 한국의 건축을 다루고 있음에도 불구하고 타푸리의 언어를 단편으로 취하고 있었던 것이다.

4.3그룹은 분명 언어와의 새로운 관계를 모색하면서 대상과의 새로운 조우를 찾고 있었다. 자신의 작업과 말을 엮어가는 과정은 지난했고 건축가 자신들도 이 사실을 토로했다. 인용을 적극적으로 시도했던 민현식과 승효상과는 달리 김인철은 당시에 다음과 같이 회의를 하였다.

책도 들여다보고 답사도 해보지만 어디에도 내가 챙길 수 있는 그 무엇이 보이지 않는다. 그럴듯한 이야기는 남들이 다 해버렸고 그럴듯한 형태는 이미 다 지어져 있다. …… 입속에 맴돌고 있는 단어들은 '대충', '적당', '우연', '모호', '순리' 같은 것들이다.[29)]

말과 건축, 말과 체험 사이의 어려운 관계에 대한 회의는 민현식에게서도 발견된다. 당시 누구보다도 지식인으로서 건축가의 위치를 확인하고 싶었던 민현식도 말에 대해 회의적인 태도를 갖고 있었다. 4.3그룹 전시회 이후 처음이자 마지막으로 출간된 글 모음집 『echoes of an era vol.#0』에 실린 그의 에세이 "지혜의 시대, 우리의 건축"은 다음의 구절로 시작하였다.

어쩔 수 없이 우리의 공부, 지식 습득의 대부분은 책text에 의존할 수밖에 없다. 그 수많은 정보를 어떻게 일일이 직접 체험으로 얻을 수 있겠는가. …… 실체와 직접 만나서 괜스레 방향을 잃고 혼란스러워지는 것 보다 오히려 책의 도식

적 권위, 그 권위가 일반인 뿐 아니라 소위 전문가를 자처하는 일부 지식인들조차 해석interpretation을 실체보다 더 관심 있어 하고 그것이 체험을 대행해 주리라고 믿는다. 그러한 태도는 우리가 모르는 사이 책은 실체보다 더 큰 권위를 얻게 되고 "그 책text이 서술하고 있는 듯이 보이는 현실"도 창조할 수 있다고까지 믿어 버린다. 그것은 인식의 혁명적 전환이 있기 전까지 진리로 행세하게 될 터이다.[30]

위에 발췌한 글을 본다면 민현식의 입장이 10년전 한국의 건축을 "서책과 원색잡지의 사진술에 압도당한 위성문화권의 콤플렉스"에 사로잡혀 있다는 김석철의 입장과 크게 다를 바가 없는 것처럼 보일 수 있다. 여기서 유의해야할 것은 이 두 건축가에게 "책"은 서구적인 지식과 권위를 상징하고 있다는 점이다. 체험에 의한 앎이 아니라 책으로 오도된 이해가 바로 책으로서 서구사회라는 것이다. 당시 책과 사진을 통해 쏟아져 들어오는 외래의 자극들에 의존하지 말고 건축의 문제와 정면으로 맞서라고 주문했던 김석철과 마찬가지로 민현식은 "실체에 대한 직접적인 미적 경험"에 대하여 고민하고 있었다.[31]

그러나 민현식은 김석철과 한 가지 매우 다른 점이 있다. 민현식은 직접적인 체험을 중요시 했지만 비평과 건축 담론을 배척하지 않고 오히려 언어적인 텍스트의 생산에 적극적이었다. "스스로를 말이 앞서는 건축가라고 생각합니다. 그것은 스스로가 한 말에 자신을 속박하기 위해서 입니다"라고 선언했던 승효상과 마찬가지로 민현식은 말을 창작의 동력원으로 취하였다.[32] 민현식은 말에 대한 회의를 하면서도 과거의 텍스트와 이미지들을 파편으로 받아들이기 시작했으며, 건축을 이 단편의 체험에 대한 이야기로 풀어갔다. 필자는 이를 체험의 알레고리라고 명명하였다. 다음 절에서는 건축을 체험의 알레고리로 이야기했던 민현식, 그리고 그와 대척점에서 일체의 수사학을 배제하고자 했던 유걸을 비교할 것이다. 건축을 이야기했던 두 가지 다른 방식을 면밀하게 살펴봄으로써 1990년대 이후 파편의 언어가 구획했던 한국 건축

담론의 범주를 점칠 수 있을 것이다.

알레고리와 실용주의의 미학: 민현식과 유걸의 언어[33)]

유걸과 민현식은 매우 다른 종류의 건축 작업을 한다. 유걸의 건축은 대형 내부 공간에 과장된 구조 부재가 강하게 부각되는 조형적인 인상을 주는 반면, 민현식의 건축은 정연한 평면 구조 속에서 건축의 부재들이 가지런한 기하학적 공간을 정의한다. 민현식과 유걸의 건축은 이렇게 다르지만 두 건축가는 공통적으로 공공성에 대한 관심과 함께 민주적 건축을 목표로 하고 있다. 두 건축가 모두 기숙사, 학교, 공장, 교회 등 공공 공간과 사적 공간이 규율적인 조직 속에서 공존해야 하는 프로젝트들을 주로 다루어왔다. 단편에 대한 이들의 이질적인 태도와 공공성의 관계를 살피는 것이 1990년대 이후 건축 언어의 역할을 이해하는 중요한 단서가 될 것이다.

민현식의 경우 1980년대 말에 마당이라는 한국적인 요소에 대해서 지대한 관심을 갖고 있었다. 마당은 그의 초기 작업으로 국악고등학교에서 중요한 개념으로 등장하였지만 이 당시 민현식이 가장 이야기를 많이 했던 요소는 벽이었다. 벽에 대한 그의 관심은 영국의 AA스쿨에서 뒤늦게 유학을 하는 과정에서 형성되었던 것으로 보인다. 민현식은 1980년대 AA스쿨 진 실레트 교수의 스튜디오에서 벽과 빛이 어우러지는 현상에 착안하게 되었다고 설명한다.[34)] 귀국 후, 그리고 4.3그룹과 활동을 하던 시기에 벽은 그의 담론의 중심에 자리잡게 되었다. 벽은 책을 통한 간접적인 지식의 대상이 아니라 직접적인 체험의 대상이며 정신의 구현이었다. 멕시코가 벽에 존재한다는 레고레타의 글을 인용하면서 "강열한 태양 아래 힘차게 서있는 거친 벽에서 우리는 인간의 삶의 보편성을 뚜렷이 읽을 수 있다."[35)] 루이스 칸이 위대한 것은 "그의 논리에 있는 것이 아니라 그것을 실체인 건축으로 실천했기 때문"이라고 설명하고 있다.[36)]

민현식에게 벽의 언어가 정점에 달했던 것은 승효상과 함께 "침묵의 벽"을 공통의 화두로 던진 1990년대 초반이었다. 내력벽과 가벽의 구분 없이, 평행하기도 하고, 겹치기도 어긋나기도 하는 벽체를 배열하여 공간과 프로그램을 풀고 건물의 조형과 건물의 내외부 풍경을 조정하는 경향이 1980년대 말에서 90년대 중반까지 한국 건축계의 지배적인 경향이었음을 졸고에서 이미 지적한 바 있다.[37] 1990년대 초반 민현식의 대표작이라 할 수 있는 신도리코 기숙사와 신도리코 아산공장 본부에서 벽은 대단히 중요한 역할을 하였다. 긴 벽은 입면과 평면의 척추 역할을 하면서 주변의 풍경으로 연장되기도 하고 건축 내부공간을 지배한다. 같은 시기 승효상에게는 수졸당이 가장 중요한 작품이었다. 프로그램, 규모, 공간 구성에 있어서 수졸당은 신도리코 기숙사와 상당한 차이가 있었지만 이 두 건물의 벽이 같은 역할을 하고 있다고 두 건축가는 생각하였다. 승효상은 그것을 다음과 같이 표현했다. "벽과의 관계, 삶의 방식, 생각하는 모습, 그리고 거기 애정이 담겨 있기에 그런 내용을 더욱 가득 담고 우러날 수 있도록 (벽을) 중성화시키고 무표정하게 만드는 것이다." 다시 말해서, 벽이 하나의 단편이지만 거기에 삶의 방식이 담겨있을 수 있다는 것이다.

이 당시 민현식은 마당과 벽이라는 건축적인 대상들에서부터 사회적 가치를 추출할 수 있는 가능성을 타진하고 있었다. 어떤 커뮤니티가 공유할 수 있는 설득력 있는 이야기를 제공해주는 것이 신화의 사회적 기능이라면 알레고리와 공동체에 대한 갈구는 민현식 건축이 공유했던 이념의 쌍두마차였다. 학교, 사무실, 공장, 기숙사 등 현대 사회의 규율적인 시스템을 전제로 하는 시설 속에서 민현식은 공동체의 알레고리를 펼쳐나갔다. 그는 철저한 조직사회에 속한 개인들의 건축적인 체험을 감성적으로 묘사하였다.

> *일터에서 피곤한 몸으로 휴식처로 돌아오는 사람들은 계절에 따라 변하는 들판의 풍경과 하루 중 특별한 시간대가 만드는 특별한 순간에 문득 이 집을 만나게 되는 것이다. 따라서 이 집의 가장 두드러진 의도는 이러한 심신 상태에서 주변 환경의 아름다움을 더욱 강하게 느끼게 하는 감각의 틀을 만드는 것이*

다. 그것이 이곳에 벽으로 실현된다.[38)]

벽에 상징적인 의미를 부여하는 작업에 건축가뿐 아니라 비평가와 역사가들도 동참했다. 당시 젊은 건축역사가 전봉희는 민현식의 작품을 "벽의 건축"으로 칭했다. 그는 민현식의 신도리코 본사의 벽이 향토적 풍경과 현대적 풍경 사이의 경계선을 형성한다면서 다음과 같이 평했다. "민현식에게 벽은 고향의 능선이 가지는 수평적인 선의 재현으로 보인다. 여기서 벽은 첩첩한 산의 능선이 그러하듯 삶을 보호하는 것이면서 동시에 언제나 삶을 탈출하는 구실을 제공한다."[39)] 벽을 고향의 능선으로 보는 전봉희의 해석에서 역시 벽이 은유의 대상으로서 작동하고 있음을 알 수 있다.

민현식에 대한 작가론을 펴낸 이종건도 벽을 하나의 독립된 대상으로 인정하며 그의 비평 담론을 펼쳤다. 그 역시 민현식의 작업을 "벽의 건축"으로 정의하면서 벽의 보편적 속성을 논하였다. 벽의 은유적 성격에는 동의하면서도 이것이 에워싸고 있는 세상에 대한 해석에서는 전봉희에 반대했다. 이종건은 민현식의 벽을 현대의 "물질주의, 향락주의, 쾌락주의, 감각주의에 맞서는 실천의 한 방식"이라고 주장하면서 다음과 같이 말했다. "세기말의 시끄럽고 공허한 삶의 조건 앞에 민현식은 무언의 벽을 세운다. 벽은 그에게 무엇보다도 침묵이다." 즉, 민현식의 침묵은 개인이 각자의 정신세계로 회귀하는 모더니즘을 뜻하는 것이라고 이종건은 결론 내렸다. 이 논리에 따라 "민현식의 건축은 자폐적"이라고 결론을 내렸다.[40)] 자폐적이라는 표현은 4.3그룹의 작업에 대하여 김경수가 사용했던 말이기도 하다. 하지만 건축이 자폐적이란 뜻은 무엇인가? 침묵의 벽이 건축에 대한 이야기를 폐쇄시키는 것이 아니라 건축의 언어를 생산하는 기제였다는 것에 주목하여야 한다. 이종건 자신도 민현식의 벽을 "공간적, 조형적, 상징적 언어"[41)]라고 규정지었듯이 벽이란 건축의 한 단편이 공동체라는 알레고리의 구심점이 되었다.

1990년대 후반에 들어서면서 벽의 알레고리는 그 진지함에도 불구하고 잊혀졌다. 벽 대신에 땅과 바닥이 건축 담론의 중심을 차지하게 되었다. 민현식의 경우 마당에 대한 관심은 다시 "땅의 공간" 이라는 관점에서 지속적으로 거론 되었고 보다 추상적인 "비움" 의 개념과 서구에서 이야기되고 있었던 특정한 불확정성과 랜드스페이스 등과 견주어 이야기되었다. 더 최근 프로젝트인 대전대학교 기숙사에서도 공동체와 개인의 주제에 대하여 다음과 같이 말했다. "공동체의 주체인 마당, 개인 생활의 장소인 개실個室, 이들 모두 자기와 만남의 장소입니다. 즉, 공동체와 개인, 이 두 가지 대조적인 생활 모두 자기성찰의 공간입니다."[42] 이러한 발언에서 볼 수 있듯이 건축 공간 안에서 자기를 발견하는 체험이 중요했으며 이 체험을 말로 표현하는 것도 중요했다. 그에게 언어는 그 위태로운 가식성에도 불구하고 희망을 지탱하는 실천 행위였다. 승효상과 마찬가지로 언어는 재현적 관계로 설정되어 있지 않다. 언어는 동기다.

민현식과는 대조적으로 일체의 수사학을 허용하지 않겠다는 입장을 표명한 유걸은 전혀 다른 종류의 건축 언어를 생산하였다. "열린 건축" 을 줄기차게 주장해왔던 유걸은 최근에도 미래에 대한 자신의 꿈을 "제약이 없는 열려 있는 사회, 모두에게 열려 있는 공간" 을 만드는 것이라고 이야기한 바 있다.[43] 유걸이 말하는 열린 공간은 언어의 건축적인 대상을 설정하지 않는 것처럼 보이지만 여기에도 부분과 전체, 객관과 주관의 논리가 존재하고 있다.

> *건축의 객관적인 요소를 논함에 있어서 나는 어떤 사람과도 편견 없는 의사소통을 할 수 있다고 생각되기도 한다. 그리고 그렇게 하려고 노력한다. 하지만 그 객관성을 건축화하는 것은 나의 일을 할 때에는 나에게 주어진 고유한 책임이고 또 권리인 부분이라고 생각한다. 이것은 나의 고유한 미학이고 또 나의 고유의 조형의지인 것이다.*[44]

이 말은 유걸의 건축을 어떻게 이해해야 할지에 관한 분명하고도 강한 발언이다. 이러한 입장은 2000년대 말까지도 이어져가고 있다. 2005년에는 유걸이 이끌고 있는 아이아크 사무실의 순회 전시회가 있었다. 전시회의 제목 5w5p, 즉 다섯 개의 장소5 Places에 다섯 주5 Weeks 동안 순회전을 갖는다는 뜻으로 지은 제목이다. 전시회의 내용은 유걸의 건축에 사용된 객관적 수치로만 구성되었다. 프로젝트에 소용되었던 인력, 시간, 비용, 건물을 짓는데 들어간 자재의 무게와 일정 등 객관화할 수 있는 데이터만을 보여주었다.[45] 모든 규범적 내용과 내러티브를 배제한, 일체의 알레고리를 허용하지 않는 전시기획이었다. 이러한 전시회가 건축의 객관적 요소를 이야기하는 "편견 없는 의사소통"의 방편이었다면 완성된 그의 건축은 이러한 객관성을 자신만의 "고유한 미학"으로 조형한 것이다.

여기서 필자가 제기하고 싶은 질문은 개인의 형태의지가 공공의 존재로서 어떻게 건축에 수렴될 수 있느냐는 문제다. 다시 말해서, 객관적 현실을 기반으로 만들어졌다 하더라도 건축을 완성시키는 논리가 결국 개인의 조형의지라면, 공공 영역에 존재하는 건축의 명분을 어떻게 확보하겠느냐는 질문이다. 이 문제에 유걸은 역시 직설적으로 답한 바 있다.

> (나의 건축이) *개인을 계몽하기보다는, 내가 좋아하니까 남들도 좋아할 것이라는 생각에서 만드는 것이다. 사람들의 본성에 근원적인 공통점이 있다고 보기 때문이지 재미로 할 수 있는 것은 아니지 않는가.*[46]

"내가 좋아하니까 남들도 좋아할 것", 그 바탕에는 인간이 근원적인 공통점을 갖고 있다는 믿음이 있다. 이는 18세기 관념론 철학에서 주조된 서구 미학의 기본 전제와 동일한 생각이다. 종교와 신화가 사회를 통합할 수 있는 힘이 없어진 상황, 그리고 과학과 테크놀로지가 그 역할을 대신할 수 없다면, 현대 사회의 다양한 구성원이 공동체의 중심으로 의지할 것은 오직 인간의 감성일 뿐이라는 믿음이다. 한국 근현대사의 맥락에서 이러한 주관적 미학은 대중문화와 스펙타클을 발견하기 시작한 1990년대의 탈파쇼 시대에 와서 형성된 것이라 할 수 있다.

유걸 역시 인간의 감성에 기대는 서양 미학의 희망을 공유하고 있다. 한국 건축에서 처음 있는 일은 물론 아니다. 김경수도 건축의 언어를 구성하는 한 가지 분명한 조건이 "실천적 이성과 미적 판단력"이라고 생각했다.[47] 건축의 기술적 요소들은 객관적 언어의 대상이며 개인의 조형의지로 그것들을 엮어 건축이 된다는 생각은 강봉진의 국립박물관과 김기웅의 독립기념관에서 이미 발견했다. 김기웅의 경우 건축가의 조형의지는 인간의 본성에 기인하며 이 때문에 궁극적으로 공공과 대중이 함께 공감할 수 있다고 생각했다. 유걸의 조형의지가 딛고 일어서는 객관적 요소들이 건물의 기술적 · 기능적 · 경제적 요소라면 김기웅에게 역사가 제공해주는 전통적인 요소들도 그의 조형의 객관적 밑거름으로 포함되었다. 김기웅과 유걸에게 건축 언어의 가능성은 이러한 객관적 요소들의 영역에 국한되었다는 점에 주목하자. "엘리먼트를 구사"하는 김기웅, "객관성을 건축화 하는 …… 고유한 조형의지"로 설계하는 유걸에게 그 다음의 창작 과정은 무언의 미학적 체험을 사회와 공유하는 것으로 가정한 것이다. 건축 언어가 개입하는 부분은 주관적 체험이 배제된 객관적 요소에 한정되었다. 건물이 완성된 이후 "내가 좋아하니까 남들도 좋아할 것"이라고 가정하기 때문에 이 체험을 묘사할 필요도 없는 것이다. 이러한 입장에 따라 유걸과 김기웅은 자신의 주관적 조형의지를 공공 또는 대중이 느낄 수 있도록 전면에 내세운다. 김기웅은 한국 전통 건축의 파편을 과감하게 드러내 보였고 유걸은 건축 구조의 기술적 형태를 강렬하게 보여준다. 여기에는 더 이상 말이 필요 없다.

김기웅의 언어와 같이 유걸의 언어에는 갈등이 없는 것처럼 보인다. 자신이 만드는 강렬한 건축 요소와 조형성에 대해서 별다른 의미를 두지 않는다는 것이 유걸의 기본 입장이다. 이를 본 김광수는 유걸에 대하여 다음과 같이 평한 바가 있다.

> (유걸은) *실용주의와 그에 반하는 조형의식 사이 또한 편하게 오간다. 그에게 건축 구조는 실용주의와 조형의식 사이, 상식과 꿈 사이의 피난처이자 서로간의 구실이라고. 이러한 면에서 그 관계는 모순이기도 하다. 하지만 커다란 갈등은 없다.*[48]

이 갈등의 부재가 바로 유걸의 직설적인 언어로 드러난다. 유걸의 직설적인 말은 직설적인 반응을 불러왔다. 동료 건축가 조병수는 그를 한국 건축의 조지 W. 부시라고 평한 적이 있었고, 비평가 이종건은 인문학에 대한 그의 "기본적인 소양마저 의심"하면서 유걸을 "기술인"이라고 부른 적이 있다. 사회이론가인 조명래는 "공공 공간"에 대한 이해가 결여되어 있다고 그를 비판하기도 했다.[49] 주목해야 할 것은 건축가의 지성과 윤리에 대한 이런 부정적인 평가에 뒤이어 그의 건축에 대해서는 보다 우호적이고 긍정적인 평가가 뒤따른다는 점이다. 이종건은 유걸의 말에 대해 혹독하게 비판하고서는 "그의 작품이 그의 언설에 비해 말할 수 없이 아름답지 않은가"라고 결론을 내린다.[50] 4.3그룹의 작업에서 제기되었듯이 말과 건축의 분리가 유걸의 건축에서도 문제 되고 있다. 하지만 유걸의 경우 어느 정도 묵인되고 있다. 거칠게 파편을 이용하여 건축을 하는 유걸이 건축의 문제보다는 언어의 문제에 천착하지 않아 기술인이라는 비평까지 감수해야 했다.

과연 객관에 기반을 둔 실용주의와 주관에 기반을 둔 조형의식 사이에는 갈등이 없을 수 있는가? 2003년 말에서 2004년 초까지 설계가 진행되었던 유걸의 이건창호 공장의 예를 들어보자. 이건창호가 완성된 이후 건축주는 "공장 쪽은 아주 쾌적한 환경에 일관된 라인으로 설계되어 이전보다 훨씬 생산성도 높아져서 모두 만족하게 합니다"라고 말한 바 있다. 하지만 사무동은 조명, 환기, 음향, 프라이버시에서 많은 문제점을 갖고 있다는 것이다. 건축주의 불만이 이 사무동에서 일하는 것이 "마치 역 대합실에서 일하는 기분"이라고 표현했다.[51] 건축주의 말에서 180년 전 프랑스, 앙리 라부르스트의 혁명적인 생트 쥬네비에브 도서관을 둘러싼 논란이 떠오른다. 라부르스트는 생트 쥬네비에브 도서관 내부의 넓은 독서실을 노출된 주철재 구조로 떠받쳤다. 당시에 이러한 철재 구조는 기차역이나 상업적인 아케이드, 공장과 창고에서나 노출하였던 재료이다. 발터 벤야민이 인상적으로 묘사했던 소비 도시 파리의 폭발적인 공간이 도서관의 내부로 침입하여 가장 엄숙하고 권위적이어야할 도서관이 현대사회를 표상하는 건축으로 탈바꿈하였다. 이건창호의 경우 가장 수준 높은 한국의 건축주가 사무실을 기차역과 같다고 본 것이다. 우리가 주목해야 할 것은, 건축주가 오픈 오피스의 디자인을 엔지니어링, 인테리어, 공간의 효용성이라는 객관적인 문제로 보지 않았다는 점이다. 공장의 설계와는 달리 오피스는 "건축가의 전체적인 개념" 의 결과로 이해하였다.[52] 건축주는 유걸의 공장 설계는 납득했으나 오피스는 건축가의 주관적 판단의 결과라고 판단하여 이를 이해하지 못했다. 다시 말해서, 건축주는 건축가와는 다른 방식으로 주관과 객관의 영역을 구분하였다. 유걸 자신에게 주관과 객관 사이에 갈등이 없을지 모른다. 하지만 그가 의식하든 안하든, 그가 숨기든 드러내든, 그의 조형의식과 실용적 테크놀로지 사이에는 갈등이 있다. 건축이 실현되는 복잡한 과정에서 무엇이 건축의 객관적 사실이고 무엇이 주관적인 판단인지의 문제는 분명 존재한다. 건축이 지극히 단편적으로 인식되고 있는 한국 사회에서는 더욱 그렇다.

민현식의 경우 언어와 체험의 대상을 찾는 그의 작업은 활발한 비평 활동으로 이어졌다. 그는 기성 건축가 중에서 다른 건축가에 대하여 가장 글을 많이 썼던 건축가이다. 민현식은 마당, 벽, 땅 등 구체적인 언어의 대상, 그리고 대상의 언어를 설정함으로써 비평의 담론을 열어갔다. 최근에 박길룡은 이 현상을 새로운 "개념의 시장" 이라고 부른 바 있다. 새로운 건축 세대를 규정하려고 했던 당시의 건축 저널리즘이 "건축가들이 개별적으로 믿고 있는 가치와 방법" 을 추궁했던 것이라고 당시의 상황을 묘사하였다.[53]

> *건축이 형태를 벗어나고 나면 공간이 남고, 그 공간을 개념으로 수습한다. 비록 형태소는 남지만, 그것들은 단편이기 때문에 개념으로 접착되지 않으면 하나의 사실로 구축되지 못한다. 작업은 건축의 기반을 도시와 땅에 분명히 할수록 주변을 숙고하여야 하였고, 사회 문화의 실체를 이루고, 사용자와 생활이라는 컨텐츠에 눈을 돌린다. 그런 뜻에서 그들의 작업은 아직 사실주의이다.*[54]

박길룡의 통찰을 달리 표현한다면 단편은 언어를 수반할 때 비로소 리얼리티가 생긴다는 것이다. 리얼리티가 고정된 규범이 아니라 역사적인 현장에서 발현되는 것이라면 필자도 박길룡의 해석에 동의할 수 있다. 건축의 단편적인 시원들이 주관적인 체험에 예속되는 동시에 건축 작업의 원동력이 된다. 건축가는 자유롭고 임의적으로 단편을 자신의 건축으로 만들지만, 동시에 그의 건축이 부담해야 할 가능자가 된다. 이제 건축의 체험은 개념에서부터 자유로울 수 없는 상황이 되었다. 주관화와 객관화의 과정은 이렇게 파편, 체험, 언어의 순환 고리를 만든다. 한국 건축의 담론이 1980년대보다 확실히 복잡해진 것이다.

체험과 은유의 후퇴

1990년대 중후반에 들어서면서 한국 건축계에서 말이 다시 한번 후퇴기에 접어든다. 『건축과 환경』은 비평지로서의 역할을 접고 외국 작품에 대한 게재권을 사들여 해외 건축 작품의 이미지를 중심으로 잡지를 키워나갔다. 『공간』은 1990년대 말부터 판형을 키우면서 이미지 중심의 잡지로 변모하였다. 『이상건축』은 여러가지 변모 과정을 거치면서 결국 2005년에 폐간되었다. 이러한 트렌드는 국내에 한정된 것이 아니었다. 1990년대 후반에 들어오면서 모더니즘, 포스트모더니즘, 해체주의 등의 이론적인 논의들이 수그러들었고 이에 발맞추어 대형 판형의 『엘 크로키』가 세계 건축계의 가장 중요한 잡지로 부상하였다. 우리나라의 건축학도와 건축가들은 이제 최신 외국 잡지들을 도서관에서 구독할 수 있게 되었고 외서도 아마존에서 쉽게 구입할 수 있게 되었다. 해외 정보와 이미지들이 인터넷을 통해 동시대적으로 입수되었으며 외국 건축가들의 강연과 작품들을 직접 국내에서 접할 수 있게 되었다. 이미지 중심의 담론으로 재편된 국내외 잡지 매체에서 글은 부차적인 역할을 하게 되었다.

1990년대 후반은 한국 건축계에 새로운 세대가 등장하는 시점이기도 하다. 건축계 전반이 경제 위기로 위축되었던 상황 속에서도 자신의 건축 언어를 찾아나가는 젊은 건축가 그룹이 형성되고 있었다. 이들은 4.3그룹 세대와는 달리 작가의 자아보다는 건축의 외연에 내재하고 있는 논리를 건축화하는데 주력하였다. 이들 중에는 1980년대에 외국에서 건축 교육과 실무를 경험했던 건축가들이 다수 포함되었다. 이 세대는 소위 국내파든 해외파든 조형 의식과 작가 의식 보다는 건축 활동의 일정한 범역, 그것이 도시적 조건이든, 프로그램이든, 건축 생산 방식이든, 그것의 체계에서부터 건축 작업의 논리를 확보하고자 했다. 김영준은 "내가 무언가를 만들 때 나의 관점이 건축에 투영되는 것" 에서부터 "밖의 것이 들어와서 내 관점에 영향을 미치고 바꿔가는 것" 이라고 주장하면서 작가 의식을 표방한 예전 세대의 입장을 간접적으로 비판하였다.[55] 같은 세대의 김승회도 자신의 건축이 작가 내면의 주관에서 형성되는 것이 아니라 도시와 사회적인 프로그램의 체계에 대한 대응과 입장이라고 주장하였다.

> *이곳에 만들어진 공간과 형태는 건축적인 기호가 아니라, 다양함과 질서가 공존하는 '어떤 체계' 에 대한 철학적인 신념이며, 집적된 시간과 소비되는 공간으로 채워져가는 도시적 상황에 대한 대응방식이자, 동시에 확정성과 불확정성이 공존하는 프로그램이 요구하는 건축적 생성문법이다. 즉, 이 시대의 가치와 도시의 문맥, 그리고 프로그램에 대한 건축가의 절실한 입장표명인 것이다.*[56]

프로그램과 건축의 외연에 대한 관심 속에서 건축의 방법과 과정에 대한 구체적인 관심이 형성된 것이다. 최문규는 "사회와 그 구조 그리고 우리의 건축을 지금과 같이 만드는 보이지 않는 힘에 관심이 많다" 고 하였다.[57] 때로는 작가로서의 주체를 의도적으로 지우는 과정을 거쳐 건축을 한다고 말하였다.

> *건축가가 건물을 설계하는 그 처음이 어디서 시작되는지 나는 잘 모른다. 처음 백지를 바라보며 느끼는 공포로부터 건물이 완성되는 그 사이에 펼쳐진 그 어*

둠은 잘 보이지 않는다. 건축가로서 시간이 지날수록 그 어둠의 실체를 조금이나마 알고 싶은 마음이 커진다. 창조적 자아에 의한 개인적인 성취로서의 건축이기보다는 과정이 보이는 건축의 가능성에 대한 질문들을 계속하는 것이다.[58]

방법론과 시스템에 대한 관심은 건축의 텍토닉을 포용하기도 했다. 1990년대 말 조남호는 "건축의 생산방식, 용도의 구분, 산업생산물로서의 재료, 분업화된 시스템과 프로세스에 대한 회의"를 기반으로 경골 목구재의 가능성을 타진하였다.[59] 김영준, 김승회, 최문규, 조남호 등의 이 발언에서 볼 수 있듯이 외부 세계의 논리를 건축 방법론으로 전환하는 작업이 그들의 건축 언어의 주 대상이었다. 이들은 건축의 공간적인 체험이라는 규범을 전 세대와 공유하였으나 공간을 실현하는 방법론과 생산 체계가 건축 언어의 주안점이 되었다. 4.3그룹의 세대에게 중요한 단편들이 이들에게는 더 이상 인식의 대상이 아니었으며 더더욱 건축의 요소를 체험의 문제로 접근하지 않았다. 이 세대에게 김경수가 추구하고 있었던 문법과 규율로서 건축 언어는 더 이상 문제가 되지 않았다. 특히 미국과 유럽에서 체계적인 건축 교육과 훈련을 받았던 건축가들에게 문법과 규율에 대한 열망이 채워져 있었다. 이들의 건축 언어의 대상은 체험에서 과정으로 옮겨간 것이다.

이런 건축 언어의 변화는 새로운 건축 세대에서만 나타난 것은 아니었다. 4.3그룹의 세대에서도 비슷한 변환을 볼 수 있었다. 1990년대 말 이후 한국 건축계의 가장 중요했던 프로젝트 중의 하나인 파주출판도시는 이런 건축 언어의 변환을 잘 보여준다. 파주출판도시는 무엇보다도 사회적인 과정과 설계방법론이 가장 중요한 프로젝트였다. 참여 건축가와 출판사들 간의 협약과정, 한강과 주변 자연 지형의 논리와 서구에서 유입된 랜드스케이프 어바니즘이 엮어진 건축 설계 지침이 프로젝트를 둘러싼 담론의 핵심이었다. 완성된 물리적 공간에서의 경험보다는 도시가 지어지는 과정과 논리가 건축 담론을 만드는 가장 중요한 기제였다는 점에 주의를 기울여야 한다.

그렇다면 2000년대 이후 한국 건축에서 파편의 담론이 완전히 막을 내렸다고 할 수 있는가? 과정과 체계가 부각된 상황, 그런 동시에 이미지와 매체가 과잉 지배하고 있는 상황 속에서 파편과 체험의 역할은 전혀 없어진 것인가? 필자는 2000년대 이후에도 파편이 한국 건축을 규정하는 가장 중요한 개념이라고 생각한다. 과정과 체계의 문제가 대두되었다하더라도 파편은 새로운 양식으로 과정과 체계 속에 엮어져 있다. 새로운 건축 파편의 존재 양식은 다른 논문을 통해 논할 일이다.

이렇게 한국 건축의 파편은 불안정하면서도 지속적인 힘을 갖고 있다. 그 이유는 이 파편들이 기대고 있는 역사적 기반이 불안하기 때문이다. 한국의 사회와 문화는 여전히 급속하게 변하고 있다. 현재의 기반을 전통이라고 하기에는 역사에 대한 이해가 성숙되어 있지 않다. 파편에 의존하기 때문에 건축과 언어의 관계가 불안정한 것이지만 파편에 기대어, 그리고 파편에 대한 신념을 기반으로 건축 언어를 구사할 수 있었던 것이다. 파편은 그 자체로서 비난해서는 안된다. 파편은 한국 현대 건축의 가장 기본적인 형성 조건이자 그 이해 방식이다.

1. Manfredo Tafuri, "L' architecture dans le boudoir", in *Oppositions* 3, 1974, reprinted in *Oppositions Reader*, New York: Princeton Architectural Press, 1998, p.292.

2. 승효상, 『비움의 구축』, 동녘, 2005, p.192.

3. Craig Owens, "The Allegorical Impulse: Toward a Theory of Postmodernism", *October* 12, Spring, 1980, p.68.

4. 박광무, 『한국 문화정책의 변동에 관한 연구』, 성균관대학교 박사학위논문, 2009, pp.112~113.

5. 김경수, " '작가와 비평' 을 마련하면서 한국의 건축가들께", 『건축과 환경』 창간호, 1984년 9월호, p.46.

6. 원도시 건축 연구소, "건축에 대한 변명", 『건축과 환경』 창간호, 1984년 9월호, p.86.

7. 1970년대 전후로 '궁극 공간' 과 '자궁 공간' 에 대한 주장을 펼치면서 김수근은 담론 생산을 하기 시작하였다. 김수근의 새로운 건축론에서 주시해야 할 것은 담론의 중심 개념이 공간으로 설정되었다는 점이다.

8. 국립박물관의 현상설계 전개과정에 대한 자료는 『공간』 4, 1967년 2월호 참조.

9. 김기웅, 『건축과 환경』 39, 1987년 11월호, p.84.

10. 이진, "민족 통일을 위한 대역사: 독립기념관", 『북한』, 1986년 3월호, p.159.

11. 김광현, 『건축과 환경』 39, 1987년 11월호, p.87.

12. 김경수, "한국현대건축언어의 확립을 위하여", 『건축과 환경』 38, 1987년 10월호, pp.29~32.

13. 김석철, 『건축과 환경』 2, 1984년 10월호, p.10.

14. 김석철, "감상기행", 『목구회 1981』, 광장, 1981, p.281. 1979년 2월부터 1981년 2월까지 자신의 여행일기를 일부 추려 목구회 건축평론집에 게재한 글이다. 김석철은 '국적에 관해서' (『목구회 건축평론집』, 1974, p.83)에서 이미 "건축은 사건을 건축의 기호로 표현하는 것" 이라고 규정한 바 있었다.

15. 김석철, "감상기행", 앞의 책, p.265.

16. 김봉렬, 『한국의 건축 - 전통건축 편』, 공간사, 1985, p.3.

17. 김봉렬, "한국성을 다시 생각한다", 『건축과 환경』 112, 1993년 12월호, p.104.

18. 김봉렬, "60년대 모더니즘의 현대적 의미", 『공간』 306, 1993년 4월호, p.27.

19. 민현식, 『이 시대 우리의 건축』, 1992, p.2.

20. 유걸, "변화하는 건축의 논리"(유걸과 박순관의 대담), 『건축과 환경』 106, 1993년 6월호, p.127.

21. 유걸, "내일을 향하여 떠나자", 『유걸』, 건축세계, 1998, p.10에 재수록.

22. 유걸, "변화하는 건축의 논리", 앞의 책, p.127.

23. 유걸, "내일을 향하여 떠나자", 앞의 책, p.10.

24. 유걸, "미국건축과의 비교를 통한 한국건축의 이해"(1986), 『유걸』, 건축세계, 1998, p.24에 재수록.

25. 유걸, 『패스터 앤 비거』, 공간사, 2007, p.25.

26. 김광현, " '규방의 건축' 을 벗어나기 위하여", 4.3그룹, 『이 시대 우리의 건축』, 1992, p.4.

27. 김광현, " '규방의 건축' 을 벗어나기 위하여", 앞의 책, p.2.

28. 김병윤, "브릿지", 『건축과 환경』 101, 1993년 1월호, p.59.

29. 김인철, "모호한 어긋남", 『플러스』 61, 1992년 5월호, p.128.

30. 민현식, "지혜의 시대, 우리의 건축", 『echoes of an era vol.#0』, p.1.

31. 민현식, "벽 - 실체에 대한 직접적인 미적 경험", 『공간』 315, 1994년 1월호, p.68.

32. 승효상, 『비움의 구축』, 동녘, 2005, p.192.

33. 이 절의 전반부 민현식의 벽에 대한 논의는 졸고 『감각의 단면』, 동녘, 2007, pp.184~198의 내용을 기반으로 이를 수정, 확장하였다.

34. 저자와 민현식과의 인터뷰, 2008년 11월.

35. 민현식, "지혜의 시대, 우리의 건축", 앞의 책, p.5.

36. 민현식, "지혜의 시대, 우리의 건축", 앞의 책, p.8.

37. 배형민, 『감각의 단면』, 동녘, 2007, pp.168~172.

38. 민현식, "신도리코 기숙사", 『건축과 환경』 87, 1991년 12월호, pp.156~58.

39. 전봉희, "벽과 마당의 건축, 그 또 다른 시도", 『건축사』, 1996년 11월호, p.50.

40. 이종건, 『해방의 건축』, 발언, 1998, p.171.

41. 이종건, 『해방의 건축』, pp.163~164.

42. 민현식, 『비움의 구축』, p.184.

43. 유걸, 『패스터 앤 비거』, 공간사, 2007, p.19.

44. 유걸, 『PA: 유걸』, 세계의 건축가10, 건축세계, 1998; 박길룡, 『한국현대건축의 유전자』, p.246에서 재인용.

45. 5 weeks 5 places 전시회의 내용은 『공간』 452, 2005년 7월호, pp.118~124 참조.

46. 유걸, "삶의 미시적 영역을 확장하다"(유걸과 조명래의 대담), 『공간』 452, 2005년 7월호, p.69.

47. 김경수, "한국현대건축언어의 확립을 위하여", 『건축과 환경』 38, 1987년 10월호, p.32.

48. 김광수, "보통 건축과 꿈의 건축", 『YOO KERL』, +ARCHITECT 01, 공간사, p.139.

49. 조병수, "요새와 등대", 『C3 Korea』 248, 2005년 4월호, p.84; 이종건, "유걸건축유감", 『중심이탈의 나르시시즘』, 이석미디어, 2001, pp.246~7; 조명래, "건축을 통한 사회 발전의 한 방식", 『공간』 452, 2005년 7월호.

50. 이종건, "유걸건축유감", p.250.

51. 김영근, 『공간』 452, 2005년 7월호, p.126.

52. 김영근, 앞의 책, p.126.

53. 박길룡, "현대건축", 『한국건축사연구』, 발언, 2003, p.462.

54. 박길룡, 『한국현대건축의 유전자』, 공간사, 2005, p.281.

55. 김영준, 『C3 Korea』 249, 2005년 5월호, p.99.

56. 김승회, 『C3 Korea』 187, 2000년 3월호, p.49. 김승회의 건축을 파편과 체계의 입장에서 해석한 졸고 "건축에 대한 건축", 『공간』 519, 2011년 2월호 참조.

57. 최문규, "그는 네덜란드 건축가?"(최문규와 다니엘 바예의 대담), 『C3 Korea』 262, 2006년 6월호, p.138

58. 최문규, "질문들 그리고 질문들", 『C3 Korea』 262, 2006년 6월호, p.36.

59. 조남호, 『건축의 실재성, The Title Story in a Collection』, 2005, p.8.

· Part 2 ·

도시의 지식 지형

Topography of Discourse: Urbanism

한국의 도시현실과 도시지식

1980년대 후반 이후의 도시상황을 중심으로

조명래 _ 단국대학교 도시지역계획학과 교수

서론

전체 인구 중 도시 거주자의 백분율로 표시되는 한국의 도시화률은 90%에 육박한다. 정부 통계에 의하면 2020년경 도시화률은 92%에 달할 것으로 전망되고 있다. 앞선 나라들의 도시화률이 평균 75% 수준에 이른 뒤에 둔화되었던 것과 견준다면 현재 수준으로도 한국의 도시화률은 참으로 앞서 있다.[1] 이는 우리의 도시들이 여전히 성장과 변화를 거듭하고 있고, 그 강도가 어느 나라 보다 강하다는 것을 뜻하지만, 달리는 우리의 역동적 삶이 대부분 도시란 공간의 역동적인 형성을 통해 전개되고 있음을 말해준다.

한국의 도시화는 1960년대부터 본격화 되었지만 도시와 사회적 삶의 결합이 깊어진 것은 1980년대 후반 혹은 1990년대 초반부터라 할 수 있다. 도시화 곡선이 한 사이클을 주파한 이때부터 도시로의 인구 집중, 즉 도시화의 속도는 현저히 떨어지기 시작했다. 가령, 서울의 인구 성장 곡선은 1992년에 최고점에 달한 뒤 지금까지 정체된 패턴을 보이고 있다. 그러나 이러한 양적 변화보다 더 중요한 것은 인구의 질적 구성 변화다. 이때부터 도시의 주인공은 그동안의 이농 1세대에서 이들이 낳은 2세대로 바꾸어지기 시작했다. 베버Weber의 표현을 빌면 '도시적 인성urban personality' 을 가진 근대 시민이 바야흐로 등장한 것이다.[2] 그 후 1997년 환란위기를 거치면서 성장기 동안 얼기설기 꾸려지던 도시적 삶은 자본주의적 법칙에 순응하는 것(예, 고용관계의 양극화, 상품소비관계의 심화 등)으로 전면 재편되었다.

이것이 함의하는 바, 1980년대 후반 이후 한국의 도시공간은 도시적 삶의 심화된 사회성을 담아내는 것으로 바뀌었다는 사실이다. 이는 성숙기 도시화의 내부적 삶의 지형만 아니라, 이때부터 불어 닥친 지구화, 탈산업화, 탈근대화, 탈도시화 등과 같은 거시사회 변동의 물결과 합류함으로써 더욱 복잡해지고 다채로워진 도시적 삶의 지형을 투영하고 있다. 한국의 도시공간은 '심층 도시성deep urbanity' 을 품게 되면서 읽고 독해할 꺼리가 풍부한 텍스트로서의 성질을 띠게 된 것이다.

오늘날 한국의 도시는 한국 사회의 복잡한 삶의 얼개를 투영하고 있다. 도시공간은 도시주체들의 삶 자체를 투영하는 것이기도 하지만, 동시에 도시계획과 같은 공간정책적 개입을 통해 유기적으로 생산되기도 한다. 도시는 단순한 수동적, 표상적 공간이 아니라 적극적, 작위적 공간이기도 하다는 뜻이다. 정치적 지향성이나 계급적 이해관계에 따라 공간을 조형하는 행위로서 '공간적 작위作爲' 는 도시주체들이 도시공간의 의미를 해석하고 투쟁하는 담론적 실천의 결과를 반영하지만, 그 속내는 한국 자본주의의 근대성 자체다. 즉, 도시주체들이 자의식적 지적 인식을 통해 그들의 삶터로서 도시를 읽고 해석하며 미래를 전망할 뿐 아니라 나음betterment을 위한 실천의 대상으로 삼게 되면서, 1980년대 후반 이후 한국의 도시는 한국적 근대성이란 주제를 함축한 텍스트가 되어 있다.[3]

본 고는 1980년대 후반 이후 한국의 사회적 상황 속에 규정된 도시현실의 특성과 이의 인지적 반영으로서 도시지식(도시론)의 유형과 내부 지형, 그리고 문제점을 살펴보고자 한다. 1980년대 후반이란 시점을 선택한 것은 이때부터 도시화가 성숙기를 맞았고, 또한 현재의 도시공간은 이 기간 동안 획득된 도시적 개성을 반영하고 있기 때문이다. 글은 도시지식의 개념적 문제를 살펴 본 뒤, 1980년대 후반 이후를 (1)1987년에서 1992년, (2)1993년에서 1997년, (3)1998년에서 2002년, (4)2002년에서 2007년까지로 나누어,[4] 각 시대별 '정치경제적 상황', '도시쟁점과 도시주체의 반응', '도시공간의 생산', '도시해석', '도시론', '도시의 근대성'을 논구하면서, 마지막으로 한국 도시담론의 유형화를 도출하는 순서로 전개된다.

도시지식이란: 도시의 현실과 지식의 관계

도시는 '인간 세상에서 문제가 되는 모든 것의 집결지'라고 한다. 그러니 우리의 삶치고 도시와 결부되어 있지 않은 게 없으며, 이는 오늘날 더욱 두드러지고 있다. 도시의 이야기는 빽빽하게 쓰인 일기책과도 같고 장편 대하소설과도 같다. 도시에 대해선 그만큼 쓸 꺼리도 많고 읽고 해석할 꺼리가 많다는 뜻이다. 그렇다면 우리는 우리의 도시를 어떻게 인지하고 이해하고 있으며, 도시공간에서 어떻게 살아가고 있을까? 이 질문은 도시에 관한 앎, 즉, 도시에 관한 지식의 문제를 제기한다.

도시를 마주하면 우리는 그 도시가 이렇다 저렇다 하면서 나름대로 도시를 인지한다. 이러한 인지는 대개 상식과 느낌, 그리고 선입견으로 이루어지기 일쑤다. 이에 견주어, 도시지식이라 하면 체계적인 사고나 분석과 같은 지적知的 작용을 통해 얻어진 도시에 관한 앎, 그리고 이를 바탕으로 하여 표현되는 이론, 담론, 설명이라 할 수 있다. 도시와 지식의 관계는 도시와 사람 간의 인지적 작용 관계를 매개로 하며, 그 관계의 여하는 도시의 존재조건은 물론이고 도시를 터전으로 하여 살아가는 사람의 존재조건, 모두에게 중요한 영향을 끼친다.

지식은 확실하고 근거가 있는 인식으로 단순한 신념 또는 억견臆見과 구별된다. 따라서 도시지식은 도시에 관해 확실하고 근거 있는 인식으로 막연한 상식과 느낌에 근거한 도시적 앎과는 구분된다. 도시지식과 비슷한 개념으로 도시론, 도시담론, 도시이론 등이 있다. 도시지식은 이런 특화되고 전문화된 도시에 관한 앎에 견준다면 도시에 관한 보편적이고 일반적인 앎이라고 할 수 있지만, 대개는 이러한 이론과 담론의 형식을 취한다. 그래서 외견상 도시지식은 도시에 관한 정제된 이론theory의 형태를 취하는 경우가 일반적이다. 이런 지식은, 과학이란 행위를 통해 습득된 것으로, 도시란 '구체적concrete' 인 탐구대상을 '추상적abstract' 으로 기술하거나 설명하는 앎, 즉 '도시에 관한 추상지抽象知' 에 해당한다. 그러나 일상생활을 통해 체득된 것이면서 도시정책과 같은 실천을 구성하는 '도시에 관한 경험지經驗知' 도 도시에 관한 앎, 즉 도시지식의 중요한 부분을 차지한다. 경험지라고 해서 비체계적이고 비논리적인 지식이 아니란 점에서 일반적인 상식이나 신념에 근거한 인지적 앎과는 구분된다.

어떤 유형이든, 도시지식은 사회적 상황을 반영하는 도시현실urban reality에 대한 지적인 반추이자 추상화라 할 수 있다(그림1 참조). 도시지식이 생성되기 위해서는 지식으로 반추되어 형성될 수 있는 대상, 즉 도시현실이 존재해야 한다. 특정 시대, 도시의 현실은 그 시대의 지배적인 사회적 상황, 이를테면 정치, 경제, 사회, 문화 등을 도시란 공간을 통해 투영해 낸다. 따라서 특정 시대의 도시현실은 그에 상응하는 도시지식을 만들어 낸다.

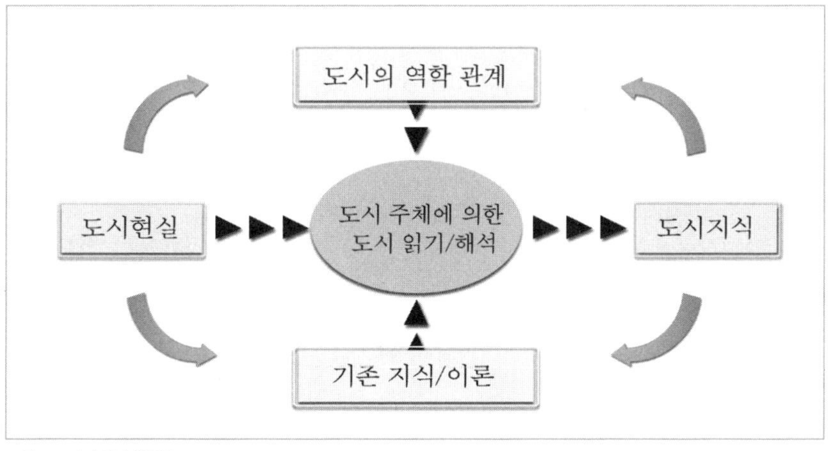

그림1. 도시지식의 생성구조

도시현실은 도시지식으로 자동적으로 반추되고 생성되는 게 아니라 지식의 주체인 도시 관련 주체들이 도시의 현실을 읽고 해석하는 '인지적 작용과정'을 매개로 한다. 이 인지적 작용의 문제는 지식의 생성, 본질, 속성을 따지는 인식론에 해당한다. 때문에 도시지식의 생성구조에서 가장 중요한 것은 지식을 실제 생산하고 유포하는 지식주체의 역할이다.

지식주체로서 도시주체들이 도시를 읽고 해석할 때는 크게 두 가지 맥락 속에서 이뤄지거나 혹은 그 맥락으로부터 영향을 받는다. 하나가 도시에 관한 기존 지식, 특히 기존의 지배적인 도시이론이나 그 패러다임이라면, 다른 하나는 도시의 현실과 지식구조를 둘러싼 역학구조다. 전자와 관련해서 보면, 도시지식의 주체들이 도시를 대하고 읽으며 분석하고자 할 때는 현실을 가장 적실하게 설명해줄 수 있다고 믿는 도시 관련 기존 이론과 지식을 하나의 관점 혹은 분석도구로 활용한다. 기존 이론과 지식이 도시현실을 읽고 해석하는 연역의 바탕이 된다는 뜻이다. 한편 후자와 관련해서 보면, 도시현실의 특정 부분을 읽고 해석하거나, 특정 도시 관련 이론을 방법론으로 채택하는 것은 도시현실과 지식구조를 둘러싼 사회세력의 역학 관계 속에서 결정된다. 가령, 진보적인 신념의 도시학자는 사회약자의 관점에서 도시현실의 모순을 바라보고, 또한 급진적 이론에 의거하는 도시설명과 실천을 선호한다면, 그의 이러한 지적 입장은 도시사회의 역학구조나 지식구조(예, 학파간의 관계) 속에서 상대적으로 취해지는 것이다. 그러나 기존 지식이나 역학구조는 분리되어 있다기 보다 도시 현실을 읽고 해석하는 맥락 혹은 관점으로 합쳐져 주체의 입장으로 녹아들어 있고, 주체의 입장 차이가 도시지식의 유형을 구분 짓는 중요한 잣대가 된다.

정리하면 도시지식은 (1)도시현실, (2)도시 관련 지식주체, (3)도시의 역학구조, (4)도시 관련 지식의 패러다임, 네 요소의 상호관계 속에서 역동적으로 생성되고 변화를 겪는다. 조형된 도시지식은 하나의 유형만 있는 게 아니라, 그래서 다양한 유형으로 존재한다. 이들 간에는 도시현실을 읽고 해석하는 도시 관련 지식주체들 간의 역학적 · 인식론적 관계를 반영한다. 이는 지식유형 간에만 나타나는 것이 아니라 개별 유형의 도시지식도 그 내부를 들여다보면 이러한 관계지형을 투영한다. 이를 우리는 '도시의 지식 지형' 혹은 '도시의 지식 지도'라 부를 수 있다. 도시의 지식 지형은 사회(구조)적 상황을 투영하는 현실로서 도시에 대한 관념, 의미 해석, 과학적 설명, 인식론적 실천 등으로 엮어지는 앎의 관계라 정의할 수 있다. 말하자면 도시현실을 읽고 바꾸려는 지식주체, 이를테면 도시지식의 생산자, 전파자, 수용자들 간 복잡한 관계식이 도시의 지식 지형이다. 도시에 관한 여러 앎의 관계를 표현하지만, 그 앎의 표현은 궁극적으로 삶터로서 도시현실의 지형지세를 반영하는 것이다.

도시의 현실과 이의 지적 구성물인 도시의 지식 지형이 반드시 일치하는 것은 아니다. 양자 간에는 일종의 '토대와 상부구조', '물질과 관념', '실재와 재현' 같은 관계가 놓여 있다. 도시란 존재를 하나의 통일된 실체로 보기 위해선 양자가 서로를 규정하는 변증법적 관계로 이해되어야 한다. 도시는 지식에 투영되어 추상화되지만, 추상화된 도시지식은 도시의 물성物性을 거꾸로 규정한다. 앞서 언급한 대로 그 매개는 도시주체의 지적이고 사회관계론적인, 즉 인식론적 입장이다. 어떻든 이렇게 해서 생성된 도시지식은 도시사회론, 도시경제론, 도시정치론 등과 같이 도시의 특정 측면을 특정한 입장(지식과 역학관계로 구성)으로 분석하고 설명하는 도시(담)론의 형태로 존재한다. 따라서 특정 시대의 지배적인 지식 지형은 당대의 사회적 상황성과 도시공간에 투영되어 드러나는 도시문제the urban question의 분석(도시현실의 분석), 이의 의미에 관한 지배적 해석(주체의 관점으로 독해)과 언어로의 재현(추상화, 이론화)의 순서를 밟아 조형된다. 도시의 지식 지형은 언어적 담론으로 드러나지만, 그 속은 당시의 지배적인 도시주체들의 인식론적 관계(지적, 사회역학 관계)로 채워져 있고, 그 밑에는 도시현실의 지형이 깔려 있다.

1987년에서 1992년: 민주화와 토목적 도시지식

정치경제적 상황

1987년 6 · 29선언으로 군사독재가 종식되고 국민들은 정치 지도자를 직접 뽑을 수 있게 되었다. 이로써 국민이 주인이 되는 정치체제인 '87년 민주화 체제'가 출범했고, 그와 함께 국가에 의해 억압된 시민사회가 조금씩 열리기 시작했다. 민주화는 1980년대 후반 이후 한국사회의 변화를 특징짓는 키워드였다. 정치영역에서의 민주화는 경제영역에서 사회적 부의 창출, 이를 기반으로 한 사회계층의 지각 변화를 초래했다. 이를테면 1980년대 후반 이른바 '3저(저유가, 저금리, 저환율)' 덕택에 대규모 흑자가 3년 간 발생했고, 이 토대 위에서 1988년 서울 올림픽을 치르는 동안 소비적 정체성을 갖는 도시 중산층이 최초로 등장하기 시작했다. 한편 사회 전반의 민주화와 더불어 노동분규가 확산되었고, 이를 극복하는 가운데 생산체제의 합리화, 고부가가치형 산업으로의 전환, 해외로의 생산시설 이전 등과 같이 산업구조의 고도화가 이루어졌다. 이는 한국자본주의의 한 단계 성숙을 말한다.

도시쟁점과 도시주체의 반응

이 같은 정치사회적 변동은 그에 상응하는 도시적 변용과 쟁점을 수반했다. 무엇보다 당시의 도시상황은 그간의 급격한 성장에 따른 후유증이 빈발하고 있는 바, 그 핵심은 토지주택문제가 본격적으로 불거지기 시작한 점이다. 이는 성장기 도시의 후유증으로, 성장과 개발에 매몰된 정치경제 체제system의 모순이 시차를 두고 생활세계life world에서 나타난 것이다. 실제 부동산 투기 붐과 가격앙등으로 서민들의 주거생활이 극도로 불안해지면서 그에 따른 사회적 문제가 속출했다. 전월세 파동으로 세입자들의 자살, 재개발을 둘러싼 가옥주와 세입자의 갈등, 강제철거에 따른 주거약자들의 인권유린, 부동산 투기에 의한 불로소득의 발생과 특정계층에 의한 이익 전유 등은 이러한 현상의 구체적인 예들이다. 이러한 도시쟁점에 대한 도시주체들의 직접적인 반응은 세입자운동, 철거반대운동, 노동운동과 결합된 주민운동 등과 같은 초보적인 주거운동 형태로 나타났다.[5] 민주화의 도시적 반영이라 할 수 있는 주거운동은 직접적인 이해당사자들이 스스로의 주거권을 지키기 위한 자의식적 실천이란 의미를 띠었지만 국가 혹은 자본권력에 대응하는 범사회적 실천으론 확장되지 못했다. 이 점에서 보다 의미 있는 주체적 대응은 막 열리기 시작한 시민사회를 무대로 도시 중산층 지식인들이 중심이 되어 전개하기 시작한 시민운동이다(예, 1987년 경제정의실천연합의 발족). 한국의 근대 시민운동의 효시이기도 한 도시시민운동은 토지주택문제를 국가주도적 개발과정에서 억압된 사회적 공공성(예, 토지주택의 공공성)의 문제로 해석하면서 이를 시민사회적 권리로 해결하고자 했다. 이렇게 되면서 토지주택문제는 급기야 정권의 정당성을 위협하는 정치사회적 쟁점으로까지 비화되었고, 그 결과 '토지공개념' 의 도입과 200만호 주택공급을 위한 신도시 건설 등이 정권 차원에서 강구되기 시작했다.

도시공간의 생산

이런 상황은 도시공간의 생산, 나아가 도시담론의 형성에 지대한 영향을 끼쳤다. 우선 공간생산이란 측면에서 가장 괄목할만한 사건은 5개 신도시 건설이다. 이는 주택부족을 일시에 풀기 위한 목적으로 정부의 강력한 드라이브에 의해 추진되었다. 그러나 말이 신도시 건설이지 실제 대규모 주거단지를 조성하는 사업에 불과했다. 이는 한국적 도시건설 방법의 특수성에서 기인한다. 도시를 만든다고 하면서 실제 동원하는 방법은 택지(주거단지)를 조성하는 데 치우쳐 있고 이를 뒷받침하는 법도 '택지개발촉진법' 이다. 이 법은 토지의 물리적 조성과 개발, 그리고 분양을 뒷받침하는데 우선하기 때문에 도시의 콘텐츠나 소프트웨어를 담보하지 못한다. 또한 단기간에 택지 조성을 마무리하기 위해 국가로부터 막강한 개발권을 부여받은 개발공사가 사업추진의 주체가 된다. 그래서 개발공사는 '택지개발예정지구' 를 사실상 지정하고 지구 내의 토지를 강제수용할 수 있으며 저렴하게 수용한 토지를 택지로 조성한 뒤 민간에게 분양하면서 막대한 개발이익을 취하는 '초헌법적 특권' 을 향유한다. 한편 개발이익은 공사(정부)가 공익적 목적을 위해 일정부분 환수하기도 하지만, 대개는 택지를 분양 받은 민간건설업자, 그리고 그 토지 위에서 건설된 주택을 분양 받은 개인에게 돌아간다. 신도시 건설은 이렇듯 건설 관련자나 거주자들에게 막대한 불로소득을 보장해주는 국가주도적 부동산 개발사업이었던 셈이다. 그러나 이러한 개발의 매력은 신도시 건설이 단기간에 완료되고 또한 남발되는 까닭으로 작용했다.

물론 신도시 건설이 우리나라 도시계획 발전에 견인차 역할을 해온 것은 부인할 수 없는 사실이다. 근린주구(생활권) 단위로 편익시설을 설치하고 주변에 주거시설과 공원 등을 배치하는 계획적 주거공간은 한국 근대 도시계획의 발전에 심대한 영향을 끼쳤다. 도시계획가들에게 신도시는 그래서 계획적 이상을 거리낌 없이 펼치는 장과 같았다.[6)]

하지만 정부의 압도적인 지원과 독려에 의해 추진되었던 만큼, 권위관료주의 국가의 권력성이 신도시란 공간의 생산을 사실상 가능케 했다. 국가 입장에서는 대량의 주택을 일거에 공급함으로써 외견상 주거 안정, 특히 투기적 욕구를 숨긴 중산층의 주거 욕구를 해소하는데 크게 기여했고, 이는 나아가 정권의 정당성을 창출하는데도 적잖은 기여를 했다. 때문에 신도시 건설은 헤게모니를 획득하기 위한 정치적 프로젝트와 같은 것이었다. 그러나 인구 30~40만이 사는 도시를 불과 4~5년 만에 건조해낸 물질력은 자본의 힘이었다. 1980년대 후반 3저로 발생한 '교역 흑자'는 막대한 사회적 잉여자본을 발생시켰고 이의 일부가 건설자본으로 전환되어 신도시 건설의 재원으로 투입됐다. 데이비드 하비David Harvey의 표현으로 제 1차 순환영역의 과잉자본이 제 2차 순환영역으로 옮겨가면서 형성된 건조환경이 우리의 신도시들이다.[7)]

도시해석

성장기 도시의 후유증인 토지주택문제는 생활세계 속으로 불거져 나온 개발주의 체제의 모순으로 인지되면서 자의식적인 도시민들이 이를 시민사회적 쟁점으로 대응하기 시작했다. 그 결과 도시공간은 도시주체들의 치열한 해석과 의미투쟁의 장으로 점차 변모해 갔다. 그 해석과 투쟁은 대안적 도시공간(예, 토지주택문제 해결을 위한 신도시 건설)에 관한 것을 중심으로 했다. 물론 도시에 관한 기성지식(이론)이 없었던 것은 아니지만, 강단에서 주로 논의되는 것으로 서구학계로부터 들어온 것이 대부분이었다. 크게 보면, 두 가지 도시론이 관련 학계를 암묵적으로 지배하고 있었다. 하나는 미국 시카고 학파의 도시생태학이론에 뿌리를 두면서도 크게는 근대화론에 근거한 '근대도시론'(근대도시의 공간구조, 토지이용구조, 사회구조에 관한 설명)이라면, 다른 하나는 종속이론에 기반을 둔 '제 3세계 도시론'(도시의 이중구조, 개발이익의 전유와 갈등, 도시빈민 문제 등의 설명)이다. 하지만 이러한 도시지식은 한국적 도시현실로부터 추출해 나온 경험지라기 보다, 도시의 현상을 설명하는 준거로 사용되는 이론, 즉 추상지에 가깝다. 도시공간의 생산을 둘러싼 경험지로서 도시지식은 정치사회적 역학 속에서 규정되고 만들어져야만 했다. 이 점에서 수도권 5개 신도시 건설은 도시에 관한 국민적 관심을 불러일으키면서 도시지식의 한국적 지형을 형성해내기에 충분했다. 실제 신도시 건설의 찬반을 둘러싼 논쟁은 도시를 해석하는 입장의 분화를 만들어내는 기반이 되었다. 이를테면 신도시 건설을 지지하는 측은 근대 합리성을 기술공학적으로 구현할 수 있는 대상으로 도시를 읽고 해석하는 입장을 취하지만, 그 이면엔 국가 및 자본의 강한 권력성이 깔려 있다. 반면 반대 내지 비판하는 측은 국가권력과 한국자본주의의 모순으로 토지주택문제, 나아가 신도시건설 문제를 바라봄으로써 도시공간을 물리적 실체 이상으로 바라보되, 특히 시민 권력성을 반영하는 입장을 취했다. 크게 보면 이러한 지식지형은 민주화의 진전에 따라 국가와 시민사회가 분리되기 시작하는 당시의 사회적 상황성을 투영하는 것이라 할 수 있지만, 언어적으로 정제된 도시지식(도시이론)으로까지 발전하지 못했다.

도시론

이러한 지식 지형 속에서도 지배적인 것은 도시공간을 건조해내는 도시계획 관련 지식이 중심을 이루었다. 이는, 신도시 건설을 처음부터 주택의 대량 공급이란 관점으로 접근하면서 도시건설과 관련된 기술 관료적 혹은 토목공학적 지식이 유용하게 사용되었기 때문이었다. 당시까지만 해도 도시계획 지식은 일제 강점기부터 전수되어 온 토목공학이나 해외에서 들여온, 서구식 합리주의를 반영하는 도시계획론이 중심을 이루고 있었다. 이러한 지식은 우리 도시의 특질이 어떠한 것이고 도시민의 권리를 도시공간에 어떻게 구현해야 할 지에 관한 질문에 명쾌한 답을 주지 않는다. 그럼에도 불구하고 토목공학적 도시지식은 도시건설에 합리성이나 중립성을 부여해주기에 충분하다. 해서 정치적 지배세력의 이해관계를 반영하는 식으로 신도시 건설을 내밀히 추진하는데 토목공학적 도시지식은 유효했다. 시민사회가 초기에 있었기에 국가를 견제하는 시민적 목소리가 약했던 상황도 토목공학적 도시지식이 우월하게 작용하는 까닭이 되었다. 토목공학적 도시지식은 이후 제도권 기관(정부기관, 학회, 연구소 등)들이 주도하는 도시정책이나 연구사업에 사용되는 일반지식으로 제도화되고 강단을 통해 재생산되면서 지배적인 도시담론으로 자리잡았다.

도시의 근대성

권력화된 토목공학적 도시지식은 역설적이다. 민주화의 진전과 중산층의 출현으로 도시의 자의식적 주체들은 도시문제를 생활세계의 모순으로 인지하고 이를 시민사회 방식으로 해소하고자 했지만, 이러한 시도는 결국 국가와 자본권력에 의한 것으로 대체되었다. 막 열리기 시작한 시민사회(생활세계)가 국가와 자본권력에 의해 식민화되는 역설을 정당화시켜주는 것은 권력화된 토목공학적 도시지식이다. 이는 한국사회를 지배하던 개발권력이 도시공간의 읽기와 생산에까지 침투해 오고 있음을 의미한다. 도시지식은 개발 근대화 담론의 일부가 된 것이다. 말하자면 신도시 건설을 둘러싸고 형성된 도시지식의 지배적인 지형은 도시를 통해 '개발 근대성'을 발현시키는 지식주체들의 역학관계를 반영한다는 뜻이다. 이 개발 근대성은 권력화된 기술적 합리성을 주로 표방한다.

1993년에서 1997년: 개방화와 성찰적 도시지식

정치경제적 상황

1987년 민주화 체제 등장의 첫 결실은 1992년 문민정부의 출범이다. 군부통치에서 문민통치로의 전환은 우리 사회 전반에 민주화의 여파, 즉 개방화의 물결을 몰고 왔다. 일차적으로 1961년 5 · 16 군사 쿠데타로 중단되었던 지방자치제가 복원되었다. 지방자치가 민주주의의 교실이라 본다면, 1992년 기초의원을 선출하는 것으로 복원된 지방자치제는 도시적 일상 삶을 규율하는 권력의 제도적, 공간적 작용방식에 심대한 변화를 예고했다. 경제적으론 1990년 전후로 미국으로부터 시장 개방에 대한 압력이 점증하면서 신자유주의 세계화의 드센 바람이 경제적 삶 전반에 들이닥치기 시작했다. 이에 대한 반응으로 한국 정부는 그간의 개발주의 국가운영방식과 정책을 심대하게 손질하거나 폐기처분해야 했다. 국가주도적 경제성장을 이끌었던 경제기획원과 경제개발5개년계획 제도의 철폐가 대표적인 예다. 이런 개혁과 함께 김영삼 정부는 외부로부터 불어오는 신자유주의 세계화를 내부로부터 대응한다는 명분으로 한국식 신자유주의 정책의 효시가 된 '세계화' 전략을 강구했다. 기업과 시장자율성을 내세운 '신경제정책'의 수립, 금융규제완화에 따른 해외자본의 급격한 이입, 대기업들의 경쟁적 '세계경영' 도입, 교역 자유화에 의해 수입된 상품을 일상 소비재로 쓰는 소비방식의 변화 등은 세계화 전략이 추진되면서 나타난 한국사회 변화의 중요한 단면들이다. 이러한 변화를 망라하는 것은 신자유주의 세계화의 영향으로 한국사회가 개방되고 다원화되며 사회적 삶 전반이 시장경쟁 원리에 조응하는 것으로 재편되는 현상이었다. 이러한 변화에 대한 지적인 반응으로 세계 학계에서 풍미하던 다양한 '포스트 이론'들이 도입되면서 한국사회의 성격 규정을 둘러싼 백가쟁명식 논쟁이 일었다.

도시쟁점과 도시주체의 반응

1990년대에 접어들면서 나타난 도시변화의 가장 중요한 특징은 도시인구 성장의 둔화다. 그칠 줄 모르고 증가하던 서울의 인구가 1992년에 최고점(1080만 명)을 찍은 뒤 하향적 정체 패턴을 보이는 것은 이런 변화의 백미다. 도시로의 인구 집중 둔화, 도시인구의 자연증가 둔화, 대도시 주변 신도시로 인구 유출 등의 요인들이 겹쳐 이러한 변화가 나타났던 것이다. 그러나 이는 일시적인 현상이 아니었다. 이때부터 도시의 인구 성장은 전반적으로 둔화되고 도시 주변으로 도시인구와 활동의 확산이 본격화되었는데, 이는 곧 한국의 도시화가 집중적 단계에서 분산적 단계로 접어들었음을 시사한다. 다시 말해 인구 집중과 그에 따른 외형적 성장을 거듭하던 도시발전의 단계는 마감되고 도시 인구의 질적 구성과 활동구조가 내부적으로 고도화되고 심화되는 단계로 옮겨갔다. 이는 발전주의 도시에서 탈발전주의 도시로의 도시패러다임 전환이 1990년대 들어 이루어지기 시작했음을 말한다.[8]

도시패러다임의 이행은 성장기 동안 내부적으로 응축되어 온 구조적인 문제들이 파열하는 현상을 동반했다. 1992년 성수대교 붕괴, 1994년 지존파 연쇄살인사건, 1994년 삼풍백화점 붕괴 사건, 1994년 아현동 가스폭발 사건 등이 그 구체적인 예들이다. 이러한 사건들은 발전주의 도시로서 지속되고 있는 도시발전의 관성과 탈발전주의 도시로서 변신을 지향하는 새로운 관성이 부딪히면서 나타난 이행기 도시의 파열이라 할 수 있다. 발전 패러다임의 교차는 도시 산업공간의 지각 변화에서 더 명확히 나타났다. 이를테면, 서울의 경우, 전통적인 제조업의 경쟁력 약화로 구로공단과 같은 산업지역이 쇠퇴하는 반면, 첨단산업(특히 생산자 서비스업)이 새로운 성장산업으로 떠오르면서 강남지역은 신산업과 그에 관련된 소비 및 주거지역으로 부상했다. 이는 단순한 산업구조의 변화가 아니라 이와 연동된 고용관계, 직업 및 소득 구조, 소비양식, 계급구성, 정치적 역학 등을 포괄하는 도시사회 전반의 재편이 공간을 통해 표현된 것이다.

이러한 변화를 거치면서 서울 같은 대도시는 탈근대 도시로서의 경향적 특징들을 나타냈다. 이를테면, 탈산업화, 소비양식의 고도화, 소비적 주체의 등장, 문화경관의 고도화, 세계화와 개방화, 기업주의 지방정치 등과 같은 '탈근대적 현상' 들이 대도시 공간을 통해 두드러지게 나타났다. 이를 소자Soja는 '탈근대성의 도시화

urbanization of postmodernity' 라 불렀다.[9)] 이중에서 가장 의미 있는 변화는 신자유주의 도시화의 영향으로 개성적 도시주체의 등장이다. 이는 도시의 인구구성이 이농2세대 중심으로 바뀌고 탈산업적 고용관계와 소득 향상으로 인한 소비문화가 확산되며 시민사회의 성숙에 따른 시민권적 의식이 고양되고 자치제의 진전으로 참여자치가 활성화되는 등의 변화와 맞물려 나타난 것이다. 이러한 도시주체의 등장과 함께 포스트담론의 확산으로, 이행기 도시에 대한 다양한 성찰적 해석이 시도되면서 도시의 지식지형은 다채로워졌다.

도시공간의 생산

탈발전주의 도시로의 이행과 이를 둘러싼 담론의 활성화는 한국적 도시공간의 생산을 주도하는 정부의 도시정책에 의해 촉진되었다. 대표적인 것으로 민선시장 시대를 맞으면서 서울시가 추진한 도시정책을 예거할 수 있다. 서울시의 2대 민선시장은 1995년 7월 1일 삼풍백화점 붕괴 현장에서 시장직을 인수인계하면서 취임했다. 취임 전에 그는 도시가 어떠한 것인지를 생생하게 학습했던 것이다. 그래서 취임 후 그는 '붕괴할 화려한 건물만 있는 도시' 가 아니라 '사람이 사는 도시' 를 만드는 새로운 도시계획의 패러다임을 제창했다. 그의 이러한 도시인식을 '인간주의 도시관' 이라 불렀다. 그러나 그의 실험적 도시계획은 현실에서 제도로 뒷받침되지 않아 결국 통상적인 도시계획으로 돌아갔다. 대규모 도시개발은 억제 되었지만, 용산지구 부도심개발, 상암지구 택지개발 등은 지속적으로 추진되었다. 그러나 종전과 달리 도시관리의 역점은 물리적 개발을 중심으로 하는 데서 기존 도시환경을 정비하고 신자유주의 세계화 시대의 도시로서 개성과 경쟁력을 담보할 공간구조 및 기능을 강화하는 쪽으로 옮겨가고 있었다. 이는 도시의 읽기와 해석이 그만큼 달라졌음을 말한다. 즉, 도시 읽기와 해석의 중심이 권력에 의한 수동적 개발의 공간에서 탈근대 도시로서 정체성과 역량을 발현하는 공간에 관한 것으로 옮겨가기 시작했다. 이를 보여주는 대표적인 도시정책으로 1994년 남산 외인아파트의 폭파, 1996년 구총독부 건물인 중앙청의 철거,

1997년 여의도광장의 공원화 사업 등을 들 수 있다. 이 중에서 성장기 도시개발을 상징하던 남산 외인아파트를 예산 1800억 원을 들여 해체한 것은 '남산 제 모습 찾기'(이를 통한 서울의 정체성 회복)란 탈개발주의적 명분을 위한 것으로 근대 도시에서 탈근대 도시로의 도시패러다임 이행을 표상하는 사건으로 해석된다.

도시해석

문민정부의 출범과 더불어 실시된 지방자치제는 도시주체들에 의한 근대적 도시개발과 함께 도시에 관한 다양한 읽기와 해석을 촉발하는 중요한 제도적 배경이 되었다. 또한 이러한 제도적 상황이 탈물질성이 두드러지는 도시로의 변모, 지식분야에서 포스트의 논쟁, 소비적 도시주체의 등장 등의 경향과 합쳐져서 1990년대 중반 도시에 관한 논의를 풍성하게 해주었다. 이중에서도 도시공간이 포스트모던 문화현상을 표출하는 것으로 변하고, 이에 상응하여 물질적 풍요 위에 개성적 삶을 선호하는 개성적 도시주체가 출현하는, 두 가지 조건이 맞물리면서 도시지식의 지형은 전에 없이 다채로워졌다. 도시를 하나의 문화적 기표記標로 설정하고, 그 기표가 제출하는 약호와 의미를 성찰적 주체들이 해석하고 반응하는 방식으로 도시현실과 도시주체간의 인지적 작용관계가 설정되었던 것이다. 때문에 도시를 생존을 위한 터전이나 개발의 대상, 즉 즉물卽物적인 것으로 간주하던 종전의 도시지식과 견줄 때, 새로운 도시지식은 도시를 경관, 문화, 정체성 등과 같은 탈물질적인 것으로 설정하고 분석과 기술 대신 해석과 독해의 방식으로 읽고자 한다. 말하자면, 종전의 도시지식과 달리 1990년대 도시지식은 도시를 공학적 실체로서가 아니라 스토리가 담긴 텍스트로 독해하면서 도시주체들이 자기다움을 구현하는 것을 추구하는 성찰적 앎이었다. 학문적 구분법을 사용하면 종전의 도시지식이 국가와 자본에 의해 권력화 된 토목공학적 지식이라면, 새로운 도시지식은 사회과학적, 인문학적 지식에 가깝다고 할 수 있다.

가장 중요한 변화는 도시의 주체들이 도시를 자기의 삶터로 바야흐로 바라 볼 수 있게 되었고, 그렇게 바라본 도시가 더 이상 하드웨어적이고 도구적인 것이 아니라 독해를 통해 읽혀지는 사회문화적 실체로 간주된 점이다. 말하자면, 1990년대 들어 도시는 도시주체들에 의해 읽혀지는 텍스트가 된 것이다. 한국자본주의에 의해 조형된 사회구조가 공간적으로 구축된 장이거나 아니면 일상주체들이 그리는 시공간적 궤적의 장이 도시란 텍스트의 내용이다. 전자가 도시공간을 거시적 사회구조의 발현체로 접근하는 것이라면 후자는 행위자의 미시적 생활세계로 간주하는 것이다. 따라서 도시공간에 담기는 한국자본주의의 구조적 조건이 어떤 것이냐, 혹은 행위자들의 생활공간을 규정하는 조건이 어떤 것이냐를 두고 다양한 전망과 해석이 있을 수 있다. 이는 분명 공학적 실체로 바라보는 종전의 도시 읽기나 해석과 구별된다.

그렇다고 도시지식의 이러한 생성과 전유가 도시의 모든 성원에 의해 공유된 것은 아니다. 이는 다분히 지식전문가들이 향유하는 추상지였다. 그에 비해 일반 서민들이 체득하는 경험지는 각박한 삶의 현장으로 도시를 읽고 해석하는 것에 바탕을 두고 있었다. 그러나 대형 안전사고들을 통해 자각되는 도시의 인간주의 문제, 개방화와 자유화가 조형해낸 도시문화의 외피 속에서 발견되는 자아 정체성의 문제 등이 도시를 일상적으로 읽고 해석하는 가운데 부상한 새로운 쟁점이란 점에서 종전의 경험지와는 달랐다. 이렇게 인지되는 도시에 관한 상상적 앎은 언론, 드라마, 문학작품 등에 주로 반영되었다.

도시론

1990년대 중반에 접어들면서 조형된 도시지식은 도시주체들이 텍스트화된 도시를 성찰적으로 읽고 해석하는 관계의 지형을 주로 반영했다. 도시의 지식 지형이 이렇게 구축된 것은 도시의 변모한 현실에 대한 도시주체들의 성찰이란 인지작용의 역동성이 작용했기 때문이기도 하지만, 당시에 풍미했던 비판적 이론들이 도시란 공간환경을 분석하고 해석하는 지적 도구로 적극 활용된 덕분이기도 했다. 후기구조주의 이론들로 구성된 비판적 성찰적 이론들은 공학적 지식이 지배하는 기성제도권 학계나 기관이 아니라 비판적 학계나 진보적 언론매체에 의해 수용되어 전파되었다. 지식수용자 내지 생산자가 기존의 주류 도시지식인과는 다르다는 뜻이다. 이러한 새로운 지식 주체들은 1980년대 이후 열린 시민사회나 민주화 운동의 흐름과 정서를 같이한다는 점에서 개발주의 시대의 주류 지식인과도 다르다.

비판이론의 시각에서 새로운 지식주체들은 도시를 사회문화적 구조의 현상으로 읽고, 권력적 지배가 관철되는 도시적 삶의 모순을 들추어냄으로써 무엇보다 탈이념적 물리적 공간으로만 바라보던 기존 도시지식의 한계를 넘어설 수 있었다. 여기에는 크게 두 가지 종류의 도시론이 있다. 자본주의와 도시를 결부시켜 도시공간의 구조적 문제를 비판적으로 설명하는 정치경제학적 도시론과 도시공간이나 이를 재현하는 문화매체(영상, 이미지, 영화 등)를 텍스트로 하여 도시행위 주체들의 의식과 행위양식들을 설명하는 인문학적 도시론이 그러하다. 전자가 공간정치경제학을, 후자는 포스트모더니즘을 중요한 이론적 자원으로 활용했다 이렇게 해서 회자된 도시론으로는 지구도시론global city, 후기포드주의 도시론post-Fordist city, 유연적 도시론flexible city, 탈산업적 도시론post-industrial city, 스펙터클로서 도시city as a spectacle, 상징으로서 도시론city as a symbol 등이 있다. 물론 이러한 이론적 도시담론이 우리의 도시현실과 특성을 그대로 반영하고 해석해주지 않는다. 또한 도시를 추상적으로 설명하고 해석하기에 급급해 도시개발이나 도시계획과 같은 실천의 문제에 대해 어떠한 구체적인 혜안을 주지도 못했다. 그럼에도 불구하고 이러한 추상적 도시담론이 도시지식 지형의 중요한 부분으로 들어옴으로써 도시지식의 주체들은 도시를 개발의 대상이나 도구로만 삼는 게 아니라 사회시스템과 결부된 도시의 구조적 문제로 성찰할 수 있게 되었다. 그 결과 도시의 논의는 물론 도시의 개혁에 관한 다양한 상상력이 풍부해졌다. 해석의 대상으로 떠오른 1990년대 도시가 깊숙이 담고 있는 사회성을 읽어내고 해명하는데 서구에서 도입된 포스트 담론이 유용한 도구로 활용되었던 것이지만, 이를 통해 획득된 한국도시의 해석이 올바른 것인지는 다른 문제다.

도시의 근대성

1990년대 초중반부터 한국의 앞선 도시들은 탈근대적 증후군을 표출하면서 도시에 관한 풍성한 이야기꺼리를 만들어주었다. 도시 이야기는 성찰적 이론의 도움을 통해 구성되면서 '우리의 도시' 에 관한 지식, 즉 도시에 관한 주체적 앎을 만들어내는 질료가 되었다. 그러나 도시현실은 탈근대적인 것으로 획일화된 것이 아니라 여전히 탈각하지 못한 근대 도시로서의 특질이 공존하는 모습이었다. 이는 이행기 한국 도시가 갖는 특징이기도 하다. 1990년대 초중반 한국 도시를 들여다보면 근대와 탈근대뿐만 아니라, 전통과 현대, 동양과 서양, 공공 영역과 사적 영역, 합리와 불합리 등의 요소가 병렬적으로 존재하면서 전체로서 융합을 이루는 특성을 강하게 표출하고 있다. 이러한 특성은 한국 도시의 근대성modernity을 '혼융적 근대성hybrid modernity' 으로 규정하는 잣대가 된다.[10] 혼융성을 표현하는 도시는 대단히 유연하다 하여, 1990년대 중반 한국 도시를 '유연적 도시flexible city' 라 부른다.[11]

1998년에서 2002년: 신자유주의화와 시민적 도시지식

정치경제적 상황

1997년의 외환위기는 한국자본주의 역사에 한 획을 그은 사건이었다. 자본주의가 성장과 쇠퇴를 주기적으로 반복하는 사이클 상의 구조적 위기를 처음 맞게 되었다는 점에서 그러하다. 위기는 자본축적 과정에서 누적된 과잉시설이나 부풀려진 가치구성을 추슬러 새로운 축적체제로 넘어가기 위한 구조조정기이기도 하다. 실제 1997년 위기를 거치면서, 정경유착, 재벌식 독점, 노동탄압 등에 의존하는 전근대적 축적방식은 글로벌 스탠더드라 할 수 있는 시장경쟁원리를 표방하는 자본의 지배가 구축되는 것으로 전환되었다. IMF로부터 구제금융을 받은 대가로 '국민의 정부' 는 이른바 4대 부문(정부, 재벌, 금융, 노동)을 신자유주의를 추종하는 방식으로 구조조정 했다. 그 결과 경제를 포함한 사회 전반에 시장경쟁 이념인 신자유주의가 빠르게 확산되었다. 신자유주의는 이후 한국 사회를 변화시키는 중심적인 이념적 기제로 작용했다.

세계 자본주의에서 한국이 차지하고 있는 위상 때문에 환란 이후의 개혁은 영미식 신자유주의를 따르지 않을 수 없었다. 그러나 정권의 이념적 성향으로 인해 한국적 신자유주의에는 국가-자본-노동이 연대하는 '조합주의cooperatism'가 일정하게 가미되었다.[12] 국민의 정부가 '한국적 제 3의 길'을 표방하면서 '시장 민주주의'를 국정운영의 지표로 삼았던 것은 한국적 신자유주의의 표현이었다. 이러한 입장에서 새 정부는 독점적 산업자본을 대신할 신자본(예, 벤처자본, 코스닥자본)을 육성하는 등 한국자본주의의 체질을 바꾸는 개혁을 광범위하게 실시했다. 이로써 IMF 위기 이후 새로운 부의 창출기회, 신산업, 신중산층, 신개발지역 등이 나타났다. 산업영역에선 정부의 집중적 육성 덕택에 IT산업이 빠르게 성장하면서 한국을 세계적인 IT강국으로 우뚝 서게 했다. 생활영역에서는 인터넷, 손전화 등 IT를 활용하는 새로운 소통적 일상관계가 생겨났다. 사회영역에선 자본시장이 개방되고 주식시장이 활황을 이루면서 이로부터 부를 얻는 신흥 부유층이 출현했다. 이러한 변화는 모두 신자유주의에 의해 추동되거나 그 논리를 반영하는 식으로 이루어졌지만 사회전반의 양극화가 심화되는 부작용이 뒤따랐다.

한편 진보적 성향의 정권 출범으로 시민사회와 시민운동이 일정하게 활기를 띠었다. 이는 국가-시민사회의 관계지형에 변화를 불러오면서 전체 사회에서 시민사회의 목소리가 커지는 계기가 되었다. 그 결과 국가통치영역에 '정부-비정부 간 협력을 통한 통치'인 거버넌스(협치)가 적극 도입되고, 사회적 공공성(예, 복지, 환경)을 옹호하는 시민사회의 발언과 그 실현을 위한 집합적 실천(예, 시민운동)이 두드러졌다.

도시쟁점과 도시주체의 반응

IMF 위기의 여파는 도시공간에도 그대로 투영되었다. 서울과 같은 대도시, 그리고 산업 활동이 밀집되어 있는 지역(인천, 울산 등)을 중심으로 위기의 폐해(예, 공장 폐쇄, 실업 증가, 집값 하락 등)가 집중적으로 나타났다. 또한 위기 이후의 변화도 이들 지역을 중심으로 우선적으로 나타났다. 가령, 금융자율화에 따른 국제 금융자본의 유입, 벤처 붐, IT 관련 산업과 소비방식의 고도화, 새로운 소비계층과 고급 주거양식(예, 주상복합아파트)의 출현 등은 모두 대도시에서 집중적으로 나타났다. 이런 변화들은 도시의 산업구조, 고용구조, 계층별 소득 및 지출구조에 지각변화가 일고 있는 것의 전조였다. 서울의 경우, IMF 위기 이후 생산자 서비스 관련 업종(예, 금융, 보험, 광고기획, 디자인 등)이 가파르게 성장한 반면, 전통적인 제조 및 판매 관련 업종은 현저하게 둔화되는 추세 속에서 전체 고용자수는 위기 이전을 회복하지 못했다. 이와 함께 고소득 전문직과 저소득 임시직(비정규직) 사이에 고용성장과 임금의 격차가 커지는 양극화가 심화되었다. IMF 위기를 통해 부를 축적한 신중산층이 선호하는 주거시설(예, 고층주상복합건물)이 새로운 부동산 부를 창출하게 되면서 이를 중심으로 한 신상류층 지역이 등장했다. 이는 계층간 주택 불평등 심화와 함께 지역 분화(예, 서울의 강남북 분화)를 촉진하는 도시공간의 재구조화를 초래했다. 양극화는 IMF 위기가 초래한 신자유주의식 도시사회 변화의 핵심이었다. 1990년대 이후 도시적 정체성과 자의식을 가진 도시주체가 등장했지만 IMF 위기를 겪으면서 이들의 삶의 관계는 자본주의 하의 계층적 질서로 편성되었던 것이다.

한편 IMF 위기 이후 수도권으로 인구가 다시 집중했다. 신자유주의식 구조조정으로 인해 지방경제는 상대적으로 황폐화되는 반면 대도시 경제는 붐을 일으키자 지방에서 방출된 인구와 활동이 수도권으로 몰려들었던 것이다. 이러한 집중은 개발수요를 낳아 대도시 지역 안과 밖에 무분별한 대규모 개발을 촉발하는 계기가 되었다. 아울러 도시계획이나 국토이용 분야에서는 신자유주의 여파라 할 수 있는 규제완화(탈규제)가 다양하게 이루어졌다. 대표적인 예는 2000년의 개발제한구역(그린벨트)의 해제였다. 탈규제가 대규모 개발과 결합하면서 이른바 난개발이 전국을 휩쓸었는데 전국토의 27%를 차지한 준농림지의 마구잡이 개발이 특히 심각했다. 국민들의 환경 자의식이 높아진 상태에서 국토환경의 훼손과 파괴는 이를 비판하고 저항하는 시민운동의 빌미가 되었고, 그 결과 개발세력과 보전세력간의 대립을 축으로 하는 환경갈등이 한국사회의 지배적 갈등으로 대두했다. 아울러 시민운동 전반이 활발해지면서

'거버넌스(협치)를 통한 지속가능발전' 의 제도화가 다양하게 강구되었다.[13] 덕택에 도시주체들은 도시공간을 지속가능한 삶의 터전으로 읽고 바꾸는 다양한 실험을 할 수 있었지만 신자유주의 질서로 짜이는 도시현실의 제약을 벗어나지 못했다.

도시공간의 생산

도시공간의 생산이란 측면에서 이 실험은 우선 '지구단위계획제도' 의 도입으로 나타났다. 용도지역과 지구의 배분을 중심으로 하는 도시계획의 기법과 개별 건축물 단위의 디자인 규제를 중심으로 하는 건축설계 기법을 결합한 지구단위계획은 종전의 지구상세계획제도를 발전시킨 것이다. 지구단위계획의 가장 중요한 특징은 일단의 지역에서 이루어지는 도시개발을 건축물의 형태와 배치를 고려하는 설계적 수준에서 계획적으로 통제하는 점이다. 이 계획적 통제는 인공건조물의 형태만 아니라 그 속에서 설정되는 도시적 삶의 지속가능성에 관한 콘텐츠까지 대상으로 삼는다. 이때부터 도시개발은 대부분 지구단위계획 방식으로 이루어졌고 도시경관은 이에 따라 심대한 변화를 겪었다. IMF 위기 후 초고층 주상복합주거단지를 포함한 대규모 재건축 단지가 도시 전역에 출현한 것은 이러한 계획적 개발의 결과였다. 그러나 지구단위계획에 의한 도시개발은 그 내면에선 부동산 개발논리를 철저히 반영했다. 계획기준에 충실할수록 개발이 더 쉬워졌고 개발 규모가 각종 인센티브로 증가하게 되는데, 이러한 조건이 곧 지구단위계획이 부동산 개발과 결합되는 고리였다. 이는 신자유주의 논리(자유경쟁논리)가 계획 장치를 통해 도시공간의 생산에 침투하는 현상이라 할 수 있다.

유사한 예는 개발제한구역(그린벨트)의 해제를 위한 광역도시계획제도의 도입에서도 발견된다. 1971년 박정희 정권 때 도입된 개발제한구역제도는 개발행위를 철저하게 통제해 도시 외곽의 무분별한 확장과 녹지 파괴를 막는 대표적인 토지이용규제다. 김대중 대통령은 개발제한구역제도 개선을 대선공약의 핵심으로 제시했고 취임 후엔 협의체를 만들어 100대 공약 중 최우선 과제로 추진했다. 그러나 사회적 저항에 직면하자 정부는 영국의 도시농촌계획학회의 권고에 따라 '광역도시계획을 수립하고 그 틀 내에서 조정과 해제구역을 지정하고 사후관리방안'을 강구하고자 했다. 이렇게 해서 대도시권을 대상으로 하여 수립되는 '광역도시계획'이 도시계획체제에 처음으로 도입되었다. 그러나 실제 운영은 경제위기 이후 폭증하는 개발수요에 부응하여 그린벨트를 편의적으로 해제하고 개발하는 것을 계획이란 이름으로 정당화하는 역할만 했다. 그린벨트 해제를 계기로 대도시 주변의 개발 압력은 오히려 높아졌고, 이를 빌미삼아 2002년 정부는 강남 대체용 신도시란 명분으로 판교 신도시 건설을 추진하면서 제 2기 신도시 건설을 본격화 했다.

지구단위계획이 미시적 공간생산의 계획적 도구라면 광역도시계획은 거시적(광역적) 공간생산의 계획도구라 할 수 있다. 양자는 도시단위의 계획기법을 섬세하게 적용하면서 광역적 규모로 확대 적용하는 것을 가능케 해주었다. 이는 탈개발주의 단계에 접어들면서 도시공간의 생산에서 '계획planning'의 중요성이 그만큼 커졌음을 말해준다. 실제 당시 도시개발 분야에서 화두는 '선계획, 후개발'이었다. 위기 이후의 개발수요를 적절히 조절하면서 도시발전의 지속가능성을 구현한다는 명분이 '계획'을 강조하는 배경이었다. 따라서 '선계획'이란 담론에는 도시의 지속가능성에 관한 시민사회적 논의는 물론 계획과정에 대한 시민참여의 당위성에 관한 시민사회적 논의가 담겨 있다. 2002년 전후 도시계획법과 국토이용관리법을 통합해 '국토의계획및이용에관한법률'이 제정되는 과정에서 '계획'에 관한 담론은 더욱 풍성해졌다. 그러나 계획제도의 강구와 계획담론의 풍부화가 도시공간 자체가 그에 상응하는 것으로 생산된 것을 의미하지 않는다. 앞서 말했듯이, 당시 도시현실은 IMF 위기 이후 확산된 신자유주의 논리를 투영하는 식으로 재편됨에 따라 도시 공간생산의 계획적 실험도 그 논리의 틀을 벗어나지 못했다.

도시해석

IMF 위기가 도시를 통해 집중적으로 전개되면서[14] 도시현실은 심대한 변화를 겪었다. 그간 성장기 동안 얼기설기 꾸려지던 도시의 일상관계는 위기를 겪으면서 철저한 자본주의적 삶의 관계로 바뀌었다. 중간층이 줄어들면서 상층과 하층으로 사회계층이 분극화(양극화)되는 도시사회구조의 출현은 신자유주의 경쟁법칙(승자독식 법칙)에 따라 도시의 고용 및 일상 관계가 재편되는데 따른 결과였다. IMF 위기는 일차적으로 물질적, 탈물질적 삶에서 상대적 결핍과 박탈이 새롭게 심화되는 이른바 신빈곤new poverty 현상을 불러왔다.[15] 실업자, 노숙자, 사회적 약자, 복지수요층, 비정규직, 일하는 빈곤층 등으로 일컬어지는 도시약자, 그리고 이들과 관련된 도시(적 사회)문제는 도시를 '사회적 공간' 으로 읽고 해석하는 지적 성찰을 자극했다. 나아가 도시정책의 화두도 물리적 공간환경의 개선에 관한 것에서 도시민들의 삶의 안정과 복지를 다루는 사회정책적인 것으로 옮겨갔다.[16] 이는 도시의 지식 지형에 도시약자의 관점을 대변하는 부분이 그만큼 넓어졌음을 의미한다.

그러나 신자유주의식 구조조정의 결과로 한국사회가 새로운 성장 붐을 맞게 되면서 사회약자와 관련된 도시지식은 점차 잔여적인 것residual으로 바뀌었다. 대신 위기로부터 빠른 회복, 이와 연계된 새로운 성장 붐과 관련된 도시현실에 대한 인지와 성찰이 도시지식의 새로운 콘텐츠로 들어왔다. 이를테면 신산업지역(예, 테헤란밸리), 새로운 소비양식(예, 신용카드 보급에 따른 소비의 고도화), 새로운 주거양식(예, 타워팰리스로 대표되는 주상복합아파트), 새로운 자산증식 방법(예, 주식투자), 여행자유화에 따른 세계화의 체험, 고소득 안정적 직업활동, 과열화된 교육열 등과 관련된 도시현실이 도시주체들이 더 많은 관심을 가지고 읽고 해석하는 소재가 되었다. 2000년대 초반 도시의 지식 지형엔 이렇듯 위기가 불러온 도시의 그림자 보다 위기 이후의 빠른 경기회복이 가져온 도시의 빛을 응시하는 지적 전망들이 더 우월하게 드리워져 있었다. 그러나 도시의 빛은 신자유주의식 구조조정, 즉, 글로벌 스탠더드인 시장경쟁원리에 따라 살아남게 된 승자들의 삶과 관련된 것이었다.

빛과 그림자로 짝을 이룬 위기 후 도시현실을 그려주는 적확한 표현은 '양극화'다. 말하자면 위기 후 도시의 지식 지형에 강하게 비친 도시의 빛은 기실 신자유주의화에서 배제되는 시장약자들이 살아가는 현실의 다른 면에 불과한 것이었다. 도시의 이같은 현실을 망라해서 표현하는 핵심어는 '신자유주의의 도시화urbanization of neo-liberalism' 라 할 수 있다.[17] 1997년 IMF 위기가 진행된 도시를 읽고 해석하는 전망 속에 깔려 있는 지적 인식소認識素는 '신자유주의' 였다. '신자유주의' 란 개념이 제공해주는 지적 전망으로 위기 이후 변모한 도시현실의 다면성을 읽으려고 했다는 뜻이다. 그러나 당시까지만 해도 '신자유주의 도시화' 란 관점으로 위기 이후의 한국 도시를 이해하고 성격규정하기엔 시간적으로 다소 일렀다. '신자유주의의 도시화' 를 반영하는 도시현실의 특징은 그 후 10년이 더 지나서야 제대로 읽을 수 있는 그 뭔가였다는 뜻이다.

대신 위기 이후 도시에 관한 우월한 지식 담론은 도시의 지속가능성을 둘러싸고 전개되었던 것이었다. 이는 위기 이후의 도시개발과 그에 따른 환경파괴 및 도시의 지속불가능성에 관한 도시주체들의 위기의식, 그리고 김대중 정부가 열어 준 사회참여의 기회가 맞물리면서 생성된 도시지식의 새로운 지형인 셈이다. 지속가능성은 현세대 내의 형평성, 현세대와 미래세대간 형평성, 인간종과 생물종간의 형평성을 통합적으로 추구하는 대안적 발전개념이다. 경제적 성장을 추구하면서 삶의 질, 생태적 균형, 미래세대에 대한 배려 등을 고려하고 반영할 수 있는 발전의 방식이 곧 지속가능한 발전sustainable development 혹은 지속가능성sustainability이다.[18] 1990년대부터 한국의 도시들은 탈발전주의 단계로 접어들었지만 위기 이후 새로운 성장 붐으로 인해 국토환경의 심대한 훼손과 파괴가 초래되자, 이에 대한 지적, 실천적 반응으로써 지속가능성이 도시를 읽고 해석하는 대안적 관점으로서 들어오게 된 것이다.

2000년대 초반의 한국 도시를 읽는 도구로서 지속가능성이란 개념엔 개발과 보전의 조화, 선계획 후개발, 시민의 주체적 참여, 민주적 거버넌스의 쟁점들이 모두 녹아 있다. 그러나 현실의 도시관리에서 이러한 특질의 지속가능성이 제도로서 제대로 담보되지 못했다. 더 정확히는 현실의 역학관계 때문에 도시관리에서 지속가능성이 퇴보하거나 왜곡되기까지 했다. 개발주의자와 보전주의자 사이의 불평등한 대립, 시민사회에 대한 국가의 간섭, 관료주의의 지배 등이 온존하는 도시의 통치구조 속에서 지속가능성은 시민사회적 요구에 반비례하여 오히려 억압되거나 왜곡되었던 것이다.[19] 그러나 이는 역설적으로 한국도시의 발전단계에 지속가능성이 그만큼 요청되는 것임을 강조하는 것이기도 했다. 그 요청은 특히 시민사회로부터 제기된 것이었다. 즉, 생태환경의 파괴를 제어하지 못한 도시정책에 대한 비판과 저항, 그리고 국가와 시민사회의 협치를 통한 대안 모색을 추구하는 사회운동의 관점에서 지속가능성이 도시를 읽고 바꾸는 준거개념으로 선호되었던 것이다.

한편, 지속가능성은 '신자유주의의 도시화'의 문제와도 결부되어 주목되었다. 신자유주의가 도시를 중심으로 전개되면 될수록, 그와 연계되어 심화되는 도시 양극화의 문제는 도시의 지속가능성 문제와 같은 것이다. 따라서 신자유주의의 도시화를 주목할수록 도시의 지식 지형에서 지속가능성에 관한 전망은 더 뚜렷이 부각되었다.

도시론

신자유주의의 도시화와 관련된 것이든, 도시의 지속가능성에 관한 것이든, 2000년대 들어 도시에 관한 지적 관심이 한 단계 업그레이드 된 것은 사실이다. 한국의 도시들이 세계화와 관련된 신자유주의란 이념적 풍랑 속으로 말려드는 상황 속에서, 그리고 성장기 도시의 한계적 상황 속에서, 도시를 보다 큰 틀과 사유 속에서 읽고 해석해야 한다는 인식이 확산된 까닭이다. 그러나 이중 신자유주의의 도시화를 주목하는 도시담론은 비판적이면서 구조적인 인식을 바탕으로 한다면, 도시의 지속가능성에 관한 도시담론은 비판적이면서 동시에 비전적인(실천적인) 인식을 깔고 있다. 때문에 위기의 가파른 회복이 가져온 긍정적인 사유가 선호되면서 전자 보다 후자의 관점으로 2000년대의 도시현실을 읽고 해석하는 지적 활동이 더 두드러졌다. 이는 당시 한국 사회과학계 전반에 빠르게 유포되던 '생태담론'[20] 즉, 국가주도적 경제성장에 대한 반성, 경제와 환경의 상생, 인간과 자연의 균형, 생태이론, 녹색정치 등에 관한 담론이 도시에 관한 논의에 도입되면서 생긴 현상이라 할 수 있다. 때문에 지속가능도시론, 생태도시론, 거버넌스도시론, 참여도시론, 시민도시론 등이 강단학계는 물론 정책분야,

사회운동영역에서 동시적으로 널리 회자되었던 새로운 도시론이었다.

물론 이러한 도시론이 기존의 정책지향적 제도권 도시론이나 비판적인 사회과학적 · 인문학적 도시론을 대체하거나 능가하는 것은 아니었다. 그럼에도 불구하고 인간과 자연의 관계, 즉 생태순환적 관점에서 도시의 지속가능성을 바라봄으로써 기존 인간중심주의 도시론을 비판하면서 이를 넘어서려는 시도는 기존 도시론과는 중요한 차이점이 되었다. 또한 정부가 추진한 행정시책에서 지속가능성은 대안적 의제로 채택되고 또한 정부-주민간 파트너십을 통한 실천의 대상이 됨으로써, 종전의 어떠한 도시론 보다 실천성을 강하게 표방하는 차이점도 두드러졌다. 이러한 도시론은 정부나 제도영역에서 보다 시민사회 쪽에서 더 활발히 제기되고 주창됨에 따라, 도시담론 자체가 시민사회적 이념과 원리를 반영하는 시민사회담론 혹은 시민운동담론의 성격이 두드러졌다. 실제 이러한 도시론을 이끌었던 지식인들도 대부분 제도권 학회보다 시민단체에 참여하면서 정부정책에 대해 비판적인 실천적 전문가들이 대부분이었다.

도시의 근대성

IMF 위기는 자본주의 산업화가 시작된 이래 최초로 겪었던 구조적 위기였던 만큼, 이의 현장으로서 한국의 도시들은 신자유주의적 질서로 재편되는 변화를 겪었다. 이와 함께 위기 후의 빠른 회복 덕택에 도시가 탈규제적 (신자유주의식) 개발의 장으로 전락하게 되면서 도시적 삶의 지속가능성은 근본적인 위협을 받게 되었다. 이러한 상황에 대한 도시주체들의 대응은 (국가와 자본의 권력에 대칭되는) 시민사회를 배경으로 하여 협치 (국가-시민사회의 협력)에 의한 도시적 삶의 지속가능성을 구현하는 것이었다. 이는 도시를 통해 추구되는 근대적 가치, 즉 근대성 자체를 시민주체적인 관점에서 해석하고 이를 지속가능성이란 대안적 발전가치로 구현하고자 하는 시민사회적 요구의 반영이었다. 도시에서 전개되는 근대적 삶의 변화를 시민주체적 관점에서 재해석하면서 지속가능한 삶을 구현하고자 했다는 점에서, 도시의 근대성은 '해석적 근대성interpretative modernity' 으로서의 특징을 일정하게 표방했다.[21]

2003년에서 2007년: 신개발주의화와 권력적 도시지식

정치경제적 상황

2003년 참여정부의 등장은 이념적으로 진보적인 정치세력의 두 번째 집권이란 의미에 더해 '시민사회의 정치화' 란 정치사회의 변화를 불러오는 의미를 띠었다. 민주화운동 세대들이 제도 정치권으로 대거 진입하면서 국정운영에 시민사회의 참여가 활성화되었던 것이다. 실제 참여정부 동안 주요 국정과제들은 시민사회의 각계각층을 대표하는 전문가들이 참여하는 위원회에서 심의 결정되어 집행됨으로써 '거버넌스의 제도화' 가 광범위하게 이루어졌다.[22] '시민사회의 정치화' 는 국가권력이 시민사회로 이양되는 것을 의미한다.

뿐만 아니라 대통령은 스스로 탈권위화를 추구하면서 중앙집권의 권력구조를 바꾸는데 국정운영의 최대 역점을 두고자 했다. 이를 위해 참여정부는 분권, 분산, 균형을 국정의 핵심과제로 설정했다. 이는 공간을 통한 권력구조의 재편을 도모하는 일종의 정치적 프로젝트였다. 중앙에 집중된 권력과 기능을 지방으로 넘기면(분권, 분산), 지방은 이를 권능으로 하여 스스로 혁신과 발전을 도모하게 되는 것이(균형) 곧 공간을 통한 권력구조의 재편전략이었다. 이 전략은 중앙(서울)에 기반을 둔 기득권 세력으로부터 강한 저항을 불러왔지만(예, 수도 이전 반대운동) 한국 사회의 권력적 모순을 척결한다는 점에서 그 의의가 결코 가볍지 않았다. 그러나 땅에 발을 붙이는 정책으로 구체화될 때 공간전략의 정치적 논리는 경제논리로 바뀌었다. 즉, 추진단계의 분권 · 분산 · 균형정책은 경쟁논리, 혁신논리, 개발논리와 결합하여 새로운 개발주의를 확산시키는 것으로 작용했다. 다시 말해 분권 · 분산 · 균형 관련 정책들은 IMF 위기 이후 들이닥친 신자유주의식 경제논리(예, 경쟁, 혁신, 성장 등)를 밑에 깔고 국토환경을 대대적으로 개조하고 개발하는 방식으로 추진되면서 이른바 '신개발주의' 란 새로운 개발주의를 불러왔다.[23] 물론 신개발주의라 해서 국토환경을 막무가내로 파괴하는 게 아니라 사전 타당성 검토, 계획수립, 영향평가, 주민 공청회 등과 같이 환경을 배려하고 주민참여를 유도하는 계획적 절차를 일정하게 지켰다.[24] 그럼에도 불구하고 신개발주의 프로젝트는 국토환경을 상품화하여 경제적 가치 생산을 위한 것으로 활용(개발)하는 강한 신자유주의 성향을 반영했다.[25] 따라서 신개발주의 프로젝트로서 분권 · 분산 · 균형정책은 국토환경을 과거보다 더 유기적으로 훼손하는 결과를 초래했고 이는 신개발주의의 병폐와 한계가 되었다. 또한 중앙에 대비되는 지방의 권력화를 추구하는 것으로 운용됨에 따라, 신개발주의 프로젝트는 수도권과 비수도권간의 대립과 같은 새로운 공간사회적 갈등을 동반하기도 했다.

도시쟁점과 도시주체의 반응

참여정부의 출범으로 도시공간은 전에 없는 변화의 강한 압력을 받았다. 이 압력은 크게 두 가지 층위를 통해 작용했다. 하나는 중앙정부 수준의 제도적 관계를 통해 작용했다면, 다른 하나는 지방 수준의 시장적 관계를 통해 작용했다.

국가적 제도 수준에서는 참여정부가 수도 이전과 함께 전국에 다양한 성장거점 도시를 조성하는 도시정책이 야기한 도시공간에 대한 변화 압력을 말한다. 이 압력은 기존 도시의 혁신역량이나 경쟁력 강화를 위한 정책뿐만 아니라 행정중심복합도시, 기업도시, 혁신도시, 문화도시 등 새로운 도시 건설을 위한 정책이 야기하는 것을 망라한다. 어떤 경우이든 참여정부의 최우선 국정과제로 추진되었던 만큼, 국가적 수준의 역학관계, 즉 중앙집권세력과 분권세력, 기득세력과 변혁세력 간 관계를 통해 도시에 대한 인지와 바람직한 도시의 상에 대한 설정이 이루어졌다. 이는 도시의 일상주체들이 도시를 읽고 해석하는 것과 다른 것이었다. 물론 시민 전문가들이 참여하는 각종 위원회 중심으로 도시정책에 대한 사회적 공론화가 다양하게 이뤄졌다는 점에서 도시에 대한 시민사회적 관점이 일정하게 반영되었다 할 수 있다. 또한 국가균형발전정책의 일환으로 추진되었던 만큼 도시에 관한 정책적 논의와 도시변화의 압력은 전국에 걸쳐 나타난 것으로 기존의 대도시 중심의 것과 달랐다.

한편 지방적 시장 수준에서는, 위기 이후 신자유주의식 경기호황이 몰고 온 부동산 열풍, 이를 정책이란 탈을 쓰고 추구하는 첨단 도시개발(예, 청계천 복원 등)에 의해 도시변화의 압력이 만들어졌다. 이는 도시공간이 신자유주의(시장경쟁) 논리를 반영하는 것으로 재편되는 도시적 상황, 즉 토지주택의 투기 시장적 가치가 강화되는데(이를 거품이라 부르기도 함) 따른 것이다. 참여정부 들어 기록적인 무역흑자, 신산업(IT산업)의 급성장, 주식시장의 활황 등으로 이어진 경제호황은 막대한 잉여자본을 사회적으로 발생시켰다. 부동자금으로 불리는 잉여자본이 투자처를 찾아 부동산 부문으로 몰려들면서 부동산가격 폭등은 참여정부의 가장 뜨거운 도시쟁점이면서 정치적 쟁점이 되었다. 실제 참여정부 동안 주택가격이 두 배 오를 정도로 부동산 광풍은 전국화함으로써 투기적 이익을 쫓는 도시개발의 압력은 그만큼 높았다. 신자유주의 논리를 반영하는 도시개발은 고가의 주상복합단지 건설, 대형 평수 중심의 강남 재건축, 토지이용의 효율화를 위한 도심복원(예, 청계천 복원), 도시재생이란 이름의 뉴타운 건설과 같이 명분상 도시의 경쟁력을 강화하는(즉, 투기적 가치의 생산을 높이는)데 우선했다. 도시개발의 이러한 조건과 방식을 둘러싼 도시주체들 간 갈등은 도시정치의 핵심쟁점이 되었다. 이 갈등은 부동산 규제정책이 강화되고 그로부터 피해를 상대적으로 많이 받는 지역[26)] 일수록 증폭되어 급기야 참여정부의 진보적 정치노선에 대한 보수세력의 저항으로까지 발전했다.

도시공간의 생산

참여정부의 국정운용에는 역대 다른 정부와도 비교할 수 없을 정도로 공간을 매개로 한 부분이 많았다. 때문에 자연히 도시공간을 생산하고 변경시키는 정책과 그 집행의 강도가 높았다. 이는 역대 정부의 도시정책 상황과는 분명히 다른 점이었다. 또한 권력의 공간적 재편을 전제로 한 공간정책의 추진과정을 둘러싸고는 다양한 정치적 이해갈등이 생겨나기도 했다. 그러면서도 동시에 실험적인 도시건설 방식과 기법을 끌어들이고 활용하는 것이 광범위하게 제도화되었다.

이렇게 추진된 도시건설은 두 가지 측면에서 기존의 도시공간 생산과 차이가 있었다. 첫째, 도시 자체의 건설이 목표가 아니라 국토균형발전을 위한 수단으로 도시를 새로이 건설하는 것을 목표로 하다 보니, 도시의 성격, 기능, 개발방식, 추진체계에 관한 논의가 광범위하게 이뤄졌고, 이는 자연스럽게 정치적 논란을 낳았다. 둘째, 도시공간 자체를 계획하고 생산하는 방식 면에서 과거보다 훨씬 더 정교해진 건축설계의 기법이 활용되었고, 또한 추진의 효율성을 뒷받침하기 위해 특별법과 같은 제도장치가 적극 강구되었다. 가령, 수도권 집중을 막기 위해 중앙정부 기관을 서울에서 지방으로 옮기는 신행정수도건설(후에 행복도시로 전환), 균형발전에 대한 민간부문의 기여란 명분으로 추진된 기업도시건설, 공공이 주도해 지방에 혁신거점을 만드는 혁신도시건설, 문화적 성장거점을 조성하는 문화수도건설 등은 모두 정권 차원에서 추진되면서도 도시계획 측면에서 실험적인 도시건설이었다.

전반적으로 볼 때, 참여정부 하의 도시개발은 권력의 공간적 이전이란 목적을 띠었고, 또한 추진 과정에선 많은 정치적 논란을 수반함으로써 '도시공간 생산의 정치화' 가 두드러졌다. 도시의 설계방식이나 개발 콘텐츠가 파격적이고 실험적인 것도 공간생산의 정치화에 따른 현상이었다.[27] 그러나 이는 비단 중앙정부 차원의 도시정책에만 국한된 것이 아니라 지방자치단체의 도시개발 정책에서도 그러했다. 그 예로 서울시가 추진한 청계천 복원을 포함한 일련의 도시개조사업을 들 수 있다. 이 중에서도 대표적인 사업인 청계천 복원의 경우, 당초 '역사, 환경 복원' 이란 명분으로 접근되었지만, 실제 철저한 도시경쟁력 확보란 개발논리에 따라 추진되었고, 또한 '대권용 치적 쌓기' 란 정치적 의도를 숨긴 채 추진되었다. 따라서 청계천 복원은 내용적으로 '신개발주의' 성향을 강하게 띠었지만, 청계천 복원을 통한 도심재창조란 공간생산은 철저하게 정치적으로 기획되고 관료적 방식으로 추진되었다.

그러나 참여정부 동안 도시개발의 실험성은 그 어느 시대보다 두드러졌고 활발했던 것이 사실이다. 민간부문에서도 그러했다. 대표적인 예로 건축가들이 중심이 되어 마스터플랜류의 도시계획방식을 거부하고 단지별 공동성communality을 건축적으로 구축하는 방식으로 공간을 생산한 '파주출판도시' 조성사업을 들 수 있다. 도시공간이 구현해낼 새로운 가치로서 건축적 공공성을 설정하고 이를 건축가들이 공동체적 설계적인 방식으로 생산한 파주출판도시는 한국의 도시계획사에서 가장 파격적이면서 실험적인 공간생산의 모델이다. 건축도시로 불리는 (공간문화적 특질을 강조하는) 이 모델은 정부가 주도한 신도시 건설의 중요한 벤치마킹 대상이 되었다. 가령 행정중심복합도시의 건설에서 설계공모를 통해 단지별 공간구성의 방식이 결정되었는데, 이는 단지별 공간의 특질을 건축 디자인의 공공성을 통해 구현하고자 하는 건축도시의 조성기법이 광범위하게 활용되었음을 보여준다.

도시해석

도시개발의 '정치화'는 도시에 관한 앎, 즉 도시지식의 '권력화'를 불가피하게 했다. 이는, 도시가 단순한 물리적 공간이나 행정권역이 아니라 한국 사회의 권력구조를 떠받치는 바탕이면서 동시에 이를 담고 있는 틀이 되어 있는 도시현실의 지적 반영이다. 과거와 달리 도시지식의 지형은 도시공간이 권력 추구의 장으로 재조직되고 또한 이러한 장으로 읽혀지고 해석되는 도시 관련 주체들 간의 역학관계를 투영했다. 자본주의적 근대화가 집약적으로 전개되는 장소로 기능해 오는 동안 도시는 이를 뒷받침하는 권력관계를 담게 되었던 것이다.

그러나 이념적 전망을 달리하는 정권(지배세력)의 등장으로 도시공간은 권력 재편의 한 방편이 되었는 바, 이는 곧 참여정부 하의 도시개발정책이 추진되는 도시적 상황이 되었다. 말하자면, 진보적 성향의 정치세력이 국가권력을 장악하고, 또한 시민사회와의 협력적 관계(거버넌스)를 통해 국가권력이 작동하는 권력관계의 지형 변화가 도시를 읽고 해석하는 지형, 즉 도시의 지식 지형에 투영된 것이다. 새로운 지식 지형에서 중심적인 지식주체는 도시의 일상주체에서 한국 사회를 지배하는 새로운 권력엘리트로 바뀌었다. 이들이 도시를 읽고 해석하는 앎의 관계가 참여정부가 추진하는 도시정책을 둘러싼 지식 지형의 중심을 이루었던 것이다. 크게 보면 이 지형은 신 지배엘리트 집단(탈중앙집권세력, 진보적 개혁세력)과 구 지배엘리트 집단(중앙집권세력, 보수적 기득세력) 간의 도시해석을 둘러싼 갈등관계를 기본 축으로 했다. 때문에 이는 권력집단(지배엘리트) 내에서 상이한 분파 간 관계를 반영하는 것으로, 도시의 일상주체들 사이의 역학 관계를 반영하는 기존의 도시지식 지형과는 다른 것이다. 도시지식의 권력화는 이를 두고 하는 말이다.

새로운 지배엘리트들은 한국사회의 권력구조를 공간적으로 개혁하는 주요 수단으로서 도시를 바라보았기 때문에 권력기구(청와대, 국가균형발전위원회, 지방분권혁신위원회, 행복도시건설추진위원회 등)가 도시지식의 생산과 이의 정책화를 직접 주도했다. 물론 전문성을 요하는 도시지식의 생산은 도시와 관련하여 진보적인 성향의 전문가[28]들이 정부 위원회에 참여하거나 연구기관(예, 국토연구원이나 지방자치단체의 연구기관)이나 학회(예, 국토도시계획학회)가 연구용역을 수행하는 것을 통해 이뤄졌다. 정부 위원회, 전문관료, 진보적 도시전문가, 시민단체 관계자, 연구기관, 학회 등이 권력화된 지식 카르텔이 되어 참여정부의 도시정책을 뒷받침하는 도시지식과 정책담론을 생산하고 유포했다. 신행정수도론, 기업도시론, 혁신도시론, 문화도시론 등은 참여정부의 주요 도시정책이면서 동시에 개별정책들이 고유하게 생산하고 유포한 도시론이기도 했다. 이러한 정책지향적 도시론들은 각자 다양한 도시 관련 철학, 이념, 그리고 이론들로 구성되었다. 가령, 행복도시(론)는 권력의 공간적 이전과 관련된 도시철학과 이념, 그리고 이를 도시계획적으로 구현하는 공간구성에 관한 이론과 기법에 관한 다양한 도시지식들의 집합체라 할 수 있다. 이렇게 해서 도시지식은 강단에서 논의되는 추상지가 아니라 정책과 제도를 통해 실제의 도시로 구현되는 구체지로서의 특징마저 띠게 되었다.

참여정부 기간 동안 도시담론은, 비록 권력화 되긴 했지만, 역대 정부 어느 때보다 풍부했다. 덕택에 전체로서 도시지식은 크게 진일보했다. 그러나 정책지향적 도시지식이 일상인들이 도시를 읽고 해석하며 바꾸고자 하는 관점을 제대로 반영했느냐는 분명 다른 질문이다. 진보적 도시전문가나 도시 관련 시민단체 활동가가 도시정책의 입안에 참여하면서 시민사회적 관점을 일정하게 반영했지만, 이들 정책이 지역사회의 이해관계를 통해 구체적인 사업으로 추진될 때는 현실의 지배적인 경제논리 혹은 개발논리를 우선적으로 반영했다. 그래서 그 추진과정에서 이들 정책들은 시민사회, 환경보전, 지속가능한 발전, 주민참여 등의 가치를 주장하는 세력(시민단체, 언론, 전문가 등)으로부터 갈등을 불러왔다. 이는 권력화된 도시지식과 도시 일상주체들이 선호하는 도시지식 간에 괴리가 있음을 시사하는 대목이다.

도시론

도시공간의 생산과 실험이 활발했던 것에 견주어 도시 자체를 도시의 일상주체의 관점에서 읽고 성찰하는 것은 상대적으로 약화되었다. 국가적 차원에서 도시에 관한 논의가 이뤄지다 보니 일상주체들이 그들의 삶터로서 도시를 논쟁하는 것은 그만큼 주목받지 못했던 것이다. 또한 내로라하는 도시전문가나 도시계획가들은 대부분 도시공간을 연구하는 데 보다 도시공간을 창조하는 데 더 많은 관심을 갖고 또한 그 실행과정에 참여함에 따라 삶터로 도시에 관한 지적 성찰이 상대적으로 더욱 소홀해졌다. 그렇다고 새로운 삶의 관계를 담아내는 터전으로서 도시를 바라보고 이를 현실도시와 견주어 고민하면서 구현하고자 하는 지적 노력이 없었던 건 아니다. 참여정부의 다양한 정책지향적 도시론을 음미해 보면 전체를 관통하는 새로운 이념형적 도시론을 추출해 낼 수 있다. 이는 다름 아닌 새로운 도시패러다임으로써 '문화도시' 론을 말한다. 문화도시론은 문화를 도시의 전체 주제로 하여 그 존재조건은 물론, 성장과 발전의 조건을 함께 논의하는 새로운 도시론을 말한다. 성장기의 토목적 도시, 탈발전기(과도기)의 유연적 도시, 신자유주의기의 지속가능한 도시의 단계를 지나, 지금 '되어야 할 도시ought-to-be city' 의 이상은 바로 문화도시란 것이다. 문화가 도시의 주제 그 자체가 된다는 것은, 도시에서 먹고 살아가는 기반이 문화적인 뭔가로 바뀌고, 삶터로서 도시는 나다움(개성)과 품격을 표출하며, 도시경관은 추슬러져 있으면서 매력적인 것으로 되어 있는 도시의 선진화를 말한다. 정책적 도시론이 비록 권력화된 도시지식을 바탕으로 하지만, 그 속에 담긴 도시개념은 '문화도시'를 하나의 표준모델로 삼고 있다.

문화도시론은 서구에서 쇠퇴한 도심을 문화적으로 재생시키는 정책을 뒷받침하는 도시론으로 등장했고, 우리나라에선 2000년을 전후해 대부분 지방자치단체들이 문화관광진흥이나 도시의 쾌적성 확보를 위한 문화도시사업을 뒷받침하는 도시론으로 등장했다. 이런 상황은 학계에서 문화도시에 관한 연구가 활발해지는 배경이 되었다. 아울러 정부가 다양한 문화도시 조성사업을 추진함으로써(예, 아시아광주문화중심도시, 경주역사문화도시, 전주전통문화도시, 부산영상문화도시 등), 하나의 보편모델로서 문화도시론이 주목되었다. 이론적으로 문화도시는 '문화사회의 도시'라 할 정도로 문화적 패러다임이 지배하는 탈근대 사회에서 정책적으로 육성되는 도시유형으로 간주된다. 최근에는 '창조도시creative city'란 개념으로 대체되어 사용되면서 문화도시는 이 시대를 대표하는 도시론으로까지 인식되고 있다.

문화도시론은 문화이론가, 공간이론가, 건축학자, 조경학자 사이에서 활발하게 논의되고 발전되면서 새로운 도시담론으로 자리 잡아 왔다. 그러나 행복도시, 기업도시, 출판도시, 문화수도 등과 같이 실제의 도시로 조성될 때 문화도시는 도시의 건축물을 핵심지표로 해서 가늠된다. 출중한 건축물이 문화도시의 구체성을 담보해준다는 뜻이다. 따라서 문화도시론은 도시에 관한 비전 설정이나 성격 규정에 다분히 건축담론이 강하게 결합되는 특징을 갖는다. 문화도시론은 그래서 건축도시담론으로서의 특성을 강하게 표방한다. 참여정부 동안 저명한 건축가들이 생산한 건축도시론은 사회적으로 큰 반향을 샀고, 이들이 도시정책추진에서 중요한 역할을 맡게 되면서 건축담론은 실제의 도시로 구현되었다.

도시의 근대성

문화도시론이든 건축도시담론이든, 새로운 도시 건설을 통해 설계자, 건축가, 도시계획가, 정책결정자들이 구현하고자 하는 공동의 이상이 있다. 다양한 언어로 표현되지만, 그 공통성은 '도시의 한국성urban Koreanness' 이다. 말하자면 우리다움을 도시 공간 속에 복원하고 구현하자 하는 것이다. 이는 비단 정책적으로 추진되는 신도시 건설에만 아니라 기성도시의 개발에서도 발견되는 현상이다. 최근 들어 대도시는 물론이고 지방의 중소도시 개발에서 중요한 화두로 떠오르는 것은 '(구)도심복원' 혹은 '재생' 이다. 뜯어내고 새로운 공간으로 만들되, 새로운 공간 속에는 그 도시가, 그 장소가 본래부터 가지고 있는 역사성과 정체성을 장소의 경관 구성, 건축물의 구성 등으로 반영해내려고 한다. 뿐만 아니라 대도시에서는 랜드마크 건축물 중심으로 단지를 재구성하는 도시재생사업이 경쟁적으로 추진되고 있는데, 이도 도시다움 혹은 도시의 정체성이 대도시 경쟁력 확보에 핵심요소임을 암시해준다. 이러 근대성의 관점에서 볼 때, 이러한 특징은 혼융적, 갈등적, 해석적 근대성과 다른 경향의 근대성을 출현시켜준다. 자기다움을 찾고 표출하는 것을 핵심가치로 삼는다는 점에서, 새로운 경향의 근대성을 '재현적 근대성representational modernity' 이라 할 수 있다.

결론: 한국 도시지식과 도시담론의 유형화

이 장에서 우리는 1980년대 후반 이후의 도시현실에 대한 도시주체들의 지적반응으로써 도시지식의 등장과 그 진화과정을 살펴보았다. 도시지식은 도시에 관한 앎으로 정의했고 도시를 읽고 해석하는 도시주체들의 역학관계를 반영한다고 했다. 이렇게 형성된 도시지식은 시대마다 그 유형을 달리하는 바, 우리는 '토목적 도시지식', '성찰적 도시지식', '시민적 도시지식', '권력적 도시지식' 으로 나누어 살펴보았다.

'토목적 도시지식' 은 성장기 도시의 모순(토지주택문제)에 대한 시민적 반응을 국가가 정책(도시정책)으로 대응하는 가운데 생성된 것으로, 도시를 물리공간적 실체로 간주하면서 도시계획 등을 통해 관리하거나 새롭게 조성하는 것과 관련된 개별 지식들로 구성된다. 물리적 공간으로서 도시에 대한 관리는 도시의 기능이나 구조(특히 산업구조, 토지이용구조)의 개편에 기여한다는 가정에 입각하기 때문에 이러한 도시지식은 제도권(정부, 교육기관, 연구기관, 민간기업 등)에서 선호되고 있다.

'성찰적 도시지식' 은 탈발전주의 도시화 단계로 옮겨가는 도시상황을 다양한 이론적 자원을 이용해 성찰하는 것으로, 도시를 물리적 공간이나 정책대상으로서가 아니라 사회구조나 문화적 실체(도시성)로 대상화하는 개별 지식들로 구성된다. 이 지식은 도시주체들이 도시를 하나의 텍스트로 읽기 시작하면서 생성된 것이다. 도시에 대한 사회과학적 비판이나 인문학적 해석이란 입장을 취하기 때문에 이 지식은 제도권 도시지식과 대조를 이룬다.

'시민적 도시지식' 은 위기 이후 전면화된 신자유주의화에 대한 시민사회적 대응으로 생성된 것으로, 도시를 지속가능한 삶을 구현하는 장으로 조성하는 개별지식들로 구성된다. 도시주체들이 사회적 참여를 통해 삶터의 문제로서 도시문제를 읽고 풀려고 하는 만큼, 이 지식은 사회운동적 지식으로서의 특징을 띰으로써 현학적인(성찰적) 도시지식과 구별된다.

'권력적 도시지식' 은 진보적 성향의 지배엘리트들이 중앙집권적 권력구조를 재편하려는 수단으로 도시를 읽고 해석하는 가운데 생성된 것으로, 도시를 바탕으로 권력관계(국가권력, 자본권력, 공간권력 등)를 새롭게 구축하는 것과 관련된 개별지식들로 구성된다. 이 지식은 대안적 권력공간을 생산하는 방식에 관한 것으로 구체화(예, 문화도시론, 건축도시론)되어 있지만, '권력화된 지식' 이란 성향 때문에 일상주체(시민)들이 선호하는 도시지식과 비교된다.

상이한 유형의 도시지식은 도시해석을 둘러싼 지식주체들 간의 상이한 역학관계를 반영한다. 도시지식의 유형 차이는 도시화 단계에 따른 차이에서 일차적으로 발생한 것이지만, 그러한 역사적 차이가 퇴적된 결과로 현재의 도시담론 지형에도 투영된다. 즉, 도시화 단계별로 생성된 도시지식의 여러 유형들은 현 단계 도시에 관한 담론을 다양하게 형성하는 질료로 들어와 있다. 이를테면 토목적 도시지식은 '제도적 도시담론' 으로, 성찰적 도시지식은 '비판적 도시담론' 과 '인문학적 도시담론' 으로, 시민적 도시지식은 '사회운동적 도시담론' 으로, 권력적 도시지식은 '건축적 도시담론' 으로 각각 구축되어 있다.[29] 도시담론은 도시지식이 담론적 세력으로 확장된 것을 표현한다. 때문에 우리가 도시를 특정 관점으로 읽고 해석하며 처방하는 입장의 차이는 도시담론의 유형 차이로 환원될 수 있다.

첫째, 제도적 도시담론

이는 제도권 학회(예, 국토도시계획학회)나 연구기관(예, 국토연구원)이 주도적으로 생산하고 유포하는 것으로 달리는 '정책적 도시담론' 이라 부를 수 있다. 토목적 도시지식을 원형으로 하는 도시계획학이나 지역개발학의 다양한 개별 이론들을 활용하여 도시를 논구하되 주로 도시계획이란 정책대상으로 접근한다. 제도권 담론 혹은 정책적 담론의 생산자들은 연구재원의 확보나 연구결과의 현실적 반영이란 측면에서 특권을 향유하고 있고, 또한 강단을 통해 그들의 지식을 생산하고 전파하고 있는 만큼, 주류담론으로서 지위를 누리고 있다. 그러나 도구적 이론에 집착하고 이념을 경시함으로써 이 담론은 자연스럽게 사회의 지배이념과 일체화되는 편향성을 띠지만 그들 스스로는 이를 간파하지 못한다. 제도권 도시담론의 이념성은 그린벨트 해제, 신도시 건설, 재개발, 수도권 정책과 같이 민감한 정책 사안을 둘러싸고 논쟁을 할 때 대개 시장주의나 개발주의 입장을 드러낸다. 기성학계 혹은 강단학파 구성원 대다수가 제도권 담론의 대열에 참여하고 있다. 개별적인 입장의 차이는 있지만, 구성원들은 대개 시장주의 입장을 공유하면서 도시공간의 공공성 보전보다 이용의 경제적 효율성을 강조하는 입장을 취한다. 이들의 입장을 전개하는 대표적인 담론 창구로는 『국토계획』이나 『국토연구』와 같은 학회나 연구기관의 기관지가 주를 이룬다.

둘째, 비판적 도시담론

이 담론은 사회과학계에 한 때 풍미했던 정치경제학적 시각을 도시공간연구에 접목시키면서 생겨난 것으로 달리는 '공간정치경제학적 도시담론' 이라 부를 수 있다. 1990년대 서구학계에서 활발하게 논의되던 공간정치경제학의 관점에서 한국의 도시

공간을 해석하는 이 도시담론은, 자본주의하의 도시공간의 구조적 모순을 비판적으로 성찰하고 급진적 실천을 대안으로 제시하는 입장을 주로 취한다. 진보적 성향의 학회(예, 한국공간환경학회, 기타 학술단체협의회 소속 학회 등)에 참여하는 교수나 연구자들이 이러한 진보적 도시담론의 생산과 유포를 주도하고 있다. 이들이 공통으로 학습한 것은 마르크스의 정치경제학이다. 그러나 참여자 개인에 따라 도시와 지역공간의 정치경제적 해석에 집중하거나, 공간정치경제학적 인식의 지평을 생태환경의 영역까지 넓히기도 하며, 또한 도시의 일상생활세계의 모순을 정치경제학적 눈높이로 해부하는 데 역점을 두기도 한다. 비판적 도시담론이 소개되는 대표적인 창구는 『공간과 사회』란 잡지다. 자본주의적 도시문제를 비판적으로 논구하는 입장을 취한다는 점에서 비판적 도시담론은 제도권 도시담론과 자연스럽게 대척점에 있게 된다.

셋째, 인문학적 도시담론

1990년대 초중반에 접어들어 도시현상 중에 문화관련 부분이 주요 논쟁점으로 떠오르면서 도시담론 중에 문화과학적 해석이 활발하게 이루어졌다. 이렇게 생겨난 인문학적 도시담론은 달리 '문화과학적 도시담론'이라 할 수 있다. 포스트모더니즘에 의해 촉발된 다양한 문화이론들을 학습하고, 또한 소비적 · 문화적 정체성을 강하게 표방하는 신세대 연구자들에 의해 선호되는 이러한 담론은 도시의 문화적 구성을 각별히 주목한다. 그래서 도시를 물리공간적 실체나 정치경제적 시스템으로 간주하는 앞선 담론과는 달리, 이 담론은 도시를 하나의 텍스트로 설정하고 도시주체나 특정 장소의 관점에서 도시공간의 문화적 문맥을 읽고 해석하면서 도시의 이야기를 풀어간다. 이들의 도시읽기와 해석은 실재하는 도시만이 아니라 소설, 영화, 광고 속에 등장하는 도시에 관한 이미지나 스토리도 대상으로 한다. 덕택에 도시연구 분야에서 도시에 대한 인문학적 인식의 지평이 넓혀졌다. 도시이야기를 문화담론으로 풀어가는 만큼, 이 작업은 주로 실천적 인문학도들에 의해 주도되고 있다. 인문학적 도시담론이 생산되고 유포되는 대표적인 창구는 『문화과학』이란 잡지다.

넷째, 사회운동적 도시담론

1990년대 후반에 접어들수록 한국사회의 많은 모순은 도시공간이란 삶의 터전을 통해 노정되었다. 이에 대한 반응으로 시민사회를 무대로 한 도시운동이 활발해졌고, 또한 이를 중심으로 한 사회운동적 담론이 도시담론의 중요한 부분으로 대두했다. 도시문제를 해결하는데 깊숙이 개입하는 담론의 특징 때문에 이 담론은 달리 '실천적 도시담론'이라 할 수 있다. NGO에 참여하는 도시학자들이 정부의 도시정책에 대한 비판과 대안을 제시하는 시민운동을 전개하는 가운데 도시에 관한 실천적 담론을 만들어낸 것이다. 이 담론이 도시에 관한 화두로 삼고 있는 것은 '공간의 공공성', '시민참여', '사회적 약자의 공간권리' 등이다. 이 담론의 참여자들은 지리학, 도시계획학, 지역개발학, 도시행정학 등을 지적(학문적) 배경으로 하지만, 이들 학문의 보수성과 달리 진보적(운동적) 성향을 띠는 것은 이들이 공히 시민사회운동에 깊숙이 관여하기 때문이다. 그러나 이론적 배경이나 이념적 입장에 따라 정부의 공간정책에 비판적이면서 동시에 깊숙이 관여하는 구성원이 있는 반면 시민사회적 입장을 철저히 지키면서 이론과 실천을 접목시키려는 구성원도 있다. 사회운동적 도시담론은 대중적 토론회, 시민단체의 각종 출판물, 언론매체 등을 통해 주로 생산되고 유포된다.

다섯째, 건축적 도시담론

1990년대 후반부터 한국도시의 발달단계는 본격적인 정비기로 접어들었다. 그에 따라 도시의 미시적인 개별 장소나 건축적 공간에 대한 관심이 일면서 건축적 도시담론이 도시담론의 중요한 부문으로 등장했다. 건축적 도시담론은 건축이나 도시설계 분야의 교수나 연구자들에 의해 주도되지만, 언론의 주목을 받으면서 새로운 장르의 도시비평으로 기능하기도 한다. 이들의 도시에 관한 담론과 비평이 주목을 끄는 것은 논의가 구체적이고 창발적이며 또한 비전적visionary이란 점 때문이다. 건축분야에서 훈련을 받은 안목 덕택에, 이들은 도시공간을 대하더라도 개별 건축과 이들이 위요된 공간의 맥락, 그 속에서 인간과 건축공간이 상호작용하는 현상을 구체적이면서 때론 형태미학적 관점으로 읽어낸다. 이러한 읽음을 통해 이들은 기존 도시정책과 담론을 비판하고 나아가 유토피아적인 대안을 제시함으로써 대중적 주목을 쉽게 이끌어 낸다. 그래서 건축적 도시담론의 생산자 중에는 저명인사가 적지 않지만 강한 개성으로 인해 건축적(문화적) 도시에 대한 해석과 전망의 차이가 적지 않다. 그러나 문화도시를 도시의 이념형으로 설정하고 건축을 도시의 문화를 구현하는 수단이자 콘텐츠로 간주하고 있는 점에서 이들은 대개 비슷한 입장을 취하고 있다. 참여정부가 추진한 다양한 신도시 건설 프로젝트가 이들의 전문성을 반영하는 기회가 됨으로써 '건축적 도시담론' 은 빠르게 확산되었다.

---

1. 조명래, "도시화의 흐름과 전망", 『경제와 사회』 60호, 2003, pp.10~39.

2. 조명래, 『현대사회의 도시론』, 한울, 2002.

3. 조명래, “아시아의 근대성과 삶의 터전 재편”, 『아시아문화 심포지움』 발표논문, 아시아문화 심포지움 조직위원회 주관, 2005.

4. 정부의 재임기간 구분과 대체로 일치하는 이러한 시대구분은 한국사회가 겪는 정치경제적 변동이 정부의 국정운영 패턴과 맞물려 나타나는 경향이 있음을 반영한 것이다.

5. 한국도시연구소 편, 『도시공동체론』, 한울, 2003.

6. 이런 이유로 신도시에 대한 평가는 극과 극이다. 다수의 전문가들은 많은 성과와 효과에도 불구하고 대규모 주거 병영지를 조성하는, 그러면서 막대한 개발 이익을 중산층에게 몰아주는 신도시에 대해선 대단히 비판적이고 부정적이다. 무엇보다 도시로서 갖추어야 할 자족성, 미래 변화에 대한 적응성 등을 결여한 한국의 신도시는 한 세대용 도시에 불과하다고 이들은 주장한다. 그러나 신도시 거주자들의 만족도는 상대적으로 높은 편이다. 이들의 높은 주거만족도는 주거환경의 쾌적성, 주거질, 주택가격 상승 등으로 구성된다. 실제 신도시는 공간 구성, 편익시설, 녹지율 등 모든 측면에서 일반적인 구도시에 비해 앞서 있다.

7. 조명래, 『현대사회의 도시론』, 한울, 2002.

8. 앞의 책

9. 앞의 책

10. 조명래, “아시아의 근대성과 삶의 터전 재편”, 『아시아문화 심포지움』 발표논문, 아시아문화 심포지움 조직위원회 주관, 2005.

11. Cho, M.R., “Flexible sociality and the postmodernity of Seoul”, *Korea Journal*, vol.31 no.3, 1999.

12. 그래서 한국적 신자유주의를 ‘질서적 신자유주의’라 부르기도 했다.

13. 대표적인 예로 ‘국토의계획및이용에관한법률’의 제정, 대통령직속 지속가능발전위원회의 설립, 전국 지자체들의 지방의제21 추진 등을 들 수 있다.

14. 이를 ‘위기의 도시화’라 부른다.

15. 한국도시연구소 편, 『한국사회의 신빈곤』, 한울, 2006.

16. 이는 김대중 정부가 한국적 제 3의 길을 구현하는 방안의 하나로 이른바 ‘생산적 복지’를 국정의 주요 과제로 추진함으로써 조성된 정책환경의 결과이기도 하다. 당시 청와대의 ‘삶의 질 기획단’은 국가통치 차원에서 도시복지를 생산복지와 관련된 정책의 핵심 내용으로 다루었다.

17. Cho, M.R., “Neo-liberal urbanism: reflections on the post-crisis Seoul, Korea”, *paper presented at the 3rd International Conference of Critical Geography*, held in Bekescaba, Hungary, June 25~30, 2002.

18. 조명래, 『개발정치와 녹색진보』, 환경과 생명, 2006.

19. 고건 시장 시절 서울시가 쓰레기로 매립한 난지도의 일부를 대중 골프장으로 조성하려고 하자 서울시 행정의 지속가능성을 관장하는 녹색서울시민위원회가 이를 반발하면서 갈등을 빚었지만, 서울시는 당초의 입장을 굽히지 않았다. 이는 서울시, 시민, 기업 간의 협력을 통해 서울의 지속가능성을 실현하고자 하는 합의나 원칙과 어긋나는 것, 즉 관료주의의 우월성 때문에 지속가능성이 퇴보하는 것을 의미한다.

20. 생태담론은 인간과 자연의 공존을 전제하는 생태주의 시각에서 볼 때 인간중심주의에 의거한 기존의 사유와 가

치체계는 근본적으로 재성찰하거나 넘어서고자 한다. 문순홍, 『생태학의 담론』, 솔, 1999.

21. 조명래, "아시아의 근대성과 삶의 터전 재편", 『아시아문화 심포지움』 발표논문, 아시아 문화심포지움 조직위원회 주관, 2005.

22. 이를 두고 비판적인 보수언론들은 참여정부를 '위원회 공화국' 이라고 불렀다.

23. 조명래, 『개발정치와 녹색진보』, 환경과 생명, 2006.

24. 신개발주의는 이런 점에서 과거의 물리적 성장에 우선하는 국가 주도의 구개발주의와 구분된다(이에 대한 자세한 논의는 조명래, 『개발정치와 녹색진보』(환경과 생명, 2006) 참조).

25. 신개발주의는 그래서 개발주의와 신자유주의의 결합이라 할 수 있다.

26. 재건축 규제를 강하게 받고 높은 세율의 종부세 과세 지역이었던 서울의 강남지역이 대표적인 예다.

27. 가령, 행정중심복합도시는 국가권력의 새로운 거점으로, 기업도시는 자본권력의 새로운 거점으로, 혁신도시는 지방의 혁신 역량이란 대안적 공간권력을 만들어내는 거점으로, 문화수도는 문화(거점)를 통해 권력의 공간적 안배를 실현하며 지역의 거점으로 각각 추진되었다. 또한 각각의 신도시는 비전 설정으로부터 계획과 설계, 공간구성, 추진기구 및 지원법 등을 두루 구비한 채 추진되었는데, 이는 그만큼 신도시에 대한 권력으로부터 지원이 컸음을 보여준다.

28. 이들은 대부분 도시 관련 시민운동에 직간접으로 참여하면서 진보적인 입장을 견지하였다.

29. 도시담론(urban discourse)은 도시를 얼마만큼 과학적으로 읽고, 어떠한 실천적 관점으로 해석하며, 어느 차원으로, 어떠한 이념으로 바라보느냐에 따라 제도권의 보수적 담론과 운동권의 진보적 담론, 정책담론과 이론담론, 시장주의 담론 대 사회민주주의 담론 등으로 나눌 수 있다.

이상적 도시환경

우리나라 신도시설계를 돌아보다

민범식 _ 국토연구원 녹색국토 · 도시연구본부 본부장

우리에게 좋은 도시형태

우리가 근대도시를 설계한 경험은 1960년대부터이다. 1960년대에는 급격한 도시화와 공업화 과정에서 창원과 반월과 같은 공업단지와 배후주거지를 설계한 경험이 있다. 그리고 1980년대에 들어서면서 서울의 목동, 상계지구나 대전의 둔산지구, 수도권 5개 신도시처럼 도시설계의 전성기를 맞이하게 된다. 급격한 도시화를 수용하기 위해 신시가지나 신도시를 건설하여 왔기 때문에, 지금은 대부분의 도시들이 구시가지보다도 신시가지가 더 넓게 조성되어 있다. 그만큼 우리 생활에서 신도시 환경이 차지하는 영향은 크다고 볼 수 있다.

그동안 우리는 바람직한 도시환경을 만들기 위해 다양한 노력을 경주해왔는데, 1980년대 이전에 우리가 어떤 목적을 갖고 도시환경과 형태를 만들어 왔는지를 엿볼 수 있는 자료로는 1970년대 말에 발간된 신행정수도 백지계획과 관련된 여러 가지 부문의 보고서를 꼽을 수 있다.[1] 이를 종합적으로 반영하여 정리한 '행정수도건설을 위한 백지계획'(1978)은 말 그대로 계획가의 생각을 많이 반영한 계획이었다. 실제 프로젝트에 적용할 경우, 현실적 상황을 반영하여 변형하는 일이 많긴 했지만, 도시설계가들은 이 백지계획을 통해 쌓아온 지식을 바탕으로 1980년대에 접어들어 신시가지나 신도시의 설계에서 이상적인 안을 보여주려 노력하였다. 특히, 1980년대 후반의 수도권 신도시는 국가적 관심이 컸던 만큼 국토정책이나 도시정책과 관련하여 많은 논쟁을 유발하였는데, 그에 못지않게 도시환경설계 측면에서도 많은 이슈를 던져주었다. 그런데, 이 시기에 거론된 논점들은 과거 선진국에서 다루어졌던 것들이 재론된 경우도 상당하다. 특히, 지속가능한 도시개발과 뉴어바니즘 등에서 자주 언급되는 주제들인 커뮤니티블록, 압축개발, 직주근접, 자연생태와 공원체계, 가로와 장소성 확보와 같은 토지이용배치와 형태에 대한 것들이 대표적이다.

사실 도시환경에서 안전성이나 안온성처럼 기초적 요구를 만족시키는 영역은 시대와 국가를 떠나 늘 중요시 여겨진다. 영국의 경우에는, 이와 관련하여 1848년 '공중위생법' 을 제도적 시발점으로 하여 도시계획법 등에서 반영해 오다가 1990년대 중반에 들어서면서 각종 개발사업에 대한 환경영향평가제도를 통하여 인구밀도, 통풍, 일조, 조망, 소음 등에 대한 환경기준을 강화해 가고 있다. 또 업무 및 물류 등의 생산활동, 그리고 구매 · 의료 · 교육 · 문화 등의 생활부문에서의 이용편리성과 효율성과 관련된 것들 역시 그 중요성이 늘 강조된다. 때문에 이런 요소들은 입지론과 같은 이용행태분석이나 수요분석 등에 의하여 각종 토지이용계획기준이나 공공시설 설치기준 등으로 정리되고 있다. 특히 시장재의 경우에는 공급자의 수익성과 소비자의 구매의사 등을 고려한 환경기준도 설계시에 중요하게 반영하고 있다. 이와 같은 영역들은 분석을 통해 수치적 지표로 산출되고 합의에 이를 수 있는 환경기준으로 정해지고 있는 것이다.

그렇지만, 이에 반해 아직도 논의가 진행 중인 영역이 있다. 특히 1980년대 수도권 신도시 개발 이후 현재에 이르기까지 보편화된 형태나 기준으로 합의되지 않은 내용들이 적지 않다. 예를 들어, 도시사회가 요구하는 건전한 커뮤니티를 만들어낼 수 있는 체계를 수용하는 환경이라든가, 도시공동체가 일자리와 공공시설에 균등하게 접근할 수 있는 기회를 제공하는 공간배치라든가, 인간의 이용과 공존할 수 있는 자연순환체계에 대한 지식 등은 여전히 풀어야 할 과제로 남겨져 있다. 이처럼 도시환경설계에서 어떠한 것이 바람직한 수용형태인지에 대해서 토론이 지속되는 까닭은 사회체계나 자연체계를 수용하는 인공환경의 형상이 확실하지 않기 때문이다. 여기에 더하여 시민주체들이나 개발주체들이 중시하는 가치가 서로 다르기 때문이기도 하다. 꾸준한 분석과 소통을 통해 지식의 불확실함과 가치의 충돌을 해결하고 극복하는 과정은 좋은 도시환경을 만들어 내는데 소중한 합의의 과정이 될 수 있으므로, 여기서 그 문제를 제기해 보기로 한다. 도시환경을 구성하는 주요 영역인 주거생활공간, 경제활동공간, 그리고 자연환경 부문에서 쟁점이 되었던 것들을 중심으로 보겠다.

건전한 교류가 이루어지는 커뮤니티 주거공간

도시를 설계할 때 가장 신경을 많이 쓰는 부분이 일상생활공간, 주로 주거공간에 대한 설계이다. 주거공간설계에서 고려해야할 점은 주민간 교류가 활발히 일어나 건전한 공동체 의식과 습관이 형성될 수 있는 환경을 만들어 주어야 한다는 것이다. 특히 일상생활에서 주민들이 건전한 의사교류를 할 수 있는 바탕환경을 만들어 주는 것이 민주적 사회체제를 형성하는 근간으로 중시되고 있다. 하버마스가 주장하는 것처럼 근대 이성의 좌절을 경험한 서구사회에서 건전한 사회로 향하는 대안은 주민들이 '공론장' 을 통하여 스스로 만들어 나가는 것이다.[2] 그런데 주민들의 토론을 통하여 공론이 형성되기 위해서는, 먼저 생활공간에서 자연스럽게 만날 수 있는 분위기가 만들어져야 한다. 때문에 가로, 광장, 공원, 근린센터나 공동주택의 앞마당과 같은 일상

생활공간에서 주민 간 교류가 많이 일어나도록 설계하는 것이 중요하다.

수퍼블록과 소규모블록

주택단지 블록의 크기가 주민의 교류에 영향을 준다는 사실을 역설한 것은 제인 제이콥스였다. 제이콥스는 생명력 넘치는 교류가 일어나는 장소가 되려면 다양한 기능이 복합적으로 담겨있는 작은 블록과 가로가 무엇보다 중요하다고 역설하였다.[3] 그는 근대도시계획이 만들어낸 장치로서 용도지역제에 의한 용도분리, 보행자와 차도의 분리, 간선도로로 둘러싸인 대규모 블록—소위 수퍼블록 형태의 설계방식은 개인을 고립시키고 개인과 도시의 교류를 차단한다고 비판했다. 근대도시계획이 만들어낸 용도지역분리나 수퍼블록은 역사적으로 과밀과 공해의 폐해를 느꼈던 영국에서 만들어졌다. 에베네저 하워드의 전원도시론을 바탕으로 레이먼드 언윈이 내부에 체육시설과 중정을 갖는 대블록의 중정형 주거단지[4]를 구상한 것에서 출발하여, 미국에서 초등학교를 내부에 배치하는 규모의 수퍼블록으로 구성한 '래드번 주거단지'가 나타나게 되었다.[5]

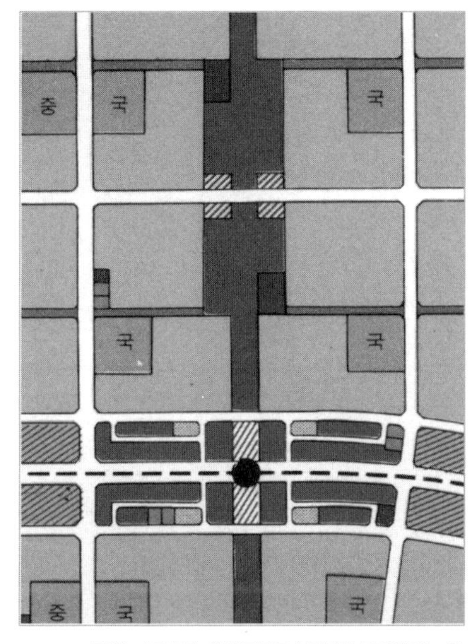

그림1. 수퍼블록. 간선도로로 둘러싸인 주거단지는 한 변의 길이가 500m 가량이 된다. 그 단지 내에 근린공원, 초등학교, 근린상가와 근린공공시설 등을 배치하였다(고양시 일산신도시 수퍼블록).

수퍼블록은 자동차로 인한 혼잡, 과밀, 위험으로부터 안전하고 편안한 주거단지를 만들어 주었는데, 자동차사회에 대응한 새로운 설계 대안으로서 유행처럼 퍼져나갔다. 1980년대 우리나라의 신도시도 한 변의 길이가 500m가 넘는 수퍼블록 위주로 설계되었다. 물론 과거의 토지구획정리사업과 같이 골목길로 이루어진 주거단지도 있었지만, 서울 상계신시가지도 그렇거니와 수도권 5개 신도시의 주거단지는 대부분 수퍼블록으로 구성되었다. 주거단지를 수퍼블록으로 구성한 것은 의식적이든 아니든지 간에 앞서 말한 '래드번 주거단지'의 근린주구 구성론에 의한 영향을 받았다고 할 수 있다. 수퍼블록 형태는 기존의 토지구획정리사업에서처럼 골목길을 많이 만들지 않아 결과적으로 도로 등 공공시설부담도 적어 사업시행자에게도 유리하였고, 대규모 건설사업자가 공동주택단지를 대량으로 조성하여 공급하기 편리하였다. 그뿐만 아니라 거주자들이 내부의 보행자전용도로를 통하여 공원과 학교를 다닐 수 있어서 차량으로부터 안전한 주거단지를 조성할 수 있었다. 그리고 수퍼블록을 둘러친 간선도로와의 사이에 소음과 먼지 등을 차단하기 위하여 완충녹지를 설치하였는데, 외부의 차량공해로부터 정온한 주거단지를 보장하는 것이어서 여러 가지 면에서 주민들에게 환영을 받았다고 할 수 있다.

수퍼블록형 주거단지라고해서 주민간 교류를 저해하는 것만은 아니다. 오히려 수퍼블록 단위로 부녀회나 학부형회와 같은 자연스러운 지역사회조직이 꾸려진다면 내부주민 간 교류의 기회가 높아질 가능성이 충분하다. 그렇지만 수퍼블록은 그동안의 비판과 같이 이웃단지와의 교류, 그리고 도시 전체와의 교류에서는 폐쇄적인 분위기를 주고 있는 측면이 있다. 도시사회는 기초생활권 단위에서 형성되는 근린 커뮤니티를 바탕으로, 근린 커뮤니티 간에 서로 교류하면서 다시 도시사회 전체의 공론을 형성해 나가는 체계가 요구된다. 그러므로 물적 환경도 이웃 근린 커뮤니티와 손쉽게 교류할 수 있는 개방적 분위기를 만들어 주는 것이 필요하다. 그런 측면에서 본다면, 수퍼블록간에는 간선도로로 분리되어 있어 심리적으로도 교류를 어렵게 하고 있다고 의심될 수 있다.

개인과 이웃과의 교류를 증진시키기 위해서는 공공공간인 도로로 블록을 잘게 구획할수록 좋다는 사실은 이제 도시설계에서 폭넓게 반영되고 있다. 다만 아직까지는 대단지를 선호하는 주민과 아파트 건설사들의 요구를 무시할 수 없어, 한 변 길이 120m 수준의 유럽의 블록 규모보다 4배 정도로 큰, 한 변 길이 250m 수준으로 설계되고 있다. 이것은 과거 수퍼블록 규모의 4분의 1 수준이다. 아직까지 더 작은 공동주택 블록을 시도할 여지는 남아있다고도 볼 수 있는데, 그렇게 되면 작은 블록 내에서 지을 수 있는 공동주택유형은 한정되게 된다. 개발밀도를 최대한 올릴 수 있는 주거유형은 중정형 아파트가 되기 쉬운데 주민들이 그러한 단지나 주거유형을 선호할지 또는 적응할 수 있을지는 미지수이다.

나뭇가지형과 격자형 도로망

소규모 블록으로 구성하여 집앞 공공도로에서 이웃과 교류하도록 하는 것이 근린 커뮤니티 형성을 위해 바람직한 물적 장치라고 할 수 있다. 그렇다면 도시 전체의 소통을 위한 공공도로는 어떻게 구성하는 것이 바람직한가. 도시사회는 근린 커뮤니티를 뛰어넘는 영역을 이루고 있다. 도시에서는 회사, 동호인 클럽, 동창 등 이해관계에 기반을 둔 커뮤니티 교류가 더 많이 발생한다. 도시사회는 근린 커뮤니티와 이익 커뮤니티의 중복적 모자이크인 셈이고, 이 모자이크를 통하여 도시사회의 공론이 형성된다. 도시의 공공도로는 도시 사방으로 흩어져 있는 이해집단간 자유로운 접촉 기회를 제공할 수 있도록 개인의 주택에서 바로 이웃을 만나고 사방으로 펼쳐진 도시사회 전체와 골고루 연결될 수 있도록 해야 할 것이다. 알렉산더 크리스토퍼가 나무 구조보

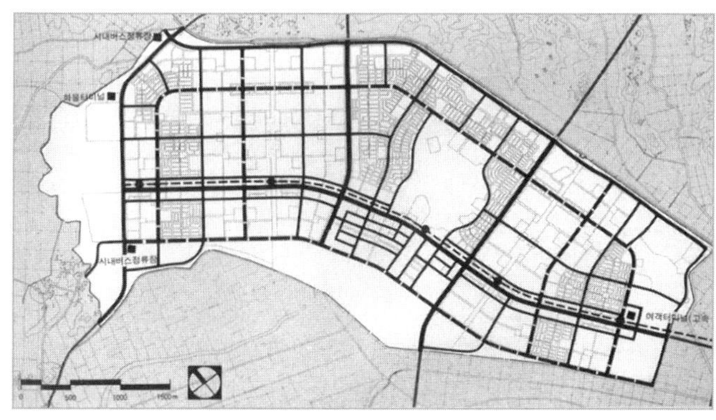

그림2. 우리나라 신도시의 간선도로는 영국 후크 뉴타운 설계도에서 보는 격자 패턴의 오픈 시스템을 따르고 있다(고양 일산 신도시 그물형도로망).

다 그물망 구조가 다양한 사회결합을 만들어 낼 수 있다고 주장한 것처럼,[6] 그물형 도로망 구조는 사방으로 제한 없는 다양한 사회공동체의 교류를 뒷받침한다. 영국에서도 1960년대에 구상하였던 후크 뉴타운은 전형적인 그물형 도로망으로 설계되었고, 2000년대에 들어서 뉴어바니즘 강령에서 개방적인 그물형 도로망 체계로 구성하여 사람의 접촉기회를 많게 하는 것이 좋다고 제시되기도 하였다.

이와 관련하여 1980년대의 우리나라 신도시 도로망을 살펴보면, 외국의 사례를 바탕으로 도시 내의 각 지역과 원활하게 연결될 수 있도록 격자 그물망 모양을 기본으로 했음을 알 수 있다. 즉, 1980년대 신도시들은 수퍼블록으로 구성되어 내부지향적 근린 커뮤니티를 조장하는 설계였다는 비판이 있었지만, 도시 전체로 봐서는 격자형 도로망을 기본으로 설계한 것이다. 이는 도시 전체적으로는 사방을 연결시켜 도시 활동이 원활하게 이루어지도록 한 장점이 있었지만, 이웃이라는 좁은 공간을 넘어 다양한 공간 단위의 근린 커뮤니티가 형성될 수 있다는 가능성을 낮게 본 것이거나 놓쳐버린 것일 수 있다.

그러나 따지고 보면 근린 커뮤니티라고 해서 순수한 공간적 이웃관계만 있는 것은 아니다. 근린 커뮤니티 중에는 학부형회나 부녀회, 동호인 모임 등과 같이 공간적 거리와는 상관없이 특정 이해관계를 갖고 형성된 지역기반의 커뮤니티가 상당하기 때문이다. 즉, 순수한 공간적 이웃이란 매우 작은 범역에서만 나타나지만, 이해관계 커뮤니티는 매우 다양한 공간 범역을 갖고 있다. 그러므로 근린 커뮤니티의 기초공간 단위를 애써 정의한다는 것은 큰 의미가 없음도 깨닫게 된다.

근린 커뮤니티 단지 내부는 안온한 동네 분위기를 만든다는 목적으로 막다른 골목형, 루프형 도로를 많이 설계해 왔다. 그렇지만 다양한 사회집단의 접촉 기회를 늘려준다는 측면에서 사방으로 열려진 격자형 도로망으로 구성하는 것이 더 바람직한 선택일 수도 있다. 결론적으로 근린단지 내부는 안온성과 외부로의 개방성을 동시에 고려한 중간단계의 어느 선에서 도로망을 구성해야 하겠지만 그물망 형태 즉, 격자형의 도로체계가 기반이 되어야 하는 것은 매우 타당한 선택이라고 할 수 있다.

일자형과 중정형 공동주택 주동 배치

아파트단지 이웃 간에는 복도나 현관, 주차장에서 마주칠 수 있다. 그래서 아파트단지의 공용공간이나 복도를 골목과 광장처럼 사회적 교류를 불러일으키는 장소로 만들어가고자 하는 단지설계가 많이 시도되었다. 특히 아파트단지에서는 서로 만날 수 있는 마당을 가운데에 만들고 주동으로 둘러싸는 소위 중정형으로 배치하고자 하는 노력들이 다양한 방식으로 전개되어 왔다. 일례로, 1980년대 수도권 신도시에서는 공동주택의 주동을 중정형으로 배치할 수 있도록 하기 위해서 가로망 설계시부터 공간적인 배려를 하였다. 그런데 중정형으로 주동을 배치하게 되면 서향과 동향처럼 향이 불리한 주동이 나올 수 있다. 그래서 아파트 주동을 중정형으로 배치하고자 하는 경우에는 마름모꼴 배치형태가 가장 최적이다. 일산과 분당신도시의 일부 지역에서는 남북방향에서 45도 틀어진 형태로 블록을 설계하였는데, 내부에 건물로 둘러싸인 공동공간을 만들면서 일조도 어느 정도 확보할 수 있도록 배려한 결과였다. 그럼에도, 중정형 주동배치는 일자형 주동배치에 비해 통풍과 일조, 그리고 인접동 사이에 프라이버시를 확보하기에 불리하다. 특히 고층화될수록 일조 확보는 매우 어렵다.

그러던 상황에서 최근에는 '환경영향평가' 에서 자연친화적 주거단지가 강조되면서 통풍과 일조를 확보하기에 용이한 일자형 주동 배치가 크게 늘어나고 있다. 예를 들어, 2002년도에 계획된 경기도의 용인 동백지구는 환경영향평가 협의 결과 바람길을 열 수 있도록 계곡바람 방향으로 일자형으로 주동을 배치하도록 요구되었고, 지구단위계획에서 공동주택 주동에 대한 배치 지침도 바람통로를 고려하도록 작성되었다.

이후에 추진된 단지설계는 아파트 주동을 일자형으로 나란히 배치하여 일조와 바람통로 확보에 유리하도록 하는 설계가 보편화되었다. 이런 일자형 배치가 보편적으로 받아들여진 것은 주민들도 이러한 환경을 선호하여 분양에 유리했기 때문이다.

이러한 변화는 위요형 또는 중정형 주동 배치를 애써 만들어 왔던 도시설계가들에게는 매우 당혹스러운 결과이지만, 공동주택단지에 대한 친환경적 가치가 활발한 주민교류를 가능케 하는 중정형 배치를 압도했다고 밖에 볼 수가 없다. 물론 중정형 배치가 근린 커뮤니티 교류에 매우 중요한 장치라는 설득력이 부족한 탓일 수도 있다. 주민의 교류 가능성은 개연성만 있는 것이어서 단지 내부에서 이웃과의 교류를 위한 공동공간이 있으면 좋긴 하지만 이 공동공간을 반드시 주동이 둘러싸야만 되는 것은 아닐 것이다. 뿐만 아니라 공동공간을 둘러싸는 배치와 일자형 배치 단지를 비교해 볼 때 근린의 친밀도나 교류 빈도의 차이에 대한 평가가 뚜렷하지 않으므로 중정형 배치가 필수적인 요소라고 확신하기도 어렵다. 교류공간은 다양한 주동 배치와 관계없이 형성될 수 있기 때문이다.

그럼에도 중정형 아파트 배치가 지금도 현상공모 등에서 자주 보이고 있는 이유를 어떻게 해석해야 할까. 아마도 중정형 배치가 갖고 있는 다양한 가능성이 주거양식의 대안으로서 끊임없이 모색되고 있기 때문일 것이다.

보행자전용도로와 생활가로

1980년대 설계한 수도권 신도시는 공원녹지 면적을 그 이전의 도시개발 사례보다 많이 배분하면서 도시중앙공원과 같은 대규모 공원을 조성하고, 근린공원, 어린이공원 등도 생활권 단위로 체계적으로 배치하였다. 그리고 수퍼블록 내부에 폭원 6~30m에 이르는 다양한 보행자전용도로를 조성하여 각종 공원을 연결하였을 뿐만 아니라 이 보행자전용도로를 통하여 학교, 공공시설 및 편익시설, 전철역과 연계시킨 공원녹지 체계를 완성시킨 점이 특징이다. 보행자전용도로는 수퍼블록 형태의 가구에서는 가구 내부에 배치하였는데, 차량 소음이나 매연으로부터 벗어나 안심하고 산책할 수 있는 길을 만들었다는 점에서 장점을 갖고 있다. 그리고 실제로 많은 보행통행이 보행자전용도로를 통해서 이루어지는 것을 보면, 보도와 차도가 분리된 보행자전용도로를 선호하는 주민이 많음을 엿볼 수 있다.

그렇지만 가로변 활동을 활성화시키기 위해서는 보차분리 방식보다는 보차를 혼용하여 주민의 활동을 집중시키는 방식이 더 효과가 있다. 그래서 이런 점들을 고려하여 2000년대에 만들어진 수도권의 2기 신도시들은 수퍼블록 내부에 보행자전용도로가 배치되었던 위치에 도로를 배치하고 그 도로변으로 근린상가, 학교, 주민센터, 공원 등을 배치하였다. 이 도로를 '생활가로' 라고 이름을 붙이고 있는데 생활가로는 차량과 같이 이용하므로 보행자전용도로보다 통행자가 더 많이 몰리고 있다.

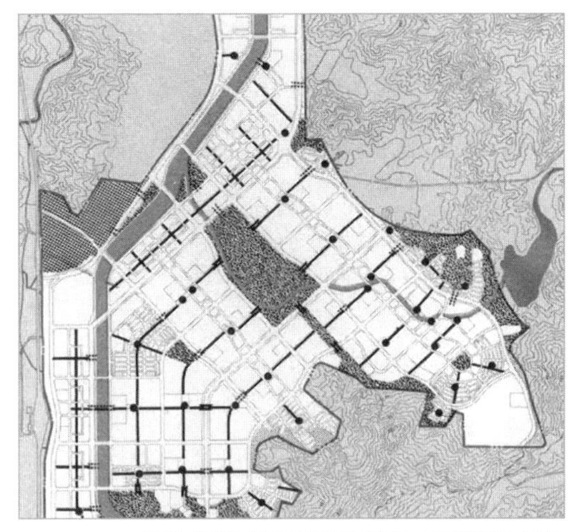

그림3. 수퍼블록의 가운데를 가로지르는 보행자전용도로와 어린이공원, 근린공원으로 구성된 공원녹지체계는 수도권 신도시에서 적극적으로 계획하였다(성남 분당지구 공원녹지체계).

도시의 간선도로는 차량들이 많이 통과하기 때문에 아무래도 보행통행에 쾌적한 여건이 아니다. 따라서 생활가로는 간선도로 내부의 집분산도로인 왕복 2차선도로, 넓어야 왕복 4차선도로에 형성되는 경우가 많다. 그러한 형태의 가로환경 중에서 최근 주목을 받고 있는 곳이 하나둘 늘고 있는데, 대표적으로 성남 분당지구의 정자동 거리를 꼽을 수 있다. 소위 '로데오거리' 라고 불리는 이곳은 4차선의 도로에 옥외카페식의 가게들이 들어서면서 많은 사람들이 차량과 섞이면서 모여들어, 모처럼의 활기찬 커뮤니티 생활가로로서의 모습을 보여주고 있다.

한편, 보행자전용도로 변으로 상가를 배치하여 보행자전용도로의 이용 빈도를 높이는 방법도 고려할 필요가 있다. 하지만 보행자전용도로 내부에 상가를 배치하게 되면 도로변에 있는 것보다 상대적으로 이용고객이 적어지므로 건물주나 상점주인들이

그림4. 생활가로 조성. 생활권 내부의 집분산도로를 생활가로로 보고 이 가로를 따라 아파트 점포상가를 일렬로 배치하고 있다 (성남 판교신시가지 뜨란채 주공아파트, 2006).

선호하지 않을 것이다.[7] 따라서 생활가로는 보행자전용도로보다 차량이 함께 통행하는 도로로 구성하여 커뮤니티 가로로 만드는 것이 훨씬 효율적이다.

그렇다면 활기찬 생활가로로서의 기능이 부족한 보행자전용도로는 전혀 효용이 없는 것일까. 앞서도 언급한 바와 같이, 보행자전용도로는 공원녹지체계에서 공원 사이를 연결하는 녹지축으로서의 역할도 있고, 자연을 즐기기 위한 산책길로서도 중요한 역할을 하고 있다. 또한 지역주민들은 안온한 보행환경이 제공되는 보행자전용도로를 대부분 환영한다.

다시 생활가로 이야기로 돌아가보자. 최근 들어 근린 커뮤니티 교류를 높이기 위해 생활가로를 의도적으로 만들려는 시도가 늘어나고 있다. 그렇다면 단순히 상점이 늘어선 거리를 만들기만 하면 활기 넘치는 거리가 만들어지는 것일까. 당연히 그렇지 않을 것이다. 많은 사람들을 가로로 끌어들이기 위해서는 무엇보다 사람들이 다양한 선택을 할 수 있는 여러 종류의 상점들을 배열해야 한다.[8] 이것이 아주 기본적인 요건이다. 그러나 최근에 대형마트들이 유행하면서 근린상가를 배치하려는 생활가로 구상은 크게 위협을 받고 있다. 대형마트는 생활가로의 점포들을 위협할 뿐 아니라, 충동소비행태를 조장하는 경향도 보이고 있다. 특히 차량을 이용하는 소비패턴을 유도하다보니, 나중에는 쓰지도 않을 물품들을 미리 다량으로 구입하게 하는 낭비를 부추긴다. 때문에 근린 커뮤니티의 생활가로도 보전하고 낭비적 소비행태도 전환시키기 위해 대형마트에 대항할 수 있는 경쟁력 있는 근린점포를 육성해야 한다. 생활가로의 매력 있는 점포에서 매일 소량구매 형태의 소비 습관으로 전환된다면, 보행통행의 기회도 늘어나고 주민들을 만날 기회도 늘어날 것이며, 건전한 소비패턴도 정착될 것이다. 매일 동네 상점에서 물건을 사고 더불어 커피 한잔을 즐기는 여유를 가진다면, 하버마스가 역사적 사례로 든 신흥 부르주아 '커피하우스'[9]와 같은 역할을 하는 공론장의 분위기가 생활가로를 중심으로 형성될 수도 있을 것이다.

그런데 생활가로에 배치되는 근린상점이나 주민센터 등이 과거처럼 4~5층짜리 상가건물 형태로 들어선다면 모든 시설이 근린상가 건물 내로 흡수되어 버리기 때문에 가로 위에서의 자연스러운 주민교류 기회는 줄어들게 된다. 동네 주민의 자연스러운 만남을 유도하기 위해서라도 1층이나 2층 높이의 상가건물을 생활가로를 따라서 가급적 길게 배치하는 것이 바람직하다.

사회적 교류를 위한 생활가로 이외에도 도시에는 여러 가지 성격의 길이 필요하다. 최근에는 건강에 대한 주민들의 관심이 높아져 둘레길, 공원길과 같은 산책길이 많이 만들어지고 있는 만큼, 이런 점을 고려하여 여러 종류의 특정 그룹의 활동을 담아낼 수 있는 가로를 배치하는 것도 좋다. 니콜라스 테일러가 얘기한 것처럼 개인 성격상 자기표현이 가능하고 한적한 거리를 선호하는 사람들도 분명 있기 때문이다.[10] 더불어 근린의 친밀감을 느낄 수 있는 거리, 사색을 할 수 있는 한적한 공원거리, 도시의 자부심을 느끼게 해주는 상징거리, 모든 것이 허용될 듯한 자유로운 뒷골목 등 여러 종류의 가로를 도시의 기초활동조직으로 만들어 나가는 것도 생각해 볼 수 있다.

다양한 선택이 가능한 일자리와 서비스의 중심지

제조업 일자리와 업무나 상업서비스의 기능을 한 도시에서 모두 갖고 있는 것은 바람직한 일이다. 동시에 일자리가 견고해야 도시 사회도 흔들림 없이 지속성을 유지할 수 있다. 경쟁체제에서의 일자리와 서비스 기능의 입지는 각 기능이 선호하는 입지요소에 따라 집중되기도 하고 분산되기도 한다. 그런데 기능의 입지 선택이 한쪽으로 편중되어 균형 발전을 도출해 내지 못하는 경우가 많다. 입지적으로 불리한 중소도시일수록 그리고 대도시의 영향이 큰 대도시 주변도시일수록 기능 유치가 쉽지 않다. 기능이 편중되면 접근성 차원에서도 불리한 지역이 발생한다. 때문에 통근의 불편, 시설 이용의 불편 등이 없도록 가능한 한 기능을 골고루 분산 유도하려고 하고 있다. 집중되는 기능을 어느 수준으로 분산시키면 입지효율성을 훼손시키지 않는 범위에서 시민의 이용편리성이 증대될 것인가. 둘 사이에 자율적 형평에 도달하는 수준이 존재할 수 있는 것인지는 도시를 설계할 때 항상 고민이 되는 부분이다.

중심기능의 집중과 분산의 방향은 국토, 대도시권, 그리고 도시영역에서 검토될 수 있다. 지금까지 국가에서는 국토나 대도시권에서 집중과 분산의 해법을 찾기 위해, 균형발전에 대한 기본방향을 설정하고 많은 지원시책을 실시하여 왔다. 국토나 대도시권 차원에서는 긴 기간에 걸쳐 많은 논쟁이 있어왔고, 어쨌든 정권에 따라 진동은 있었지만 기능분산에 의한 균형발전은 포기될 수 없는 가치를 유지하고 있다. 가장 극적인 정책사례는 정부의 행정기능을 이전하는 행정중심복합도시의 건설로 나타나고 있다. 그러면 하나의 도시 내에서는 어떤 것이 바람직한가? 기능 입지효율과 시민 이용편익을 감안하면서도 생활권별 기능 균형배분을 어떻게 고려해야 하는가.

도시중심기능의 집중과 분산

지금까지 우리나라에서 도시계획이나 설계를 하는 사람들은 업무나 상업서비스 기능을 기능별 입지특성에 맞추어 중심상업업무, 지역상업, 근린상업지구와 같이 대략 배후인구의 규모에 따라 3단계의 중심지를 구성하여 왔다. 도시 인구가 작은 경우에는 2단계가 되기도 하고, 대도시인 경우에는 도시중심상업업무지구(도심) 이외에 부도심을 두는 경우가 있으므로 4~5단계의 상업지 위계가 있게 된다. 일반적으로 도시 내 한두 개 정도 밖에 입지하기 어려운 상위 상업업무기능은 대부분 도심에 위치하게 되고 일상용품을 팔거나 서비스하는 하위 상업업무기능은 근린생활권 단위로 분포하게 된다. 근대 기능주의 도시계획은 당연히 크리스탈러의 중심지론에 바탕을 두고 위계별로 배치하고 있다. 그리고 도시에서 가장 활력을 보여주는 거리도 다양한 성격의 업종이 위치하는 도심이다. 대부분의 자본주의 도시는 그런 입지생태를 보여왔는데, 1960년대 이후 유럽에서 일어났던 반중심적 해체주의 영향이 도시계획분야에도 밀려들어와 물적 공간도 중심주의에서 벗어나도록 하는 시도가 이루어졌다. 도시공간이 중심성을 갖는다고 해서 인간 사고도 자기중심주의가 되는데 영향을 주지 않을 것이라고 이해하지만, 2005년도에 실시된 '행정중심복합도시 국제공모전' 에서는 유럽 도시계획의 이러한 사조가 깊게 반영된 작품이 많이 출품되면서 우리나라에서도 논란이 일어났다.

유럽의 구조주의론자들이 열망한 탈중심화[11)]가 정치와 사회체계에 대한 변혁 시도를 넘어 도시공간에서의 중심지에도 적용되어야 하는 것인가. 근대 산업혁명 이후 형성된 급격한 도시화에 따라 인구와 산업이 대도시로 집중되었고, 이것이 질병과 외부불경제를 초래하고 동시에 지역적 격차를 일으켰기 때문에, 인구와 산업을 분산시키고 도시 내에 자연을 도입하고자 하는 전원도시론이 나온 적도 있다. 전원도시론은 산업혁명 속에서 자라난 것이지만 근대 이후의 분산적 사고와도 연결시킬 수 있다. 우리도 산업화 이후에 균형개발을 많이 논의하였고, 국토정책에서도 중요한 목표를 이루고 있다. 그렇지만 도시의 구조는 의심하지 않고 근대 기능주의적 중심지 체

그림5. 세종시 도시 구조의 근간이 되었던 안드레스 페레아 오르테가의 천 개의 도시로 이루어진 도시(Andres Perea Ortega, The City of the Thousand Cities. 행정중심복합도시 국제공모 당선작 중 하나)

계를 유지하고 있었다.

반중심적 공간구조를 갖는 도시는 1980년대 서구에서 부분적으로 적용된 적이 있지만, 그 관성이 2000년대의 행정중심복합도시 국제공모에서 대거 재등장하였다. 그 때 당선된 작품 중의 하나로, 후에 행정중심복합도시의 기본적인 도시골격으로 삼게 된 것이 중심이 없는 도시구조로 구성된 '안드레스 페레아 오르테가'의 작품이다. 이 작품은 블록을 길이 100m 정도로 잘게 나누고 각 가구 내의 건물은 전부 복합용도로 상층부에는 주택, 저층부에 소규모 상가가 배치되는 형태였다. 이런 토지이용은 파리의 시가지에서 경험할 수 있는데, 이런 도시에서는 중심지역의 이미지가 강하지 않다. 물론 이러한 도시에도 중심지 이미지를 갖는 장소는 있지만, 이는 상업기능으로 이루어진 중심이 아니고 주로 과거 바로크시대에 만들어진 대로와 궁정, 그리고 주요 관공서 건물이 중심을 이루고 있다. 상업업무지역 위계를 탈피한 도시설계[12]는 실제로 프랑스 파리 근교 신도시인 마르라발레에서 제 2단계(1980~1990) 개발사업시 반영된 적이 있다. 반중심적 개념을 받아들여 도시중심지역이 없이 기초근린단위의 상업기능만을 갖는 근린단지를 똑같이 병렬juxtaposition of urban piecies로 배치하여 개발한 적이 있다. 그러나 결과는 그다지 호의적이지 않았다고 보여진다. 왜냐하면 1990년 이후에 시작된 제 3단계 개발사업에서는 전통적 중심상업지를 갖는 설계로 되돌아갔기 때문이다.[13]

어쨌든 행정중심복합도시 공간구조의 뼈대가 된 안드레스 페레아 오르테가의 중심지가 없는 '천 개의 도시로 이루어진 도시' 의 기본개념은 존중되었지만, 우리식으로 재조정되었다. 즉, 주거지역은 우리식의 아파트단지 형태로 토지이용이 재조정되었고, 중심지는 군집시키되 6개의 중심지를 갖는 절충적 형태가 되었다. 효율적 측면에서 인간 행태를 수용한 결과로서 중심지론이 구조적인 문제를 일으키기도 하지만 그렇다고 해결대안으로 극단적 분산배치를 해야 하는지 확신이 서지 않는다. 집중을 다소 완화하여 외부불경제를 해소하는 방식으로도 대응이 가능하고, 또 국토공간에서의 불균형과 달리 도시 내에서는 주요기능으로의 접근이 그렇게 어렵지 않으므로 도시 내에서의 기능분산이 큰 의미가 없었다고 본다. 그럼에도 불구하고 중심지 없는 도시구조가 주목을 받은 것은, 반중심적 구조로 된 도시의 물적 환경을 만들면 이것이 인간의 행태와 사회체제에 영향을 줄 수 있다고 판단했거나, 아니면 이미지상 균등 배분의 상징성을 보여주는 역할이 있음을 중시했기 때문일 것이다.

대형상점과 소규모 개인상점

더 나아가서 근대의 효율과 탈중심은 곳곳에서 도시설계의 방향을 선택하도록 괴롭히는데 탈중심성은 반독점성으로 연결되기도 한다. 상업기능에서 독점을 우려하는 까닭은 독점이 소규모 근린생활권의 상점을 죽일 수 있다고 염려하기 때문이다. 독점적 지위를 갖는 대규모 쇼핑센터는 근린생활권의 소매점을 쇠퇴시키고 이것이 근린

생활권 자체의 활기, 주민교류, 근린의식까지도 흐리게 할 수 있다. 일본의 1980년대 센리와 다마뉴타운에 대한 사후평가에서는 대규모 쇼핑센터 때문에 근린상가가 쇠퇴하여 없어지고 있음을 보고하고 있다. 앞서도 언급한 것처럼 대형마트 위주의 쇼핑 습관은 근린상가를 황폐화시킨다는 우려가 커지고 있다.

'안드레스 페레아 오르테가'의 작품에서도 상가는 복합용도건물 저층부에 소규모로 배치되는 형태를 제시하고 있고, 대규모 쇼핑센터를 배치하지 않았다. 쇼핑센터와 같은 상위기능이 필요한 경우에는 대기업형 쇼핑센터보다는 소규모 점포주가 모여 만드는 '시장'을 배치하였다. 시장의 점포는 주로 선매품을 다루기 때문에 일상품을 파는 근린점포와 공존할 수 있다. 백화점은 선매품 위주로 다루지만 기업형 대형마트는 일상품을 판매하고 있고 이것이 근린상가를 약화시키는 주요 요인이다. 근린주민의 건전한 접촉기회를 늘리려면 다양한 근린상가가 살아있어야 한다. 또한 고령화가 진전되면 보행에 의존하는 계층이 늘어나게 되는 만큼 근린상가는 더욱 필요하다. 이를 위해 경쟁력 있는 근린상가 육성 방안이나 대형마트의 입지를 규제하는 방법 등이 검토될 필요가 있다.

최근에는 대형마트에 대항하여 근린생활권 단위의 틈새에서 경쟁력 있는 일상용품 판매장의 가능성을 감지하고 기업형 수퍼마켓이 대폭 늘어나고 있다. 기업형 수퍼마켓은 개인운영 수퍼마켓보다는 체계적인 기업경영전략에 의해, 대형마트에 버금가는 가격경쟁력을 확보하고 있어 소비자를 유인할 수 있다는 장점이 있다. 그러다보니 기업형 수퍼마켓이 소규모 동네 수퍼마켓과 인근 소매상점을 몰아내는 경우가 늘고 있어, 이와 관련된 마찰을 해소하고자 '대 · 중소기업 상생협력 촉진에 관한 법'까지 만들게 되었다. 앞으로 동네 수퍼마켓과 점포의 경쟁력 강화를 위해, 이들을 대상으로 한 경영지도, 공동구매, 지역농산물 직거래제, 특색 있는 지역 가내수공예품의 공급 등이 이루어져 근린상점가를 재생시키는 것은 무척 중요한 숙제이다.

한편, 신도시에서는 처음부터 기업형 수퍼마켓이 입지하는 것을 전제로 근린상가를 구성해 볼 수도 있다. 행정중심복합도시 기본계획에서는 인구 3만명 내외의 근린생활권 단위로 기업형 수퍼마켓을 도입하는 것을 제시하고 있다. 행정중심복합도시에서 기업형 수퍼마켓 도입을 시도한 것은 인간 행태나 사고가 만족을 느끼는 상점 형태가 출현하는 것을 용인하는 한 그것이 유행하는 것을 막기보다는 장점을 유효하게 활용하는 것이 더 현실적이기 때문이다. 기업형 수퍼마켓이 보행을 통해 매일 필요한 것만 구입하는 구매행태를 만들어 내면서 에너지절약적이고 친환경적 생활습관을 살려내는 이점을 부각시킬지, 아니면 근린상권을 독점하여 다양한 선택의 기회를 줄이는 문제를 남길지 살펴볼 필요가 있다.

직주균형과 직주근접

중심성과 독점성은 자본주의 도시에서의 토지이용 생태일 수 있다. 아무래도 중심이 강할수록 주변의 기능을 흡수하게 되기 때문이다. 어쩔 수 없이 대도시 주변의 도시는 대도시의 기능에 의존하게 된다. 균형배분을 목표로 하는 경우 당연히 모든 근린 커뮤니티가 최소한의 자율적 기능을 갖추도록 추구한다. 그래서 균형배분에서는 직장과 주거의 균형이라는 문제가 중요하다. 그리고 이는 도시의 자율적 생활세계의 구축이라는 측면과 동시에 통근 편리성이라는 측면에서 다루어진다.

신도시는 개발 목적에 따라 특정 기능을 갖는 도시가 될 수 있고, 대도시 주변의 주택도시가 될 수도 있다. 대도시의 영향이 작은 지방도시에서 공업단지나 행정기능, 연구기능을 담는 신도시가 개발되는 경우에는 해당 기능이 경제활동의 중심이면서 주변의 인구를 흡인하는 거점기능으로서 역할을 수행하는 경우가 많기 때문에, 자연스럽게 직주균형에서 유리한 경쟁력을 가질 수 있다. 그래서 그동안 지방에서 개발되어 온 단일기능의 공업도시는 비록 경기변동에 따라 불안한 경제상태를 유발할 수 있다는 문제점은 있지만, 생산기반의 자족성과 직주근접을 비교적 손쉽게 달성할 수 있었다.

수도권 시군 출근통행의 지역별 분포비율

구분	시	서울도착 (%)	동일시군내 (%)	기타 (%)
서울 인접시	의정부시	26.7	52.0	21.3
	구리시	47.5	35.6	17.0
	남양주시	30.8	52.1	17.0
	고양시	55.5	36.6	8.0
	김포시	21.1	69.7	9.2
	하남시	52.5	30.5	17.1
	안양시	32.2	43.4	14.4
	성남시	43.3	42.5	14.2
	부천시	31.5	50.2	18.4
	광명시	66.0	20.0	14.1
	과천시	62.3	18.4	19.4
	평 균	42.7	40.9	16.4
외곽시	군포시	28.1	35.7	36.2
	시흥시	15.6	33.0	51.4
	의왕시	29.8	18.6	51.7
	수원시	6.2	65.5	28.2
	안산시	7.9	66.4	25.7
	평택시	2.0	77.4	20.6
	용인시	9.9	69.0	21.1
	파주시	13.3	72.2	14.5
	평 균	14.1	54.7	31.2

경기개발연구원(1998), 경기도 교통종합기본계획 수립에 관한 연구용역, 63~67쪽을 바탕으로 재작성

반면에 대도시 영향권 또는 통근권에 개발되는 신도시는 대도시의 경제적 흡인력이 높아 생산자족기반을 확보하기가 상대적으로 어렵게 된다. 대도시권마다 그 경제적 흡인력이 서로 다르지만, 수도권의 경우를 보면 제조업의 경우에는 저렴한 토지획득이 가능한 40~50km 권으로 확산되는 경향을 갖고 있고, 중추업무기능 및 벤처업무기능 등은 아직 서울을 중심으로 벗어나지 못하고 있는 실정이다. 이러한 기능입지 경향에 따라, 서울의 중심부에서 20~30km 권에 형성되는 신도시는 위치특성상 자족기능을 확보하기 어렵고 대도시에 의존적인 주택도시의 성격을 일정부분 갖지 않을 수 없게 된다.

수도권에서 도시별 생산기능자족성 지표를 살펴보면, 서울 인접도시는 정부청사가 입주해 있는 과천시를 제외하고는 대부분 일자리수보다 거주자수가 더 많고, 멀리 벗어난 외곽도시가 되어야 일자리수가 거주자수보다 많은 도시가 나타남을 볼 수 있다. 즉 서울과 인접한 도시는 일자리 자족성을 갖추기 어렵고 일정부분 서울의 직장으로 통근하지 않을 수 없게 된다. 거주하는 도시 내에서 통근하기 위해서는 직장이 있는 곳에 거주지를 구하거나, 거주지가 있는 곳에 직장을 구해야 한다. 그런데, 서울 인접도시이거나 외곽도시이거나 큰 차이 없이 동일시군에서 통근하는 사람은 50% 내외에 머무르고 있음을 알 수 있다. 이는 도시가 갖는 일자리수의 많고 적음을 떠나서 거주지를 선택하는 결정에 직장과 가까운 지역이라는 점보다는 다른 요인이 크게 작용하기 때문일 수 있다.

즉, 거주지의 선택에 영향을 미치는 것은 직장 위치라는 변수요인 보다는 주택

가격, 거주환경, 교육환경 등 다른 변수가 영향을 많이 미치고 있다는 의미이다. 과천시의 경우를 들어보면 정부청사가 입주해 있어 자족성 비율은 1.13이지만 서울로의 통근자 비율이 무려 62.3%나 되는 것을 보여주고 있다. 즉 생산기반의 자족성이 갖추어진다고 하더라도 반드시 직주근접이 이루어지지 않는다는 것을 보여준다. 영국에서 전후에 조성된 자족형 신도시들의 외부통근자수가 평균적으로 43% 가량인 것을 보더라도[14] 직주근접을 유도하기 어렵다는 것을 엿볼 수 있다.

지방자치단체마다 도시의 건전한 경제기반을 유지하기 위해 자족적 생산기능을 충족시키고자 하는 열망이 있다. 그러나 대도시권에서의 경제활동에서는 행정구역이라는 범위가 무의미하다. 즉, 통근거리 내에 있는 경제활동권에서는 이사를 해야 하는 정도가 아니라면 직장이 어디에 있든지 선택하는데 큰 영향을 주지 않는다. 따라서 해당 주민이 사는 도시에서의 소비력에는 차이가 없다. 지자체장들이 일자리가 행정구역 내 위치하는 것을 원하는 것은 사업체가 내는 사업소세가 재정에 큰 도움이 되기 때문이다. 도시 재정의 자립도 증대는 시민복지를 보다 풍요롭게 하고 쾌적한 도시기반시설을 유지할 수 있게 한다. 재정자립도를 높이기 위해 기업입지 특성을 무시하고 일자리를 유치하고자 하는 노력보다는 오히려 대도시권에서 재정의 조정제도를 도입하여 나누는 정치적 방법을 고려하는 것이 더 쉬울 수가 있다.

이러한 측면을 전제로 하면, 대도시의 주변도시는 대도시경제권에서 분담한 생산기반의 한 축을 수용하면서 다른 도시와 유기적으로 연결되는 것이 차선책으로 채택이 가능한 전략이다. 이를 위해서 모도시와 신도시, 그리고 주변도시간의 교통을 편리하게 구축하는 방법을 고려하는 것이 중요한 대책이 될 수 있다. 에너지를 절약하면서도 교통시간을 줄이는 방법으로 고속대중교통시설을 확충하는 방안을 검토할 수 있다. 대중교통이용률을 높이는 핵심 관건은 대중교통이용이 편리하고 환승에도 불구하고 통근시간이 승용차 이용시보다 단축될 수 있어야 한다는 점이다. 일자리를 골고루 분산시켜야 해당지역의 주민들에게 선택기회가 균등하게 돌아갈 수 있다는 것은 이동성이 약한 계층에게는 해당이 될 수 있겠지만, 이동성이 강한 계층에게는 기회를 제약하는 조건이 아닐 수 있다. 대도시경제권에 속한 도시는 일자리 자족성을 높이려는 직주균형 노력보다는 일자리와 주거의 통근거리가 가능한 단축되도록 하는 직주근접 노력이 현실적 대책일 것이다.

자연과 공존하는 도시

우리의 생활터전에서 자연생태체계를 유지시키고자 하는 노력은 자연을 위한 것이기도 하지만, 자연생태체계를 훼손하면 우리의 생활환경에도 해를 끼치기 때문이다. 그래서 다수의 도시민들은 자연과의 공존을 아주 자연스럽게 받아들이고 있다.

자연생태기반의 변화가 생활터전의 쇠퇴까지도 초래할 수 있지만, 현재 개발되는 도시개발규모에서 자연생태기반이 훼손되면 그 영향이 결정적이라기보다는 미시적이고 부분적인 수준에 그칠 것이다. 그래서 도시 내 보존된 자연은 전통적 의미에서 인간이 이용하는 녹지오픈스페이스로서의 역할이 중요한지, 아니면 생물의 서식처로서의 역할이 중요한지 종종 혼선을 보여준다. 지금까지의 추이를 보면 민감한 생태환경이나 서식처는 보전을 원칙으로 하지만, 나머지 대부분의 자연은 인간이 즐겨도 되는 자연으로서의 역할도 부여받고 있다.

오픈스페이스와 생태녹지공간

1980년대의 도시설계에서는 도시 내에 공원녹지체계라는 모델을 만들려는 노력을 많이 경주하였다. 도시민이 편리하게 이용할 수 있는 오픈스페이스로서 공원을 만들고자 한 것이다. 물론 같은 시기에 자연생태체계를 보전하려는 요구도 나타났다. 그렇지만 1980년대에는 자연생태체계에 대한 정보 부족으로 자연생태체계를 구축하는 토지이용골격을 만들어 내는 데에 한계가 있었다.

그런 한계 속에서 부분적이나마 상징적으로 동물의 활동을 수용하는 차원에서 생태통로 계획 등이 시도되었다. 쾌적한 도시환경을 위해 주민들이 이용하는 공원녹지체계를 조성하면서, 이 공원녹지가 생태녹지체계로서도 작동하도록 어설프게 구성되기도 한 것이다. 성남 분당지구에서는 도시 외곽에 있는 불곡산과 도시 내부의 중앙공원을 잇는 폭 70m, 길이 약 2km에 달하는 생태통로를 조성한 것을 비롯, 당시로서는 매우 과감한 설계가 도입되었다. 하지만 어떤 동물이 이동할지 과학적 조사가 뒷받침되지 않은 상태에서 야산에 흔히 서식하는 다람쥐가 이동할 수도 있다는 추정에서 설계가 이루어졌다.

그러던 상태에서 2000년대의 수도권 2기 신도시에서는 자연생태 순환체계를 본격적으로 구상하기 시작하였다. 도시공간에서도 동식물이 서식하는 주요한 생태공간을 보전하고 물순환, 공기순환, 에너지순환 등 기존 자연순환시스템이 작동될 수 있도록 하면서, 소음 및 오염저감, 일조확보 등 일반적인 환경 요소까지 계획과 단지설계 등에 포함시켜 친환경적 도시공간을 조성하는 '생태환경계획' 이 시도된 것이다.

현재는 법적 제도인 사전환경성검토와 환경영향평가에 의해서 도시공간에서 반영해야할 환경친화적 계획의 범위를 업무지침 형태로 제시하고 있고 대부분의 개발사업에서는 이 제도를 적용하고 있다. 그러나 사전환경성검토와 환경영향평가는 계획 이전의 사전적 검토이거나 계획 이후의 평가라는 점에서 적극적인 환경계획이라기 보다는 다소 소극적인 방법일 수 있다. 이를 보완하는 흐름으로써 최근에 시행된

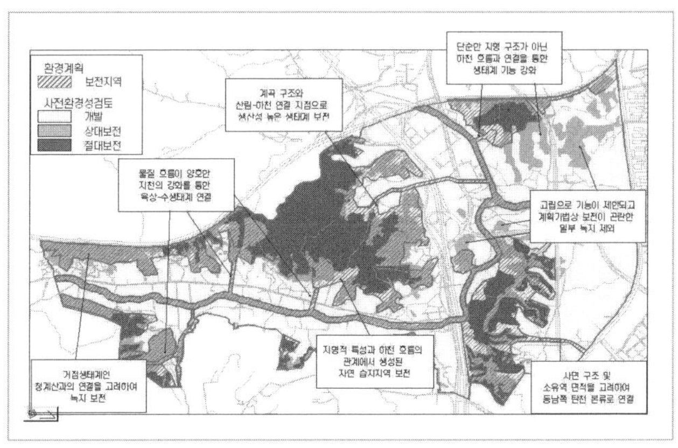

그림6. 수도권 2기 신도시의 하나인 성남 판교지구에서 제시된 생태보전 생태순환 체계 구상

성남 판교지구나 행정중심복합도시의 기본계획 등에서 보듯이, 계획초기단계에서부터 생태환경계획을 작성한 다음에 개발계획[15]내용을 조정해나가는 체제가 등장하기 시작했다.

생태환경보전에 대한 관심이 높아진 것을 반영한 것이라고 볼 수 있는데, 수도권 2기 신도시의 각 사례에서 보듯이 아직 '생태환경계획' 에 대한 분석 및 계획방법론이 일반화되어 있지 않아 신도시마다 각기 다른 분석방법론에 따라 생태환경을 계획하고 있다. 굳이 분석기준과 계획방법을 통일할 필요는 없을 수 있지만, 대규모 개발사업인 경우에는 미리 생태환경계획을 작성하여 도시적 토지이용을 배치할 때 생태환경계획과 절충하면서 개발계획을 확정해 나가는 방법이 바람직한 방향이고 현재 제도화를 추진하고 있다. 그러나 도시개발에서 생태환경계획 방법이 진전될수록 우리 도시는 인간이 이용하는 옥외공간인 오픈스페이스와 생태보전공간인 녹지가 공간상 중복되면서 설치목적상 경쟁관계에 놓이는 것을 느끼게 된다. 한정된 도시 내 공원녹지면적에서 어떤 곳이 생태지대이고 어떤 곳이 우리가 마음 놓고 이용하는 공원이나 오픈스페이스가 되어야 하는지 고민이 필요해진 것이다.

그림7. 도로변 공공공지는 오픈스페이스인가 아니면 출입금지의 자연지대인가?(성남 분당신도시의 녹지시설)

그림8. 도시 내 공원은 자연이어야 하는가 아니면 오픈스페이스인가?(프랑스 마른라발레)

그 절충점으로서 공원은 생태공원이 되어 자연을 관찰하기 위한 공원이 되고, 그렇지 않은 평지공원은 옥외활동공원이 되어야 한다는 입장도 제기되고 있다. 이제 우리는 도시 내의 보전되는 공원녹지체계를 도시민의 옥외활동공간으로 적극적으로 이용하도록 할 것인지, 아니면 도시 내 자연보전을 더 중시할 것인지 판가름해야 할 시기에 와있다.

기후변화협약 교토의정서를 비준한 우리나라는 2012년에는 이산화탄소 의무감축국이 되기 때문에 기후변화에 대응한다든지, 탄소를 저감한다든지 하는 국가나 도시의 자연생태조건을 강화하는 조치가 필요하기도 하다. 그렇지만, 본래 도시에서의 자연으로서 옥외공간이란 순수하게 보존되어야할 자연이라기 보다는 우리에게 필요한 공원녹지로 이용하는 것이 더 중요할 수도 있다. 도시 내의 자연도 보존해야 하지만 과도하게 보호되는 자연이 아니라 인간이 어느 정도 즐기는 자연공간이 되거나, 오픈스페이스로서도 사용하는 방법을 도출해내야 할 것이다.[16)]

고밀압축개발과 적정개발밀도

2008년에 들어서면서 자연보전뿐만 아니라 저탄소사회를 조성하자는 화두가 주요국가 정책으로 채택되었다. 저탄소사회가 되려면 탄소흡수원인 녹지대를 최대한 보전하고 도시화면적을 최소화하는 방법을 강구해야 한다. 도시화면적을 최소화하려면 도시개발밀도를 최대한 높여 자연녹지 훼손면적을 최소화하는 것이 필요하다. 이런 측면에서 하나의 구호로 콤팩트시티 즉 '고밀압축개발' 이 다시 등장하였다. 고밀압축개발의 목표는 도시개발주체들의 수익성 극대화와 어울려서 용적률 상한선 완화를 서로 주장하는 상황으로 전개되고 있다. 그렇다면 과밀하지 않은 고밀압축개발은 어느 정도 수준을 말하는 것인가.

1980년대 수도권 신도시의 주거용지는 주택공급을 최대한 늘리기 위하여 공동주택단지의 개발밀도 즉, 용적률 168%에서 206% 정도로 개발되었다. 이는 서울의 목동신시가지보다는 높고 상계신시가지 정도의 수준이었다. 그러나 당시에 선진국의 전원풍 신도시 이미지와 비교되면서 용적률이 높다는 비판이 제기되기도 하였다. 우리의 신도시는 개발밀도가 높은 상태이며 앞으로는 개발밀도를 낮추어야 한다는 것이었다. 이에 따라 2000년대 초에 건설된 수도권 2기 신도시에서는 개발밀도, 즉 용적률은 평균적으로 150% 수준에서 설정되었다. 그러던 상황 속에서 저탄소녹색성장이 국가의 주요 정책으로 제시된 2000년대 말에는 자연을 보존하기 위한 압축개발로서 고밀개발이 부각되고 있다.

도시의 인구밀도는 도시의 활력을 가져다주기도 하고 과밀을 유발하기도 한다. 초기 도시화시대에는 도시의 과밀해소가 주요 주제였고, 현재는 밀집개발이 자연보전과 도시활력 유지에 바람직하다고 한다. 적정개발밀도는 도시화 이후 지금까지도 논쟁이 지속되고 있는 주제이다. 레이몬드 언윈이 과밀로는 아무것도 얻을 수 없다[17]고 언급하면서 전원도시를 구상한 적이 있다. 그때 개발밀도는 30호/ha 정도로 제안되었다. 그리고 전원도시의 저밀도 전통은 영국과 북미대륙에 널리 퍼지게 되었다. 제인 제이콥스가 주장하는 밀도는 환산하면 1,000인/ha 정도의 초고밀도이다. 그녀는 이러한 밀도를 갖는 뉴욕거리가 주는 활기를 좋아했을 것이다. 프랑스의 파리나 스페인의 바르셀로나와 같은 대륙의 도시들도 용적률은 220% 정도로 비교적 고밀도였다.[18] 그러나 우리가 가진 신도시에 대한 이미지는 영국의 전원도시형 신도시였던 것이고, 1980년대 말 당시의 분위기는 고밀도 도시보다 저밀도 도시가 바람직하다고 생각하고 있었던 것은 틀림없다. 다만 너무 저밀도가 되면 사회적 활기를 잃게 되므로 어느 정도 밀도는 유지할 필요가 있었다. 경관상으로는 저층이 조화 가능성이 높으므로 저층고밀로 이루어지는 주거환경모델이 바람직한 모델로 전문가들 사이에 자리잡고 있었다. 그리고 알려진 바대로 우리나라에서 건축법규를 적용했을 경우 저층인 5층 건축물로 달성가능한 최대 용적률은 150~160% 정도가 될 수 있었다. 결국 공동주택단지 용적률 150% 수준이 적정한 것으로 생각되었고, 이런 기준이 수도권 2기 신도시에 적용되었다.

그러나 주거단지의 밀도는 여전히 해묵은 논쟁거리 중의 하나이다. 이 논쟁은 주로 쾌적한 주거환경에 대한 계획가의 바람과 더 많은 아파트를 공급하고자 하는 사업시행자와의 사이에서 발생하는 것이다. 실제로 일조나 조망 등이 보장되는 적정주거환경 수준이란 개발밀도에 크게 영향을 받지 않을 수 있다. 건축물의 높이를 변화시키면 높은 개발밀도에서도 충족이 가능하기 때문이다. 앞에서 좋은 주거환경이란 접지성이 확보될 수 있는 5층이라는 높이를 전제로 하고 있었기 때문에 개발밀도에 한계가 발생한 것이지, 서울 잠실지구의 재건축단지처럼 초고층으로 건축할 경우 일조나 통풍 조망이 해결될 수 있다는 것을 알 수 있다. 따지고 보면 일조나 조망과 같은 것은 과학적 근거보다는 심리적 문제가 크게 작용하는 것들로, 절대적으로 지켜야 하는 기준이 있는 것도 아니다.[19]

그리고 개발밀도의 수준을 도시의 활기나 기반시설 과부하라는 측면에서 정하고자 하는 논의에서도 크게 한계를 설정하기 어렵다고 할 수 있다. 도시의 활기와 관련되어 주장하는 밀도는 30호/ha에서 300호/ha까지 상당히 큰 폭의 범위에서 논의되고 있으므로 어떤 것이 더 바람직하다고 주장하기 어려운 실정이다. 개개인이 느끼는 과밀의 정도도 차이가 나지만, 과밀로 느끼는 것은 공공시설, 특히 일상적으로 이용하는 도로나 대중교통 이용시 정체, 그리고 도심에서 보행시에 부딪힘에 의해 체험하는 것이다. 이런 통행과 관련된 공공시설은 쾌적한 수준으로 확장하는데 시간이 걸리므로 기반시설 확보와 맞추어 단계별로 적정개발밀도로 개발되도록 하는 것이 필요할 것이다.

압축개발을 위해 지금보다 더 높은 밀도도 견딜 수 있지만 그렇다 하더라도 일조나 조망, 통풍, 천공개방도와 같은 환경요소는 심리적 요구가 더 크므로 이를 충족시키는 것이 환경스트레스에서 벗어날 수 있는 길이므로 심리적 저지선이 있다고 보아야 한다. 특히 과밀의 폐해를 많이 느낀 대도시에 거주하는 주민들은 현재보다 밀도가 더 높아지는 것을 심리적으로 거부할 수도 있고, 초고층이 주는 압박감을 느낄 수 있으므로 도시의 스카이라인에 대한 의견을 모아 적정개발밀도를 설정하는 것도 필요하다.

도시환경의 지평

좋은 도시환경을 만들어 나가는 데에는 명쾌한 부분과 모호한 부분이 있다. 다시 말해 효율, 안전, 위생처럼 수치적 명쾌성을 갖는 요소들은 일찍부터 손쉽게 도시환경 설계기준으로 정착되었다. 그렇지만 명쾌하지 않은 환경기준은 근거가 밝혀지질 때까지 끈기 있게 알아내는 과정이 필요하다. 또 우리의 경험이나 취향, 문화, 습관, 이념의 차이로 인해 합의나 선택이 필요한 환경기준도 있다. 도시환경을 설계한다는 것은 이 모든 것이 분명치 않은 상황에서 모호한 그릇을 설계하는 것일 수도 있다.

카밀로 지테는 유럽중세도시가 보여주는 불규칙하면서 회화적인 경관에 매료되기도 하고, 제인 제이콥스가 주장하는 다양한 상점이 있는 거리가 필요하다고 수긍하기도 하면서, 또한 르노트르가 만든 장엄한 가로수가 심겨진 광로에 압도되기도 한다.

급격한 도시화시대에 급하게 만들어진 신도시는 분명 가장 기초적이고 기능적인 내용만 충족시켰을 것이다. 그러나 앞으로 시간을 갖고 천천히 변모시켜야 할 도시는 긴 토론 과정을 거치고 사회적 합의를 통하여 하나씩 만들어 나가야 맞을 것이다. 해법을 찾아나가는 과정이 결코 순탄치 않은 여정이겠지만, 이제 하나씩 하나씩 우리 도시를 시간을 갖고 만들어 갈 때이다.

1. 임시행정수도 계획구상 당시 물적 환경과 관련하여, 중심지구, 주택단지, 교통체계, 도시조경, 주택모형 등 여러 부문별로 본격적인 연구를 진행하였다고 볼 수 있다(김병린 외 9인, 『임시행정수도 백지계획은 살아있다』, 해토, 2005. 이 책의 부록을 보면 부문별 보고서와 작업팀의 구성을 볼 수 있다). 종합보고서 형태로는 1978년도에 『행정수도건설을 위한 백지계획』이 발간되었다.

2. 단순히 교류해서 되는 것은 아니고 각 개인이 합리적이고 공정하게 의사를 개진해야 한다(하상복, 『광기의 시대 소통의 이성』, 김영사, 2009, p.188).

3. 작은 블록일수록 도로가 많아지고 도로가 많으면 사람들이 자주 마주칠 수 있다(제인 제이콥스 저, 유강은 역, 『미국 대도시의 죽음과 삶』, 그린비, 2006).

4. 대략 120m 길이와 폭의 블록으로 도로를 만들고 가로변을 따라 7층 정도의 건축물이 들어선다. 전원도시의 실천자인 레이몬드 언윈도 골목길을 따라 일렬로 늘어선 토지구획정리된 단지보다는 내부에 중정을 갖는 주거단지가 훨씬 쾌적하다고 주장하였다(피터홀 저, 안건혁 · 임창호 역, 『내일의 도시』, 한울아카데미, 2005, p.106).

5. 초등학교 단위의 커뮤니티 구성론으로 발전시킨 페리(C.A. Perry, 1924)의 근린주구론은 주거지 계획에서 근린단위의 지역사회 조성을 위한 방안을 포함하고 있었지만, 최소한의 사회단위로서 학부형회를 근간으로 단위사회를 구성하자는 것이었다. 이때까지도 근린주구를 구성하는 모형은 수퍼블록형이 아니었다. 그러다가 클래런스 스타인이 초등학교를 블록 내부에 배치하는 수퍼블록을 환경단위로 하는 유형을 발명해냈다.

6. 제프리 브로드벤트 저, 안건혁 · 온영태 역, 『건축도시 공간디자인의 사조』, 기문당, 2010, p.197.

7. 일본의 다마신도시에서 보행자전용도로변에 알파룸이라는 취미활동상점을 구상하여 배치하였지만, 그다지 활발하게 이용되지 못하고 있는 사실에서도 효과가 많지 않음을 알 수 있다.

8. 제프리 브로드벤트 저, 안건혁 · 온영태 역, 『건축도시 공간디자인의 사조』, 기문당, 2010, p.192.

9. 하상복, 『광기의 시대 소통의 이성』, 김영사, 2009, p.188.

10. 제프리 브로드벤트 저, 안건혁 · 온영태 역, 『건축도시 공간디자인의 사조』, 기문당, 2010, p.199.

11. 미셸 푸코가 근대의 인간중심주의에서 벗어나 탈중심화를 주장한 것은 후기모더니즘의 한 흐름을 이루었다(우치다 타츠루 저, 이경덕 역, 『푸코, 바르트, 레비스트로스, 라캉 쉽게 읽기』, 갈라파고스, 2010, p.35).

12. 월은…… 고전적이거나 향토적인 흐름을 따라 이미지를 재구성하는 신보수주의적 뉴어바니즘에 반대하여…… 흐름의 네트워크, 비위계적 모호한 공간……로 이루어져 있다고 말한다(찰스 왈드하임 저, 김영민 역, 『랜드스케이프 어바니즘』, 도서출판 조경, 2007, p.88). 행정중심복합도시 당선작 중 안드레스 페레아 오르테가의 것도 '천 개의 도시로 이루어진 도시' 라는 제목이 나타내듯이 동등한 위계를 갖는 1000개의 단위도시가 단순히 병렬하여 배치되는 것을 강하게 주장하고 있고, 그리고 중심이 비어진 원형이 그러한 병렬 배치가 가능한 최적의 형태이기 때문에 결과적으로 원형도시의 형태가 되었다.

13. 중심기능 없이 주거단지를 단순하게 병렬로 배치하였던 제 2단계 개발지구는 근린단위로 분산된 형태로 배치된 개별상점들이 다양성이 부족하고 경쟁력이 없어 중심지를 만들기 위한 재생계획을 수립하고 있다고 한다(미셸파니 마른라발레 개발국 도시계획 및 건축실장 인터뷰, 2008년 9월 24일. 그는 "중심지 없는 도시는 도시도 아니다" 라고까지 말하기도 하였다).

14. 김형국 외, 『도시개발의 경험과 과제』, 국토연구원, 1996, p.19.

15. 개발계획은 실제로는 생태환경보전계획을 포함하는 개념이지만, 여기서는 편의상 생태환경보전계획에 대한 상대적 의미로서의 주 · 상 · 공 등 도시적 토지이용계획을 의미하는 용어로 사용하였다.

16. 서울 용산공원에 대한 계획구상도 자연성이 보다 강조되는 방향과 도시적 이용이 강화되는 방향 등 여러가지 논쟁이 이루어지고 있다(조세환, '용산공원 조성, 발상의 전환 필요하다' , 독자초점, 조선일보, 2007년 7월 2일자).

17. 원래의 책 제목은 다음과 같다. Raymind Unwin, *Nothing Gained by Overcrowding*, 1912.

18. 일데폰소 세르다가 1856년 설계한 스페인 바르셀로나의 에이샴플레지구는 7층 정도 중정형 건물에 220%의 용적률을 갖고 있으며, 당시 도시위생운동의 영향을 받아 일조, 자연채광, 통풍, 녹지, 하수망, 우수처리, 가스공급 등 도시하부구조 등을 중요시 하였고 최근에 공업지역은 복합용도로 재생할 경우에는 인센티브로 300%까지 허용하는 계획을 수립하고 있다.

19. 일조권 기준이 과학적 근거에 따라 설정된 것이라기 보다는 다소 심리적 이유로 설정되었다(민범식 외, 『주거지역 개발밀도 설정방안에 관한 연구』, 국토연구원, pp.48~50 참조).

· Part 3 ·

조경의 지식 지형
Topography of Discourse: Landscape Architecture

근대의 굴레, 녹색의 이면

한국 조경의 근대성과 박정희의 조경관

배정한 _ 서울대학교 조경 · 지역시스템공학부 교수

한국 조경의 정체성과 근대성

이 글의 과제는 한국 현대 조경landscape architecture의 지식 지형도를 그리는 일이다. 한국조경학회의 창립(1972년)과 대학 조경 교육의 시작(1973년, 서울대학교와 영남대학교) 이후, 현대적 의미의 제도권 한국 조경은 급속한 외형적 성장을 거듭해 왔다. 특히 최근에는 "조경의 시대"라는 표현이 결코 과장이 아닐 만큼 호황을 누리고 있다.[1] 그러나 한국 조경은 외양만 화려하게 성장했지 그 영양 상태는 부실하다는 진단으로부터 자유롭지 못하다. 표피적 장식주의와 상업적 물량주의의 굴레를 벗어나고 있지 못하다. 복잡하게 뒤엉킨 아말감과도 같은 한국 현대 조경에서 학문적 · 실무적 정체성을 파악하기란 쉽지 않은 일이다. 따라서 안정적이지 않은 현실의 콘텍스트 속에서 그 지식 지형을 논한다는 것은 매우 사치스러운 일이거나 아주 비현실적인 일에 불과할 수도 있다.

그렇지만 전문 분야로서의 실천적 판세가 불안정할수록 오히려 그 '지식' 지형의 파악에 대한 필요성은 커진다. 물론 한국 조경에서 이론의 계보학이나 지식의 지형학을 구축해내기란 쉬운 일이 아니다. 그러나, "고독한 지형과 우울한 풍경" 속을 유영하고 있다 하더라도,[2] 한국 조경은 어떠한 지식—생각의 체계 또는 파편—과 다양한 방식으로 소통하며 영향을 주고받아 왔을 것이라는 점을 부인하기는 어려울 것이다. 그러므로 한국 현대 조경의 현재를 구성하는 데 영향을 미친 지식들에 대한 점검과 성찰이 요청된다. 그러한 지식 지형도 작성의 첫걸음은 한국 현대 조경의 '정체성'을 이해하는 작업일 것이다. 그것은 또한 현재의 문제를 발견하고 미래의 좌표를 설정하는 장기 과제의 베이스캠프가 될 수 있을 것이다.[3]

조경에서 정체성 문제의 근원은 '근대성Modernity'의 문제로 소급된다. 단순하게 정의하자면, "근대성이란 대략 17세기경부터 유럽에서 시작되어 점차 세계적으로 영향력을 확대하고 있는 사회 생활이나 조직의 양상을 의미한다."[4] 하지만 근대성은 "좁게는 이제까지 서구 근대의 삶과 사회를 지배하여 왔던 규준으로서의 인식론을 말하지만, 넓게는 그것이 낳았던 전반적인 문화 현상과 가치 체계까지를 함축"[5]한다. 근대성의 구체적 성격으로 흔히 제시되는 답변은 "자본주의의 발전, 산업화, 도시화, 민족국가의 등장, 민주주의의 전개, 개인적 자아의 존중, 과학적 세계관의 흥기, 시민사회의 발전 등"[6]으로 요약될 수 있는데, 이러한 요소들은 서로 밀접하게 연관되어 있다. "근대적 불연속성으로 인해 근대적 생활 양식들은 이전에는 그 전례가 없던 방식으로…… 전통적 사회 질서의 잔재들을 일소해 버렸다"[7]라는 앤서니 기든스Anthony Giddens의 해석처럼, 근대성은 전통의 단절과 결레를 이루며 근대화는 전통의 해체 과정이기도 하다. 한국 현대 조경의 지식 지형의 토대로서 정체성 문제를 다룰 때 그 근대성을 진단할 수밖에 없는 이유가 바로 여기에 있다.

비서구사회의 근대성은 식민성을 동반했다. 19세기 중엽 시민 계급의 성장과 함께 전문 분야로 성립된 조경landscape architecture은 서구 근대성 프로젝트Modernity project의 한 단면이다. 근대 조경의 아이콘인 공원은 산업화와 도시화에 대한 공간적 대응이었던 것이다. 반면, 한국 최초의 서구식 공원인 만국공원(1888년, 현재의 인천 자유공원)의 조성 과정에서 단적으로 알 수 있듯,[8] 한국에서 공원은 식민화 기획에 의해 근대 문명 시설로 이식되었다.[9] 근대성의 상징 공간으로서 한국의 공원은 기존 공간의 의미를 해체시키고 장소의 연속성을 단절시키는 장치이기도 했던 것이다.[10]

한국과 같은 비서구사회의 경우 서구와는 달리 소수 엘리트에 의한 위로부터의 기획으로 근대화가 추진되었으며, 이러한 근대화 프로젝트는 비서구사회의 근대적 양상을 형성하는 데 결정적인 역할을 했다. 잘 알려진 바와 같이, 현대적인 의미의 제도권 한국 조경은 민간과 사회의 수요에 의해 태동된 것이 아니라 한 국가 통치자의 적극적 의지와 정부 권력의 강력한 주도에 의해 시작되었다. 조경과 조경학이 본격적인 근대화의 시스템 속에서 제도화된 기점은 박정희 대통령의 지시로 청와대 경제비서실 내에 조경 · 건설담당비서관직이 신설 · 임명되었던 1972년이라고 볼 수 있다.[11] 1인당 국민소득이 320불에 불과했던 당시에 국가 정책의 차원에서 조경이 도입되고 그 후 3년만에 학제와 업계 체계는 물론 자격 제도까지 완성된 것은 매우 이례적인 일로, 비서구사회의 불연속적이고 하향적인 근대화 과정을 단적으로 예증해 준다. 여기서 우리는 한국 조경의 근대성을 파악함에 있어서 핵심이 되는 지점이 곧 박정희일 수밖에 없음을 알 수 있다.

박정희(1917~1979) 대통령이 한국의 정치 · 경제 · 문화 등 모든 방면에서 근대화에 직접적인 영향을 미쳤다는 점을 놓고 본다면, 그 개인의 '조경에 대한 생각' 이 조경의 성립과 그 이후 전개 과정의 중요한 지식 동력으로 작용했을 것이라는 점은 단순한 추측이 아니다. 특히 대통령 박정희는 경부고속도로를 비롯한 대규모 국토개발사업, 새마을운동, 경주종합개발계획, 대단위 관광지개발, 문화유적지 보수사업 등에 지대한 관심을 보이며 조경 전문업 관련 제도를 도입하고 전문 학제를 성립시킨, 한국 현대 조경 출범기의 가장 중요한 축이라 할 수 있다.

그러나 기존의 논의는 이러한 사실을 사실 자체로만 인정한 채 그것에 대한 평가를 유보하고 있거나 또는 박정희의 조경관이 이후의 현대 조경에 어떤 영향을 미쳤는가 하는 점을 간과하고 있다.[12] 우리는 늘 한국 조경의 태동과 박정희를 결례로 다루고 있기는 하지만, 박정희와 조경의 상호 관계를 고찰하는 학술적 논의는 사실상

거의 전무했다고 볼 수 있다.[13] 이러한 구도 속에서 박정희는 단지 하나의 박제된 이미지로 한국 현대 조경의 역사를 차지하고 있는 것이다.

이 글은 한국 현대 조경의 지식 지형도를 그리는 프로젝트의 첫 기착지로 대통령 박정희와 그의 조경관을 설정한다. 한국 조경의 근대성은 박정희와 긴밀한 함수 관계를 맺고 있으며, 그 관계를 면밀하게 진단하는 것은 한국 조경의 정체성 문제를 검토하고 그 지식 지형을 파악하는 데 있어서 기반이 되기 때문이다.

박정희로부터 시작된 한국 현대 조경은 지난 40년간 어떤 근대성의 경로를 경험했고 그 궤적은 현재에 어떤 모습으로 남겨져 있는가? 이러한 반성적 물음에 답하기 위한 시도의 첫걸음은 박정희의 조경에 대한 '생각' 자체를 해부하는 일에서 시작되어야 한다. 따라서 이 글은 대통령 박정희의 조경 관련 정책을 면밀히 조사하고 목록화하는 일보다는[14] 그의 조경에 대한 생각—조경관—과 그것을 형성하게 한 저변의 배경—성격, 정치 사상, 경제 정책 등—을 추출하고 분석하는 쪽에 비중을 두고자 한다. 박정희는 단순히 제도적으로 조경을 도입하고 성립시켰을 뿐만 아니라 직접 많은 아이디어를 개진하고 각종 프로젝트의 추진에 개입함은 물론 그 결과를 직접 챙겼다는 점에 비추어 볼 때, 박정희 시대의 조경은 그의 조경관이 투영된 '박정희식 조경'을 형성했을 것이고 그것은 당시의 정치 상황과 여건상 실제의 조경에 강력한 영향을 미칠 수밖에 없었을 것이기 때문이다.

다음의 두 번째 장에서는 박정희와 조경이 만나는 지점—특히 현대 조경의 성립과 관련된—을 그의 조경에 대한 관심과 그 저변의 사상적 · 정책적 배경이라는 두 축을 중심으로 분석한다. 두 번째 장과 상호보완적인 성격을 갖는 세 번째 장은 박정희의 조경관을 추출하고 해석하는 과정에 해당한다. 그의 조경 정책과 프로젝트의 기저를 이루는 조경에 대한 생각과 사상을 세 가지로 구분하여 해석하고 그 이면을 고찰한다.[15] 네 번째 장에서는 조경에 대한 박정희의 생각이 한국 현대 조경사 40년의 스펙트럼에 남긴 유산을 비판적으로 검토한다. 보충적 논의에 해당하는 마지막 장에서는 한국 현대 지식 지형의 탐색과 구축을 위한 몇 가지 단서를 제시한다.

한국 현대 조경과 박정희의 함수

조경과 박정희가 맺고 있는 함수 관계는 크게 두 가지 측면에서 분석해 볼 수 있다. 상호 연관된 이 두 가지 측면의 하나는 박정희 자신이 조경에 대해 단순한 애정이나 아마추어적 취미를 넘어서는 전문가적 관심을 가지고 있었다는 점이다. 이 문제와 켤레를 이루는 다른 하나의 국면은 박정희 체제의 경제 정책과 정치적 상황이 조경이라는 새로운 전문 분야를 요청했다는 점이다. 먼저 첫 번째 측면에 논의의 초점을 맞추기로 한다.

조경에 대한 관심과 실천

조경과 조경학이 제도화되었던 1970년대 초반보다 훨씬 이전부터 박정희가 조경에 큰 관심을 기울이고 있었다는 사실은 그의 저서와 일기, 각종 행정 문서와 기록, 그의 주변 인물들이 쓴 다양한 종류의 회고록 등에서 어렵지 않게 발견된다. 1960년대의 박정희가 생각했던 조경에서 주종을 이루는 것은 흔히 '녹화'라고 지칭되는 사업이다. 잘 알려진 바와 같이, 박정희는 지독한 가난을 겪으며 성장기를 보냈고, 대통령이 된 후에도 "우리 민족의 가난 추방은 천명"[16]이라고 말할 만큼 빈곤으로부터의 탈출에 집착했다. 그에게 있어서 황폐화된 산림은 빈곤의 상징이었다. 즉 그는 국토를 푸르게 녹화하는 것을 "조국이 발전되는 기준"으로 여겼던 것으로 보인다. 그의 이런 생각에는 1964년의 독일 방문이 큰 영향을 미친 것으로 알려져 있는데, 심지어 "우리 국토가 푸르게 될 때까지 다시는 유럽을 방문하지 않겠다"[17]고 말할 정도로 그는 녹화에 대한 집념을 강하게 표현하기도 했다. 이러한 집념은 새마을운동의 일환으로 수립되고 추진된 치산녹화 10개년 계획(1973~1982년)으로 이어지기도 했다.

박정희의 조경에 대한 관심을 단순히 아마추어적 취미의 실천 정도로 평가하는 것은 적절하지 않다. 그가 전문 조경가에 가까운 방식으로 조경 프로젝트를 기획하고 진행한 다수의 사례를 찾아볼 수 있기 때문이다. 박정희 정권의 최장수 비서실장인 김정렴은 "박 대통령 자신이 일류 조경가……라는 생각을 하곤 했다"[18]고 회고하기까지 한다. 그에 따르면 박정희는 "……퇴청한 후에도…… 창안하고 메모를 하고 그림을 그려 다음날 아침에 지시하는 경우가 비일비재하였다. 야산 개발 방법, 수종 개량을 위한 산림의 벌채 요령, 농촌 취락 구조 개선 방법, 고속도로 주변 조경과 휴게소의 설치 요령 및 관광단지의 구체적인 개조 요령 등 일일이 예를 들기 어려울 정도로 많았는데, ……창조적인 것이 적지 않았다"[19]고 한다. 당시 경제 제 1수석비서실 내의 조경 · 건설비서관으로 전격 발탁된 오휘영이 "한 달에도 2~3건의 조경 관련 지시 사항이 필자에게 직접 하달되곤 하였다"[20]고 증언하고 있듯이,[21] 박정희는 주요 조경 대상지를 직접 선정하고[22] 전문가의 계획이나 설계 행위에 가까운 구체적인 지시를 내리고 또 그 결과를 직접 확인하기까지 하였던 것으로 보인다.[23]

일례로 1975년 봄, 박정희는 내무부 장관, 산림청장, 도로공사 사장에게 국도변의 절개지나 포락지 녹화를 지시하는 과정에서 "고속도로의 신설 · 확장과 산업 발전에 따라 인위적인 절개지의 증대와 산야 하천의 관리 소홀로 자연 경관을 해치는 일이 많다"[24]고 지적하면서, 서울-수원간 절개지의 녹화 계획 스케치를 직접 그리고 수종과 식재 형태 등을 구체적으로 표기하기도 했다.[25] 또한 박정희는 조경의 스타일에까지 직접 관여한 흔적이 곳곳에서 발견된다. 이를테면 그가 고속도로 연변을 "대자연에 맞게 조경하도록 구체적으로 지시를 하였으나 도로공사의 시공 결과 종래의 동양식 정원 가꾸기식으로 되어 만족하지 못했다"[26]는 일화도 전해진다. 예를 하나 더 들자면, 박정희는 1973년의 도산공원(서울 강남구 소재) 공사를 직접 시찰 · 확인하는 과정에서 수종을 지정한 메모를 서

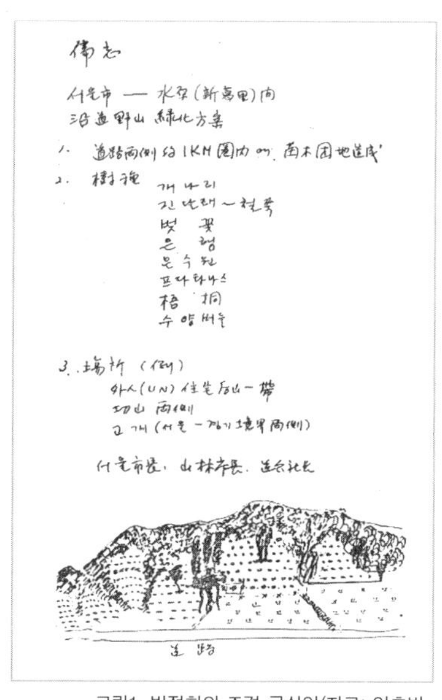

그림1. 박정희의 조경 구상안(자료: 안효빈, 『가까이서 본 박정희 대통령』, 1977, p.103)

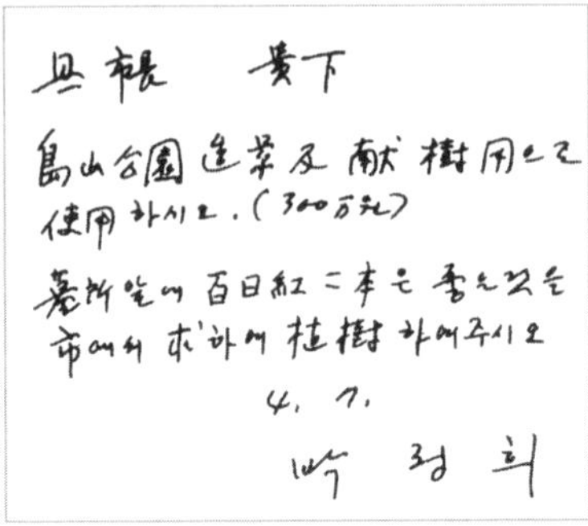

그림2. 박정희의 수종 지시 메모(자료: 박인재, 『서울시 도시공원의 변천에 관한 연구』, 2002, p.62)

울시장에게 전하기도 했다.[27]

더 많은 예를 들지 않더라도 우리는 박정희와 조경 사이의 함수에서 우선 다음과 같은 몇 가지 잠정적 결론을 이끌어낼 수 있다. 먼저, 박정희 자신이 조경에 대한 소질과 능력을 자신하고 있었다는 점이다. 이는 사범학교의 종합적 교육을 받은 그가 미술과 식물에 대해 강한 자신감을 지니고 있었기 때문이었을 것이라는 추측이 가능하다. 한편, 시찰, 지시, 확인—전문적인 조경 프로젝트 진행의 조사, 계획 · 설계, 감리에 해당한다고 볼 수도 있다—으로 이어지는 과정을 통해 조경에 직접적으로 개입한 여러 가지 사건은 박정희가 조경에 대해 품은 관심의 강도를 잘 보여준다. 그러나 이처럼 조경에 깊은 관심을 가졌으며 다양하고 즉각적인 성과를 낳았다는 점이 곧 적절하고 우수한 조경이라는 등식으로 연결되는 것은 결코 아니다. 스타일의 문제에까지 관여하고 공사 과정과 결과까지 직접 챙긴 박정희식 조경은 그가 당시에 누렸던 절대적 권력에 비추어볼 때 물량 위주의 획일적이고 전시 행정적인 조경을 양산했다는 비판도 가능한 것이다. 박정희의 업무 추진이 정책 목표를 단순화하고 약속한 기한 내에 반드시 달성하는 군사적 방식 또는 목표지향적 리더십에 바탕을 두었다는 점은 주지의 사실이다. "군사적 총력전"[28]이라고까지 비판할 수 있는 이러한 방식으로 인해 많은 사회경제적 모순이 배태되었다는 데에도 여러 분야의 학자들이 동의한다. 조경 역시 예외가 아니었다. 이를테면, 박정희 시대의 녹화는 밀어붙이기식 녹화라고 평가되곤 하는데, 일에 대한 집념만으로 진행한 군대식 녹화 사업이나 공비 소탕 작전을 벌이듯 수행한 화전 정리 사업, 농촌의 고유한 경관을 일거에 정리한 새마을운동의 조경 사업 같은 간단한 예만 보더라도 그 이유를 충분히 알 수 있다.

그러나 조경에 대한 박정희의 관심이 조경 관련 행정, 제도, 교육 등을 가속화시키는 강력한 촉매로 작용했다는 점만큼은 분명하다고 볼 수 있다. 물론 한 개인의 적극적인 관심만으로 조경이라는 전문 분야와 학문이 태어났다고 보기에는 무리가 따른다. 박정희와 조경의 긴밀한 관계를 지탱하는 데에는 보다 큰 차원의 배경이 자리했다고 보아야 한다. 다음 절로 공간을 옮겨 이 두 번째 문제에 대해 논의하기로 한다.

경제 개발과 민족주의, 그리고 조경

박정희 정권에 붙어 다니는 근대화 신화의 중심 테마는 다름 아닌 '경제 개발'이다. 경제 개발의 깃발은 곧 민주주의 정치와 합리적 가치 체계의 희생을 의미한다. 바꿔 말하자면, 경제 개발은 박정희 정권의 정통성 획득에 핵심적인 것이었다. 심지어 아직도 그 신화를 추억하는 일이 한국 사회 일각에는 존재하고 있기도 하다. 현대적 의미의 조경이 탄생하게 되는—즉 한국 조경의 근대성이 성립되는— 사연 역시 이 경제 개발과 직접적으로 관련된다. 즉 한국 현대 조경사의 서장에서 박정희를 다룰 때 그의 개인적 관심을 넘어서는 더 광범위한 차원의 배경을 짚어야 한다면, 그것은 우선 경제 개발이어야 할 것이다.

경부고속도로의 건설과 경주개발계획의 수립은 현대 조경이 한국에 도입되는 계기로 흔히 언급되는 두 가지 프로젝트이다. 예컨대, 전적으로 대통령의 특명에 의해 1973년에 신설된 서울대학교 환경대학원 조경학과의 설립 배경은 "(1)경제 성장에 의한 환경 문제의 부작용에 대응할 필요성, (2)현충사를 비롯한 국난 극복 사적지의 복원 및 고속도로 개통으로 기인한 산복 절개의 미적 회복이나 산사태 등에 대한 대통령의 관심, (3)경주관광종합개발 사업의 추진 등"[29]이었으며, 1972년 말에 창립된 한국조경학회의 배경 역시 이와 크게 다르지 않았다.[30] 이러한 배경은 곧 박정희가 조경을 도입한 이유와 그가 생각한 조경의 역할을 단적으로 나타내 준다.

위의 두 번째 배경에서 쉽게 알 수 있듯이, 1970년 경부고속도로 개통에 따라 발생된 환경적·경관적 문제의 해결은 박정희의 중대 관심사였으며, 조경과 조경학을

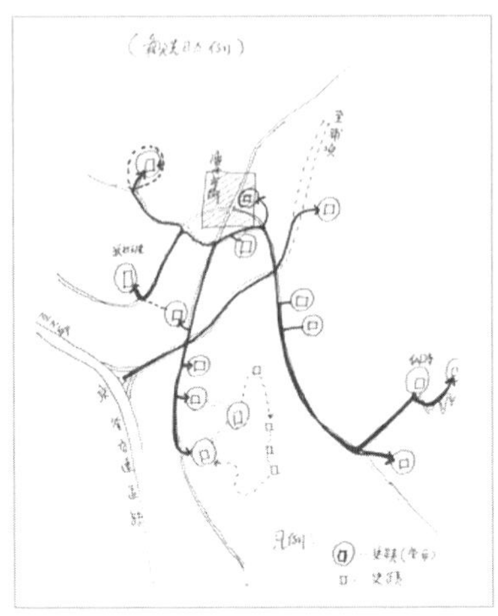

그림3. 박정희가 작성한 경주 개발 개념도(자료: 청와대, 『경주관광종합개발계획』, 1971)

제도화시킨 가장 큰 이유였다. 실제로 고속도로변 조경에 대한 박정희의 집념은 대단했다. 예를 들어, 1975년 4월 16일, 그는 내무부 장관과 산림청장을 대동하고 대구로 내려가면서 "고속도로 주변 구릉과 절토 부분에 대한 조림 및 조경에 대해 24건을 지시했다. 거리로 따져 9km 당 1건씩, 매 6분마다 1건씩"[31] 조경에 대해 지시한 셈이다. 경부고속도로는 경제 개발의 상징이었으며 실제로 국토의 공간 구조를 크게 변화시켰다는 점에서 볼 때, 조경은 경제 개발의 부작용을 완화하기 위한 구체적인 수단으로 도입되었다고 말할 수 있다. 뿐만 아니라 제 3차 경제개발 5개년 계획(1972~1976년)에 의해 중화학공업으로 산업의 비중이 옮겨감에 따라 새로 건설된 대규모 공단 또한 전문적인 조경의 필요성을 촉발시켰다.

여기서 우리는 경제 개발과 맞물려 또 다른 방향의 궤적을 그리며 조경의 탄생을 둘러싸고 있던 다른 하나의 배경에 주목할 필요가 있다. 미리 요약하자면, 그것은 박정희 정권이 유난히 강조했던 '민족주의' 이다.[32] 민족주의—보다 구체적인 차원에서는 전통 문화—는 군사 쿠데타로 집권한 박정희가 정통성과 명분의 만회를 위해 채택한 이데올로기라고 평가받고 있는데, 이 민족주의를 실천한 대표적인 정책이 '국난 극복의 역사적 문화 유적 및 선현 유적에 대한 보수 · 정화 사업' 이었다. 이는 위에서 기술한

환경대학원의 설립 배경에도 명시되어 있는 것으로, 현충사의 정비가 가장 대표적인 예에 해당한다.[33)]

"현충사의 성역화 사업이야말로 공장을 몇 십 개 몇 백 개 세우는 것보다 더 큰 민족적 의미를 갖는 것이다. 국민들의 호국 정신을 양양하기 위해 전국에 있는 선인들의 유적지를 연차 사업으로 정화하고 성역화시켜 나갈 것이다"[34)]라는 박정희의 1968년 8월 29일 연설은 현충사를 비롯한 유적지들에 대한 그의 애착을 여실히 드러내고 있다. 박정희는 "자기가 지시한 문화 유적의 보수 정비 사업을 설계 단계부터 챙길 정도로 매우 열성적"[35)]이었으며, 특히 현충사를 성역화하는 조경에 대해 지대한 열정을 쏟았다.[36)] 또한 정재훈의 견해에 따르면 '조경' 이라는 단어가 공식적 용어로 처음 사용된 것도 박정희가 민족주의를 강조하면서 내린 현충사 등의 유적지 정비 지시(1963년)에서라고 한다. 박정희와 청와대가 조경 전문가의 필요성을 절실히 느끼고 전문 교육을 도입한 직접적 계기였던 경주개발계획 역시 경제개발의 일환이기도 했지만 민족주의를 강조하는 사업의 하나이기도 했다.

이처럼 한국 조경의 근대성을 성립하게 했던 저변의 조건은 경제 개발과 민족주의라는 두 가지 상보적 정책과 사상이었다고 할 수 있다. 즉 조경의 도입은 박정희의 전문가적 관심의 소산이기도 했지만, 당시의 경제 정책 노선 및 정치 체제와 긴밀한 관련을 가지고 있었던 것이다. 유신 체제로 들어서며 내건 1980년까지 100억불 수출을 달성하고 1인당 국민소득을 1,000불로 끌어올린다는 목표를 1970년대 중반에 이미 달성한 박정희 정권은 국토의 미래 발전을 위한 청사진을 제시하고자 국토개조계획을 추진하기에 이르며,[37)] 이러한 그랜드 플랜은 1970년대의 조경 붐과 밀접하게 연관된다는 해석도 가능하다. 이러한 조건들에 맞물려 태동하고 성장한 조경의 성과에 대한 평가는 다음 장으로 잠시 미루기로 한다.

박정희의 조경관과 그 이면

위에서 우리는 박정희와 조경이 형성한 함수를 그의 개인적 관심과 정치적 · 경제적 배경이라는 두 가지 축을 바탕으로 파악한 바 있다. 수단과 방법을 가리지 않고 목표의 달성을 실천하는 마키아벨리스트였던 박정희의 리더십에 비추어볼 때 박정희의 조경에 대한 생각은 실제의 조경에 강한 영향력을 행사했을 것이다. 다음에서는 조경에 대한 그의 생각을 해부하고 그러한 생각이 낳은 결과의 이면을 비판적으로 검토하기로 한다. 박정희와 조경 사이의 스펙트럼에서 가장 주목해야 할 그의 조경관, 즉 그가 조경에 대해 지니고 있던 생각은 아래에서 논의될 세 가지로 대별될 수 있다. 그것들은 서로 밀접히 연관되는 동시에 서로 모순된 관계 속에서 뒤엉킨 혼합물amalgam과 같은 것이기도 하다.

개발의 은폐와 화장

앞에서도 일면 검토한 바와 같이, 급격히 도입된 한국 현대 조경의 최우선 목표는 경제 개발의 환경적 부작용에 진통제를 투여하는 일이었다. 대표적인 예가 박정희가 조경과 거의 동의어로 생각했던 녹화, 그리고 고속도로변의 조경인데, 여기서 우리는 그가 생각했던 조경의 단면을 발견할 수 있다.

녹화에 대한 박정희의 생각은 '녹화綠化' 라는 일본식 한자어의 가장 단순한 뜻이 그러하듯 '푸르게 만드는 것' 에 다름 아니었다고 보인다. 물론 식목을 통한 경제적 이익을 생각한 면도 있기는 하지만, 민둥산과 황무지를 일단 푸르게 만들어야 한다는 시각적 녹화가 최우선의 목표였다. 그가 직접 녹화를 지시한 영일지구 사방 사업을 그 대표적 예로 들 수 있는데, 그것은 1973년부터 1977년까지 총 공사비 38억 2,800만 원, 연인원 300만 명이 투입되어 황폐지 4,538ha를 녹지대로 탈바꿈시킨, 당시로서는 초대형 사업이었다. 박정희가 이 사업을 계획한 것은 "외국에서 비행기를 타고 오다 보면 맨 먼저 눈에 띄는 곳이 이 곳"[38]이라는 경관적 · 시각적 문제 때문이었다. 이는 박정희가 생각한 경관과 녹화의 개념을 단적으로 노출시켜 준다.

박정희가 직접 고안한 것으로 알려져 있는 소위 '추풍령식 조림'에서도 이러한 화장술적 녹화관이 드러난다. 이 추풍령식 조림은 임도를 횡으로 내도록 한 것인데, 이는 "큰 비가 올 때 한꺼번에 흘러내리지 않을 뿐만 아니라 길에서 볼 때 빽빽이 심어져 있는 것 같아서 보기에도 좋다"[39]는 박정희의 아이디어에 기초한 것이었다. 이처럼 시각적인 면에 치중하여 진행된 녹화 사업이 황폐지를 푸르게 했다는 성과를 거둔 것은 분명하지만, 지질을 산성화시키는 속성수 위주로 녹화했다는 비판으로부터 자유롭기는 어렵다. 또한 박정희가 생각한 조경의 시각중심적 · 장식적 기능을 드러내 보여주는 단면이기도 하다.

조경 교육과 전문업을 제도화하는 직접적 계기가 되었던 경부고속도로와 관련된 조경 역시 개발에 따른 주변 경관의 시각적 훼손을 보완하고자 하는 시도였다. 뿐만 아니라 1970년대 중반에 전국에서 진행된 관발주 조경 공사의 다수와 문화재 성역화 사업 등에서도 개발의 시각적 영향을 은폐하거나 화장하는 방식의 녹화 일색 조경이 주류를 이루었다. 대상지의 의미, 역사, 생태적 측면 등이 고려된 경우를 찾아보기는 매우 힘든 것이 사실이다. 이러한 맥락에서 최정민은 이 시대의 조경은 "개발의 폭력성을 완화하기 위한 수단"[40]이었다고 비판한다.

뿐만 아니라 박정희의 의도와는 다르게 그의 조경 관련 지시는 실무 행정부서나 공사 관계자로 하여금 그의 시찰이나 현장 확인을 일시적으로 통과하기 위한 면피식 조경을 하게 한 경우도 많았다. 물론 "접도구역 안에 건물이 새로 들어서는 것을 철저히 막으라고 했지, 아무리 접도구역 안이라 할지라도 이미 서 있는 건물을 아무 대책 없이

그림4. 경주 보문단지를 시찰하는 박정희 대통령(자료: 건설부, 『경주관광종합개발사업지』, 1979)

헐어버리는 것은 말도 안 된다. 특히 대통령이 시찰한다고 있는 집을 헐고 거기에다 생나무를 베어다가 눈가림으로 환경미화를 한다는 것은 매우 불쾌하기 짝이 없다"[41]는 박정희의 힐난에서 드러나듯, 그러한 면피식 조경은 박정희의 본래 의도가 아니었다. 하지만 절대 권력자의 강권적 지시를 피해가기 위해 실무자들이 형식적으로 조경공사를 한 희극의 원인 역시 조경의 역할을 시각적 은폐 내지 화장술적 장식에 두었던 박정희의 조경관으로 소급된다고 보아도 무리는 아닐 것이다.

박정희 체제를 떠받친 중요한 정책 중 하나인 새마을운동의 일환으로 시행된 취락 구조 개선, 농촌 환경 개선, 농촌 주택 개선 등과 같은 사업에서도[42] 면피식 조경 또는 전시 행정적 조경이 종종 등장했음을 발견할 수 있다.[43] 예를 들어, 1978년 새마을운동의 중점을 농촌 주택 개량에 두고 대대적으로 집 고치기를 장려하는 가운데 웃지 못할 일이 자주 벌어졌다. 가령 경부고속도로 주변의 주택 개량 사업에서 주택들은 전통적인 동향이나 남향이 아니라 "고속도로향"[44]으로 다시 세워졌으며, 전통적인 농촌 경관을 서구 지향의 이국적 아류 주택들이 점령하게 된 것도 잘 알려진 사실이다. 당시의 조경은 "실적 위주의 외형적 근대성"[45]을 구축하는 중요한 수단 중 하나였던 것이다.

모순의 전통

민족주의는 박정희 정권의 18년에 늘 동반되었던 화두 중의 하나였다. 물론 박정희 체제가 민족주의적이었는가는 논란거리이지만, 민족주의를 발전주의와 결합시켜 경제 개발을 위한 담론으로 적극 활용했다는 점에는 대부분 동의한다.[46] '조국 근대화', '새 역사 창조', '자립 경제', '민족 중흥' 등과 같은 일련의 담론은 민족의 발전이 곧 경제 성장이라는 논리로 구체화되었다. 특히 민족주의 담론은 "서구와는 다른 한국적 전통을 부각시키고 냉전 분단 체제의 반공주의를 특권화함으로써 서구적 민주주의를 평가절하하고 권위주의적 통치를 정당화하는 이데올로기의 역할을 담당했던 것"[47]으로 보이며, 3선 개헌 후 10월 유신에서는 "한국적 민주주의"로 변질되기도

그림5. 현충사의 조경

한다.

이른바 "전통의 창조"[48]라 할 만한 박정희의 민족주의 담론은 큰 헤게모니를 창출하는 데 성공했다. "제 3세계의 경우 물질적 영역에서 서구에 대한 모방이 성공적일수록 정신적 문화에 대한 보존의 욕구가 더욱 강화되는 것은 자연스러운 현상"[49]이다. 박정희식 민족주의에 입각한 이른바 '전통'은 건축과 조경의 지배 이데올로기로 수용되었다. 특히 건축 분야에서는 전통이란 곧 과거 양식의 무비판적인 형태적 차용이라는 등식이 성립될 정도로 많은 수의 왜곡된 전통적 건축물들이 설계되었고, 전통의 계승과 관련된 다수의 논쟁이 진행되기도 했다.[50]

조경 역시 예외는 아니어서 유적지는 물론 공단이나 관광지 등 당시의 주요 조경 프로젝트를 지배하는 중요한 논리 중의 하나가 전통과 관련된 것이었다고 해도 과언은 아니다. 박정희 자신이 다수의 조경 공사에서 전통성 또는 민족주의적 측면을 강조한 예도 드물지 않다.[51] 그러나 특히 조경에서는 그 전통의 실체가 매우 불분명한 경우가 많았다.

1970년대의 조경은 물량을 소화해내는 수준이었고 정치적 영향력에 좌우되는

그림6. 온양민속박물관 조경(자료: 한국조경학회,『현대한국조경작품집』, 1992, p.71)

경우가 많았다는 점에서 볼 때, 전통을 설계 철학이나 개념의 추구로 받아들이기보다는 다분히 이데올로기로 덧씌우곤 했다는 평가가 가능한 것이다. 최정민이 적절히 분석하고 있듯이, 이 시기의 조경 작품들에는 "전통 조경 양식, 옴스테드 양식이 설계 요소와 기법으로 도입되었고, 조형 향나무를 중심으로 기교를 부린 배식 기법과 아기자기한 자연석 쌓기 같은 일본식 정원 요소도 전통 요소와 구분 없이 사용"[52]되었다.[53] 즉 당시의 조경을 둘러싼 전통 담론은 매우 허술한 이데올로기에 불과했을 수 있다는 것이다. 이는 단순히 초창기 한국 조경의 수준이 허약하고 혼란스러웠기 때문이라기보다는 박정희 체제가 강조한 전통이 모순된 구조를 지니고 있었다는 이유에 기인한다고 보아야 할 것이다.

조경과 관련된 전통관뿐만 아니라 박정희의 정치 사상 저변에는 강박적인 역사의식과 위기의식, 그리고 모순적인 전통관이 깔려 있다. 그의 역사의식은 "지난 날 우리의 선대들이 살고 간 역사의 발자취를 돌이켜보고, 우리의 후손들이 살아갈 조국의 미래를 내다보면서, 나는 오늘의 우리 세대야말로 정녕 영욕이 무상했던 도정에 있어서 참으로 획기적인 시대에 살고 있음을 실감하게 된다"[54]는 형태를 띤다. 전인권은 이러한 역사관에 "과거-현재-미래라는 시간의 연쇄를 승계하는 역사의식과… 현재를 언제나 '획기적인 시대'라고 이해하는 위기의식"이 모순적으로 동거하고 있다고 분석하고 있는데,[55] 박정희는 늘 미래를 말하지만 그의 모범은 늘 과거의 사례였다는 점에서 모순적이라고 할 수 있다. 한편 박정희는 추상적인 의미에서는 역사와 전통을 존중했으나 한민족의 구체적 역사 내용에 대해서는 "퇴영과 조잡, 무기력과 나태의 역사"라고까지 말하는 등 부정적인 견해를 가지고 있었다.[56] 즉 그는 역사와 전통의 승계를 강박적으로 의식했지만, 그 역사와 전통을 승계하기 위해 과거를 단절적으로 부정하는 모순된 양상을 보이고 있는 것이다. 이러한 식의 모순된 전통관은 새마을운동과 관련된 조경에서도 여실히 나타나는데, 이에 관한 사정은 다음에서 살필 목가적 이상과도 중첩되므로 절을 바꿔 논의하기로 한다.

목가적 이상

박정희의 조경에 대한 생각에는 그의 사고와 행동 전반을 지배한 몇 가지 중요한 태도 중의 하나인 '목가적 이상' 이 자리하고 있음이 발견된다. 박정희의 사상과 행동을 전기적으로 분석한 전인권에 따르면, 그의 목가적 이상은 그가 다른 시기보다 성공적인 시간을 보냈던 초등학교 시절에 형성되었으며 특히 대구사범학교 졸업 후 문경초등학교에 교사로 부임했던 1937년 무렵에 절정에 달한다. 3년간 계속된 박정희의 문경 시절은 보람차고 활기찬 것이었다. "그는 [벽촌의] 그런 생활에 익숙했고, 그런 목가적 환경으로부터 생각의 실마리를 펼쳐나가는 농촌형 인간이었다. 또한 박정희는 목가적 환경에 처했을 때 창조적이며 유연하게 사고하고 행동하는 사람이었다."[57] 당시 그는 지식을 전달하는 단순한 교사 이상으로 마을 사람들의 생활을 개조해 보려는 프로그램도 진행시켰다고 볼 수 있다. 예를 들어, 그는 새벽이면 언덕에 올라 근면을 위한 기상 나팔을 불었다. 그리하여 마을 사람들은 "박 선생 하면 나팔소리"를 연상할 정도였다는 일화도 있다. 이러한 일화는 후에 그가 대통령이 된 후 작사, 작곡한 새마을 노래의 1절인 "새벽종이 울렸네 / 새아침이 밝았네 / 너도나도 일어나 / 새마을을 가꾸세 / 살기 좋은 내 마을 / 우리 힘으로 만드세"를 연상케 한다.

새마을운동은 목가적 이상을 실천하고자 한 박정희의 의지의 소산이기도 했지만, 실은 1970년대의 박정희 체제를 지탱시킨 핵심적 정책이기도 했다. 새마을운동은 그의 국가주의적 · 공동체적 정치 사상과 그 약점이 잘 드러나는 정책으로서, 1970년 4월 22일, 박정희가 전국지방장관유시에서 '새마을가꾸기운동' 을 제창하면서 시작되었다.[58] 이 유시에서 박정희는 농촌 재건을 강조하면서 자조 · 자립 정신을 바탕으로 새로운 모습의 마을 가꾸기 사업을 제창하였으며,[59] 1971년부터 2년의 실험 기간을 거치는 동안 '새마을운동' 으로 이름이 바뀌어 1973년부터 본격적으로 추진되었다.[60] 박정희는 정부 지원과 적극적 홍보를 동원하여 새마을운동을 전국민의 운동으로 발전시키고자 했으며 이 운동의 전 과정에 직접 개입했다. 또한 그 공간적 범위도 농촌에 국한되지 않고 공장새마을운동, 학교새마을운동, 도시새마을운동, 대학새마을운동 등으로 넓혀 나갔다. 유신 체제는 새마을운동을 통해 광범위한 국민 교육 시스템을 창출하려고 했던 것이다. 새마을운동은 '유신 이념의 실천 도장' 으로 강조되면서 초기의 농촌 근대화 운동으로부터 정치적 국민 운동으로 확대된 것이다. 새마을운동은 그 나름대로 농촌의 개발 의욕을 자극하고 성취 동기를 유발했으며 생활 환경의 개선에 일조한 것은 사실이다. 그러나 이 운동은 관주도로 일관함으로써 주민의 자발적 참여보다는 관에 보이기 위한 전시 행정 위주로 발전할 수밖에 없는 구조를 지니고 있었던 것 또한 사실이다. 특히 새마을운동의 취락 및 환경 개선 사업은 농촌 경관의 획일화를 가져왔으며 화장술적 조경과 결합되었다는 점을 짚고 넘어가지 않을 수 없다.

한편 박정희의 목가적 이상 속에 담긴 이상적인 환경 또는 경관, 혹은 새마을운동이 지향한 그 '살기 좋은 내 마을' 의 경관이 무엇인지는 명확하지 않다. 아니 오히려 박정희는 곳곳에서 그러한 이상의 기준을 유럽의 경관에 두고 있다는 의심을 낳기에 충분한 기록과 발언을 남기고 있다. 박정희는 새마을운동으로 변화될 마을 경관의 이상적 기준을 유럽 농촌에 두고 있었으며 고속도로변 조경으로 변화된 마을 모습을 서구의 농촌 경관과 비교한 경우도 발견된다. 예컨대 "며칠 전에 전주에 갔다 오면서 호남고속도로 주변에 취락 구조 개선 사업을 한 것을 보니 구라파 농촌보다 오히려 더 아름답게 보이더군요. 마을이 아름다워지니까 요즈음 마을의 노인들이 자주 뒷산에 올라가 옛 모습과 비교하여 감회에 잠긴다고 하더군요. 부락이 아름다워지면 농민들의 의식 구조도 달라지게 되고 자연, 나무심기, 하천 보수 등 주변 정화 사업에 상호 협력하게 됩니다"[61]라는 박정희의 언급은 그가 설정한 아름다운 경관의 기준이 유럽의 목가적 농촌 풍경에 있음을 시사한다. 장녀 박근혜가 1976년 12월 17일에 KBS와 가진 한 인터뷰에서도 박정희의 유사한 사고가 노출된다. "며칠 전 유럽의 풍요로운 농촌 풍경이 담긴 달력을 방에다 걸어놓았다. 그때 마침 아버지께서 오셨길래 우리 농촌도 이렇게 잘 살게 되어야 하지 않겠느냐 말씀을 드렸더니 머지않아 반드시 그렇게 될 날이 온다고 자신 있게 말씀하셨다."[62]

즉 박정희의 목가적 이상은 상당 부분 서구의 전원 이상pastoral ideal과 연관된다는 판단이 가능하다. 특히 서구의 전원 이념이 풍경화 속의 자연 또는 '그림 같은 자연'과 관계를 맺고 있다는 점에 비추어 보면,[63] 1978년 10월 5일에 거행된 '자연보호헌장' 선포식의 연설문 중에 등장하는 박정희의 다음과 같은 언급은 그의 목가적 이상의 기준이 되고 있는 것이 무엇인지를 잘 보여준다고 하겠다. "푸른 뒷동산을 끼고 아담하고 산뜻한 문화주택이 들어서고 있는 농촌 풍경은 '한 폭의 그림'이라 하겠습니다." "초가집도 없애고 / 마을길도 넓히고 / 푸른 동산 만들어 / 알뜰살뜰 다듬세"라는 새마을 노래의 유명한 구절 역시 유사한 맥락에 놓여 있다고 판단할 수 있다. 이처럼 서구의 전원 이상과 교집합을 갖는 박정희의 목가적 이상은 개발의 은폐와 화장에 조경의 역할을 두었던 그의 조경관과도 다시 중첩된다.

박정희식 조경의 유산

박정희는 한국 현대 조경 교육과 전문업의 형성을 가능하게 했던 중심축이었다. 한국의 다른 분야가 박정희 체제 속에서 근대화를 경험한 것과 마찬가지로 조경 역시 종래의 비전문적 기술 분야에서 벗어나 현대적 체계와 제도를 마련해가게 된 것은 분명한 사실이다. 그러나 이 글은 그러한 영향을 행사할 수 있었던 박정희의 조경관이, 즉 조경에 대한 생각이 무엇이었는가에 접근하는 쪽에 초점을 두었다. 그의 생각은 당시 조경의 동력이었을 뿐만 아니라 그 이후의 현대 조경에도 적지 않은 유산을 남긴 권력적 '지식'으로 작동하고 있기 때문이다.

위에서 검토한 바와 같이, 박정희라는 주제는 한국 현대 조경사의 1장이자 조경이 사회와 맺고 있는 관계를 확인할 수 있는 리트머스 시험지이다. 또한 박정희는 한국 조경사 속의 박제된 이미지가 아니라 역동적 사료로 존재하고 있다. 정리하자면, 박정희와 그 정권에 의해 한국 현대 조경이 비로소 태동될 수 있었던 것은 (1)박정희의 아마추어적 취미를 넘어서는 조경에 대한 관심과 (2)박정희 체제의 경제개발 정책 및 민족주의 담론에 조경이 유용한 도구적 수단으로 활용될 수 있었던 배경에 기인한다고 할 수 있다. 이러한 구도 속에서 박정희가 조경에 대해 가지고 있던 생각—즉 조경관—은 (1)개발의 은폐 또는 화장, (2)모순된 전통관, (3) 목가적 이상, 이 세 가지 차원의 복잡하면서도 긴밀히 연관되고 일면 모순적이기도 한 혼합물이었다고 파악할 수 있다.

그렇다면 박정희의 조경이 한국 현대 조경사 40년에 남긴 유산은 무엇인가? 그러나 이 의문에 정확한 답을 마련하기란 결코 쉬운 일이 아니다. 무엇보다도 박정희(와 그 정권)는 동시대contemporary에 속하기 때문이다. 현재의 시점이 그 시기로부터 아직 2세대도 지나지 않았을 뿐 아니라, 아직 우리는 그와의 단절이 아닌 연속 속에 살고 있는 것이다. 그러나 이처럼 "박정희 시대의 물리적 시간은 이미 끝났음에도 불구하고 그 사회적 시간은 여전히 현재 진행형"[64]이라는 점은 오히려 우리의 결론에 도움을 주기도 한다. 그의 시간과 공간이 여전히 연속적이라면, 다시 말해 박정희의 조경과 동시대의 조경 사이에 큰 간극이 존재하지 않는다면, 우리는 동시대 한국 조경의 여러 양상 속에서 그의 유산을 엿볼 수 있을 것이기 때문이다. 적어도 그의 조경—즉 한국 조경의 근대성—은 동시대 조경이 품고 있는 여러 문제들의 연원에 접근할 수 있는 암호일 수 있는 것이다. 그러므로 우리는 진행형의 형태를 띤 추론적이고 잠정적인 결론만큼은 설정해 볼 수 있을 것이다.

첫째, 한국 현대 조경의 난맥 중의 하나인 화장술적 조경의 연원이 박정희식 조경으로 소급된다는 추론이 가능하다. 물론 이러한 문제는 비단 한국에 국한된 것이 아니라 20세기 세계 조경 전반에서 노출되는 난점이다.[65] 그러나 박정희식의 시각적 녹화에서 단적으로 드러나듯 한국 현대 조경의 출발이 개발의 환부를 가리는 데 봉사하는 일에서 비롯되었다는 사실을 두고 본다면, 화장술적 조경과 박정희 사이의 함수가 성립할 수 있다고 판단된다. 뿐만 아니라 '조경은 곧 나무 심기' 라는 조경에 대한 일반적인 고정 관념 역시 푸르게 덮는 물량 위주의 조경이 능사라고 본 박정희 시대의 조경과 무관하지 않을 것이다.

둘째, 박정희 정권의 지배 이데올로기로 강조되었던 '전통' 은 당시에도 불분명한 실체로 조경에 수용되었지만 현재에도 여전히 허약한 논리에 기댄 채 다수의 조경 작품 속을 유영하고 있다는 점에서 문제를 제기할 만하다. 박정희 시대의 조경에서 채택된

그림7. 강요된 전통, 선유도공원의 선유정

'전통' 은 당시의 대표작인 경주 보문관광단지(1974년 완공)나 온양민속박물관(1978년 완공)에서 잘 나타나는데, 물레방아, 성곽, 담장과 같은 과거의 단편적 경관 요소들이 마치 의무감의 표현처럼 직설적으로 삽입되어 있다. 20년 후의 작품인 여의도공원(1996년 설계)에서도 부지의 장소성이나 공간적 맥락과 무관하게 정자를 비롯한 전통 요소들이 주인공 역할을 한다. 선유도공원(2002년 완공)의 선유정은 장소의 조건이나 설계의 맥락과 관계없이 강요된 인스턴트적 전통의 대표적 사례이다. 팔각 정자, 방지, 화계 등 과거 양식 속의 몇 가지 요소나 형태를 표면적으로 차용하고 강박증적으로 복제·재생산하는 식의 조경이 전통적 조경의 전형으로 받아들여져 왔다. 전통의 직설적 재현은 한국 현대 조경에서 일종의 규범에 가까운 위상을 지닌다.66)

셋째, 박정희의 조경관에 내재된 목가적 이상은 도시 조경에서 흔히 발견되는 맥락에 맞지 않는 어색한 '자연' 도입의 열풍과 무관하지 않을 것이라는 추론을 낳게 한다. 물론 현대인의 자연에 대한 갈망과 향수는 매우 복잡한 구조를 지니는 것으로, 그 중 많은 부분은 박정희와 조경의 관계를 벗어난다. 그러나 풍경화식 정원landscape garden 내지 '그림 같은 자연' 과 결합된 동시대 조경의 자연관과 유럽풍의 낭만적 경관을 목가적 이상의 기준으로 삼았던 박정희의 조경관이 공통분모를 지닌다는 점을 그냥 지

그림8. 여의도공원, 복제된 전통과 옴스테드 양식의 결합(자료: 서울시, 『생명의 나무 천만 그루 심기』, 2002)

그림9. 올림픽공원, 반복적으로 재생산되는 목가적 이상

나치기는 어렵다. 경주보문단지와 같은 박정희 시대의 조경에 목가적 이상을 대변하는 옴스테드 양식Olmstedian Style이 조경 양식의 대표적 규준인양 결합되었다. 풍경화식 정원에 뿌리를 둔 옴스테드식 조경은 아이러니하게도 1970년대의 조경 태동기를 주도한 농학, 임학, 원예 분야 출신 조경인—즉, 설계 교육을 받지 않은 조경가—의 자연 경관 선호와 뒤섞였다. 옴스테드의 센트럴파크에서 볼 수 있는 낭만적인 조경은 1970년대의 작품들은 물론이고 올림픽공원(1987년 완공), 일산호수공원(1996년 완공), 서울숲(2003년 완공)에서도, 그리고 이름 없는 동네 근린공원들에서도 계속 답습되며 재생산되고 있다.

넷째, 동시대 한국 조경에서 활발하게 전개되고 있는 건설 · 환경 프로젝트의 영역과 이와 관련된 교육 및 연구의 뿌리는 박정희의 조경관 및 그 시대 조경업의 양상으로 소급된다고 볼 수 있다.[67] 예컨대 최근 큰 성장을 보이고 있는 생태복원녹화 사업이 조경업의 발전 및 영역 확장과 긴밀히 연관되고 있는 점은 산림 녹화를 비롯한 다양한 녹화 사업에 큰 비중을 두었던 박정희의 조경관과 무관하지 않다는 평가가 가능할 것이다. 그밖에, 앞에서 깊이 논의되지는 않았지만, 관광 개발 및 신도시 개발 등이 조경업 및 조경학과 관계를 맺으며 다각도로 발전해 온 점 역시 박정희 시대 조경의 영

그림10. 서울숲 설계공모 당선작 조감도(ⓒ동심원)

향이라고 할 수 있을 것이다. 최근 생태관광 및 농촌관광에 대한 이론과 실천이 조경의 영역과 중첩되고 있는 현상, 그리고 계속되는 신도시 개발 사업이 조경학과 조경업의 발전에 큰 영향을 미쳐 온 양상 등도 같은 맥락에 있다고 말할 수 있을 것이다.

마지막으로, 한국 현대 조경의 해묵은 숙제 중의 하나인 교육 인력의 과잉 공급과 사업 물량의 수요-공급 불균형 문제는 민간의 수요와 무관하게 관 주도로 강력하게 진행되었던 박정희 시대의 조경 제도화 과정과 긴밀한 연관을 지닌다고 할 수 있다. 이 문제는 박정희의 조경 '관' 에서 직접 파생된 문제라고 단정하기는 어렵지만, 조경 태동기의 중심축이자 동력이었던 대통령 박정희가 한국 조경에 남긴 난맥의 중요한 부분을 차지하고 있다는 점만큼은 분명하다고 말할 수 있을 것이다.

보론: 한국 현대 조경의 지식 지형

글을 시작하면서 언급한 바 있듯, 이 글에 주어진 과제는 한국 현대 조경의 지식 지형도를 그리는 일이었다. 이 글에서는 그러한 지형을 구성하는 지표와 지층의 가장 핵심적인 성분인 박정희의 조경관을 논제로 삼았다. 앞에서 논의한 바와 같이 박정희의 조경관은 곧 한국 조경의 근대성이라고 말할 수 있다. 박정희의 조경관은 한국 현대 조경의 출발점이자 현재 진행형의 지식인 것이다.

지형은 내적 힘에 의해 만들어진 지표면이 외적 힘에 의해 변형됨으로써 형성된다. 그러나 한국 현대 조경의 지형은 내부적 성찰과 성장에 의해 자생적으로 형성되지 못했다. 특히 민간보다는 공공의 수요와 긴밀한 함수를 맺어 온 한국 조경에서는 외부적 지식—정치적 상황, 도시 및 개발 정책, 전통에 대한 강요, 대중의 획일적 취향 등—이 실천의 방향을 좌우하는 지식 권력으로 작동된 경우가 많았다. 또한 구체적인 조경 작품의 제작 준거—설계 방법이나 양식—와 관련해서는 외국의 트렌드라는 지식 권력이 일종의 모델처럼 작용된 경우가 대부분이었다.

그러한 지식의 가시적 산물—즉 조경 작품이나 경향—의 문제와 원인을 추적해 봄으로써 현대 한국 조경의 지형을 탐색해 보는 방법이 있을 수 있다. 예컨대 "한국 조경설계를 변화시킨 작품들"을 가려내 비판적으로 검토해 보고자 했던 필자의 시도가 그러한 방법의 한 예일 것이다.[68] 그러나 이 글은 반대의 접근 방식을 취했다. 즉 작품이나 경향과 같은 실천적 산물에 영향을 미친 지식들에 주목하고자 한 것이다. 필자는 앞에서 박정희의 조경관에서 비롯된 한국 조경의 근대성이 그러한 지식의 지형을 구성하는 가장 큰 힘이었음을 확인하고 주장했다. 조경과 적지 않은 거리가 있는 주제—민족, 섹슈얼리티, 병리학—에서 한국의 근대성을 찾고자 한 고미숙은, 아주 우연하게도, 그 탐색의 목적 면에서 필자의 의도를 대변해 준다: "이 글의 목표가 기원으로 회귀하여 뿌리를 찾고자 하는 데 있는 것은 결코 아니다.…… 기원에서 일어난 전도 과정을 통해 기원을 전복하는 것, 달리 표현하면, 근대성의 심연에서 그 외부를 사유하는 것이 궁극적 목표이다."[69] 박정희의 조경관, 즉 한국 조경의 근대성을 이해함으로써 우리는 동시대 조경의 문제들에 접근할 수 있는 열쇠를 확보한 셈이다.

마지막으로, 이 글의 범위를 벗어나지만, 추후의 연속적 논의를 위한 주제를 제시할 필요가 있을 것 같다. 박정희의 조경관 외에 한국 현대 조경의 지형을 구성하는 지식 성분으로 맥하그식의 생태적 계획McHargian ecological planning 방법론, 박제화된 전통 조경(론), 옴스테드식 조경 양식, 표피적 모델로 수입된 외국 작품(또는 경향)들—특히 1980년대 말의 피터 워커Peter Walker 류의 작품들, 라빌레뜨 공원Parc de la Villette, 최근의 랜드스케이프 어바니즘landscape urbanism 등—을 들 수 있을 것이다. 필자는 얼핏 보면 서로 연관되지 않는 것처럼 보이는 이러한 힘들이 서로 얽혀 마치 아말감과도 같은 한국 조경의 지식과 그 지형을 구축하고 있을 것이라는 생각을 가지고 있다. 동시대 조경 이론과 비평이 주목해야 할 지점들이다.

---

1. 배정한, 『조경의 시대, 조경을 넘어』, 도서출판 조경, 2007, p.6.

2. 배정한, "한국 조경의 새로운 지형도: 변화의 전략", 『한국의 조경 1972-2002: 한국조경학회 창립 30주년 기념집』, 한국조경학회, 2002, pp.157~163.

3. 여기서 '지식'은 다소 느슨하고 유연한 개념이다. 이 글에서 말하는 지식은 실천(practice)과 대비되거나 상보적인 개념으로 쓰이는 이론(theory)을 의미하지 않는다. 비평 및 역사와 구별되거나 쌍을 이루는 차원의 이론을 뜻하지도 않는다. 애매하고 부동적인 상식과는 다른, 명석하고 확정적인 과학적 지식만을 지칭하는 것도 물론 아니다. 지혜와 구별되는 지식을 일컫는 것도 아니다. 이 글에서 '지식'은 조경 실천을 이끌거나 실천에 영향을 미친 이론이나 생각의 체계(또는 파편), 실천의 방향이나 패러다임을 바꾼 특별한 작품이나 실천 선례, 특정한 정치 권력자의 취향이나 정책, 다른 문화권의 설계 트렌드나 유행 등을 포괄하기까지 하는 넓은 개념으로 쓰인다.

4. 앤서니 기든스 저, 이윤희 · 이현희 역, 『포스트 모더니티』, 민영사, 1991, p.17.

5. 김성기 편, 『모더니티란 무엇인가』, 민음사, 1994, p.5.

6. 장석만, "우리에게 근대성 공부는 무엇인가", 『한국 근대성 연구의 길을 묻다』, 돌베개, 2006, p.25.

7. 앤서니 기든스, 『포스트 모더니티』, p.20.

8. 참조. 진종헌 · 신성희, "도시 정체성 형성을 위한 '과거'의 선택적 복원 과정: 인천시의 만국공원 복원론을 사례로", 『지리학연구』40(2), 2006, pp.241~255.

9. 물론 능동적인 입장에서 서구의 공원 개념을 수입하고 자주적으로 조성한 예도 개항기 한국에서 볼 수 있다. 예컨대 독립협회를 창설한 서재필은 협회지와 독립신문을 통해 민중 계몽, 도시 미화, 도시 위생 개선을 위해 독립공원의

조성이 필요하다는 점을 역설하고 예산 모금을 호소하여 독립공원(1896)을 건설했다. 이에 관한 역사적 사실과 조경사적 의의는 다음 논문에서 참고할 수 있다. 이유직, "독립공원의 조경사적 의의", 『한국조경학회지』36(1), 2008, pp.103~115. 그러나 이 시기의 공원 이입 과정 전반은 타의적이고 수동적이었다. 장충단공원(1919), 사직단공원(1921), 효창공원(1924) 등은 장소의 역사적 기억을 지우면서 새로운 질서를 투입한 식민적 근대 시설이었다.

10. 이러한 사정에 대해 최정민은 "개항과 더불어 태동하기 시작한 한국 근대 조경은 땅과 장소의 연속성을 단절시키고 정체성을 해체하면서 자리 잡은…… 식민 프로젝트이기도 했다"고 평가한다. 최정민, 『현대 조경에서의 한국성에 관한 연구』, 서울시립대학교 대학원 박사학위논문, 2008, p.86.

11. 1972년 5월 2일, 미국 일리노이 주정부 및 시카고 지역 녹지보호청 조경 담당 공무원으로 근무하던 오휘영이 조경·건설담당비서관으로 임명되었다. 같은 해 12월 29일에 박정희 대통령의 지원과 오휘영 비서관의 주도로 한국조경학회가 창립되었다. 1973년 3월 1일자로 서울대학교와 영남대학교에 조경학과 학부생이 모집되었고, 서울대학교 환경대학원 조경학과가 대학원생을 선발했다. 1974년 9월 19일에는 대통령령 7254호에 의해 건설업법시행령에 조경공사가 건설공사 중 '특수공사업'으로 추가되었고 조경공사의 범위와 업체의 자격 기준이 정해졌다. 또한 같은 해 7월 2일에는 국영기업체인 한국종합조경공사가 설립되어, 정부, 정부투자기관, 지방자치단체 등에서 발주하는 조경사업의 대부분을 정부의 지원 하에 한국종합조경공사가 수행하게 되었다. 또한 1975년에는 국가기술자격법에 의해 조경기술사(국토개발 분야 내)와 조경기사 1, 2급 시험이 시행되었다. 이에 관한 보다 상세한 기술은 다음 글에서 참고할 수 있다. 조세환, "한국 조경의 도입", 『한국 조경의 도입과 발전 그리고 비전: 한국조경백서 1972-2008』, 조세환·홍광표·서주환·신익순·이상석·배정한 저, 환경조경발전재단, 2008, pp.20~43.

12. 한국조경학회 창립 10주년, 서울대학교 환경대학원 개원 20주년과 25주년, 한국조경학회 30주년 등을 맞을 때마다 한국 현대 조경 초창기를 재조명하는 심포지움이 기획된 바 있다. 그러나 반복적인 회고에 그친 경우가 대부분이며, 역사적 평가나 비판적 시각을 보인 적은 드물다. 오히려 1970년대의 신문을 통해 당시의 조경을 분석하고자 한 김태경의 시도는 신선한 접근 방식을 보여준다는 점에서 주목할 만하다(김태경, "신문으로 본 1970년대의 한국 조경", 『Locus2: 조경과 비평』, 조경문화, 2000, pp.172~91). 한편, 정영선의 글은 한국 현대 조경사의 시대 구분을 시도하고 있다는 점에서는 의미를 지닌다(정영선, "되돌아 본 한국 조경의 30년", 『한국의 조경 1972-2002: 한국조경학회 창립 30주년 기념집』, 한국조경학회, 2002, pp.111~117).

13. 박정희와 조경의 관계를 가장 깊숙이 다룬 기존의 자료로는 김정렴의 회고록 『아, 박정희』(중앙 M&B, 1997)와 오휘영의 연재물 "우리나라 근대 조경 태동기의 숨은 이야기"(『환경과 조경』, 2002)를 들 수 있다. 이처럼 박정희를 지근에서 보좌한 인물들에 의한 세세한 조경 관련 일화나 사건의 기록은 중요한 사료적 가치를 지닌다. 그러나 그러한 자료들이 박정희의 조경관과 그 영향에 분석적으로 접근했다고 보기는 어렵다.

14. 그러한 정책 목록은 예컨대 박정희 대통령 전자도서관(www.parkchunghee.or.kr) 등에 정리된 자료를 분석해 보면 손쉽게 취득할 수 있다.

15. 두 번째와 세 번째 장의 내용은 이미 발표한 바 있는 필자의 논문(배정한, "박정희의 조경관", 『한국조경학회지』 31(4), 2003, pp.13~24.)과 직접적으로 연결되어 있다. 발전적인 보완 작업을 거치기는 했지만 이처럼 많은 부분에서 자기 인용의 형식을 택하게 된 것은 필자의 오만함에서 비롯된 것이 아니라 논거 및 주장의 연속성과 간결성을 살리

기 위한 의도였음을 밝힌다.

16. 박정희, 『민족중흥의 길』, 광명출판사, 1978.

17. 중앙일보 특별취재팀, 『실록 박정희』, 중앙 M&B, 1998, pp.163~164 재인용.

18. 김정렴, 『아, 박정희』, 중앙 M&B, 1997, p.59.

19. 앞의 책, p.343.

20. 오휘영, "우리나라 근대 조경 태동기의 숨은 이야기(5): 조경에 대한 박정희 대통령의 관심과 주요 프로젝트", 『환경과 조경』 145, 2000, pp.34~35.

21. 청와대 비서실에 조경을 담당하는 비서관을 두었다는 것은 극히 이례적인 일로 중요한 의미를 지닌다. 청와대는 1972년 당시 국내에 정규 교육 과정이 없었던 조경학을 미국에서 공부하고 시카고 지역 녹지보호청에서 근무하던 오휘영을 찾아내 조경담당 비서관으로 영입했는데, 박정희가 자신의 조경관을 실천함에 있어서 오휘영의 역할은 매우 컸다고 할 수 있다. 이는 마치 미국 3대 대통령 토마스 제퍼슨(Thomas Jefferson)과 그의 조경 파트너 앤드류 잭슨 다우닝(Andrew Jackson Downing) 사이의 관계를 연상하게 한다. 박정희와 한국 현대 조경의 성립 과정을 고찰함에 있어서 오휘영의 역할에 대한 부분은 다음의 글에 상세하게 기술되어 있다. 조세환, "한국 조경의 도입", 『한국 조경의 도입과 발전 그리고 비전: 한국조경백서 1972-2008』, pp.20~43.

22. 단적인 예로 어린이대공원 건설을 들 수 있다. 현재의 어린이대공원은 서울시 성동구(현재의 광진구) 능동에 소재한 '서울컨트리클럽' 을 공원화한 것인데, 골프장에 대해 부정적 인식을 가지고 있던 박정희는 1970년 12월에 공원화를 지시하였고, 갖은 저항에도 불구하고 1972년 11월에 기공식을 한 후 이른바 '100일 작전' 이라는 강행군 끝에 다음 해 어린이날 개장했다고 한다. 이에 관한 상세한 사정은 다음에서 볼 수 있다. 박인재, 『서울시 도시공원의 변천에 관한 연구』, 상명대학교 대학원 박사학위논문, 2002, pp.58~61.

23. 제 3공화국 시대에 서울시 도시 관련 고위공무원을 지냈던 도시계획사학자 손정목에 따르면, "……당시 박정희 대통령이 직간접으로 관여하지 않은 국정은 단 하나도 없었다. 모든 것이 그의 지시에 의해서, 또는 그의 결재(재가)에 의해서 이루어졌다. 서울시 행정 또한 예외는 아니었다. '도시건설도 내가 직접 살필 것' 을 국민 앞에 약속한 그대로 모든 서울시정이 그의 지시에 따라 움직였고 그에게 보고하여 이른바 '재가' 를 받은 후에야 발표 추진되었다. ……세운상가도 한강건설도 강남개발도 그에게 보고된 후에 착수되었다. 여의도광장이나…… 능동에 있는 어린이대공원은 그의 지시에 따라 이루어졌고 과천에 있는 서울대공원도 그가 깊숙이 관여했다. ……이것들은 그 누군가가 건의한 것이 아니라 박정희 대통령이 직접 착상한 것이었다. ……큰 것만이 아니었다. 모든 것을 빠짐없이 살피고 챙겼으니 아무리 작은 것이라도 놓치지 않았다." 손정목, 『서울 도시계획 이야기1』, 한울, 2003, pp.14~15.

24. 안효빈, 『가까이서 본 박정희 대통령』, 휘문출판사, 1977, pp.102~103에서 재인용.

25. 박정희는 대구사범학교에서 배운 독도법을 자기 나름의 방식으로 발전시켜 다양하게 활용했다. 경부고속도로 공사 같은 대사업을 구상하거나 작업을 지시할 때 그는 등고선까지 들어간 계획도를 단순 명쾌하게 즉석에서 그리곤 했다. 이에 관한 보다 상세한 일화는 다음에서 참조할 수 있다. 조갑제, 『내 무덤에 침을 뱉어라 2』, 조선일보사, 1999, p.114.

26. 김정렴, 『아, 박정희』, p.343.

27. 박인재, 『서울시 도시공원의 변천에 관한 연구』, p.62.

28. 김대환, "박정희 정권의 경제개발: 신화와 현실", 『역사비평』23, 1993, p.56.

29. 황기원, "한국의 조경교육 30년: 회고와 전망", 『한국의 조경 1972-2002: 한국조경학회 창립 30주년 기념집』, 한국조경학회, 2002, p.66.

30. 전문적인 조경 용역을 위해 공기업의 형태로 설립된 한국종합조경공사(1974년)의 배경 역시 마찬가지라고 할 수 있다. 한국종합조경공사는 민영화되기 전까지 정부 발주의 대규모 조경 공사를 거의 전담하다시피 했다.

31. 안효빈, 『가까이서 본 박정희 대통령』, p.68.

32. 박정희 정권의 정치적 성향이 과연 민족주의적이었는가 하는 문제는 매우 중요한 논란거리이지만, 이 글의 범위를 벗어난다. 이 문제에 관한 상세한 이해는 다음의 글로부터 안내받을 수 있다. 손호철, "박정희 정권의 재평가: 개발독재 바람직했나?", 『해방 50년의 한국 정치』, 새길, 1995, pp.131~151.

33. 현충사 외에 유사한 예로는 낙성대, 금산 칠백의총, 광주 충장사, 예산 윤봉길 유적, 천안 유관순 유적, 행주산성, 진주성, 무열왕릉, 오죽헌 등을 들 수 있다. 이와 관련된 사업의 상세한 목록은 다음에 잘 정리되어 있다(아래의 표1 참조). 김정렴, 『아, 박정희』, pp.58~59, 그리고 조세환, "한국 조경의 도입", p.30.

표1. 문화 유적 보전 및 복원

구분	내용
민족 사상 · 선현 유적	1. 경북 경주시 무열왕릉 2. 강원 강릉시 오죽헌 3. 경기 파주시 자우서원 4. 기타 경주의 통일전, 오릉, 김유신 장군묘, 세종대왕 영릉, 이퇴계 선생의 도산서원, 조헌 선생 유적, 양진당, 문무대왕릉
국난 극복의 유적	1. 충남 아산 현충사 2. 서울 봉천동 낙성대 3. 경남 통영 제승당 4. 충남 금산군 칠백의총 5. 광주 충장사 6. 충남 아산 윤봉길 의사 유적 7. 충남 천안 유관순 의사 유적 8. 기타 행주산성, 진주성, 강화전적지, 남한산성, 해미읍성, 부산 충렬사, 최영 장군 유적, 임경업 장군 유적, 해남 표충사, 곽재우 장군 유적, 충무 충렬사, 항몽순의비 등 21개소
전통 문화 유적	경주 불국사, 대릉원, 방황사와 삼존불, 포석정지, 팔만대장경, 무열왕릉, 광한루, 추사 고택, 익산 미륵사지, 부석사, 직지사, 법주사, 내장사, 백양사, 송광사, 화엄사, 쌍계사
6 · 25동란 기념 유적	벨기에, 룩셈부르크, 영국, 호주, 뉴질랜드, 캐나다, 콜롬비아, 에티오피아, 프랑스, 그리스, 네덜란드, 필리핀, 남아프리카공화국, 타일랜드, 터키, 미국 등 16개국의 한국전쟁 참전기념비, 의료지원단 참전기념비, 한국전 순직종군기자 추념비, 춘천 6 · 25전적비, 영산 6 · 25전적비, 왜관 6 · 25전적비 등

34. 정재경, 『위인 박정희』, 집문당, 1992, p.234에서 재인용.

35. 정재훈, "나의 길 나의 인생(1): 일제 잔재 청산과 문화재 조경", 『환경과 조경』145, 2000, p.38.

36. 오휘영, "우리나라 근대 조경 태동기의 숨은 이야기(4): 현충사 성역화 사업", 『환경과 조경』144, 2000, pp.32~35.

37. 행정수도 건설계획은 당시 국토개조계획의 정점이었다고 볼 수 있다.

38. 중앙일보 특별취재팀, 『실록 박정희』, pp.163~164 재인용.

39. 앞의 책, p.165 재인용.

40. 최정민, 『현대 조경에서의 한국성에 관한 연구』, p.87.

41. 정재경, 『위인 박정희』, p.173 재인용.

42. 지붕 개량 사업, 전기 · 통신시설 정비, 가로 정비 등 이른바 환경 개선 사업은 새마을운동이 가장 의욕적으로 벌인 사업이다. 비서구사회의 근대화 프로젝트가 기본적으로 과거와 전통적 요소에 대한 부정적 인식을 깔고 있다고 보았을 때, 새마을운동의 환경 개선 사업만큼 그러한 부정적 인식을 강하게 드러낸 것은 없었다. 환경 '개선' 이나 주택 '개량' 이라는 용어에서 단적으로 알 수 있듯, 환경 개선 사업은 이전의 가옥 형태나 생활 양식 등을 저급하고 부정적인 것으로 취급하고 있다. 환경 개선 사업을 통한 외형적 근대화는 박정희 정권의 근대화 정책의 성격을 가장 잘 보여준다. 그것이 이룩한 가시적 성과는 근대화 업적을 선전하는데 매우 유용했다. 이러한 관점에 입각한 보다 상세한 비판은 다음 논문에서 참고할 수 있다. 김인진, 『새마을운동을 통해서 본 한국 사회의 근대성 형성에 관한 연구』, 서울대학교 대학원 석사학위논문, 1999, pp.50~54.

43. 박정희의 현장 지도는 연초의 연두기자회견을 시작으로, 행정 각부의 초도 순시, 각 지방정부 초도 순시, 각종 공사 현장과 새마을 사업 현장의 방문 지도로 짜여졌다. 그가 세운 중요한 국정 목표들은 중장기 연차계획의 형식을 취한 경우가 다수였으며, 이에 대한 정기적 점검을 위해 현장 확인 지도를 강화한 것이다. 경제개발 5개년 계획, 식량증산 10개년 계획, 전원개발 5개년 계획, 치산녹화 10개년 계획 등이 대표적인 예이다.

44. 안창모, 『한국 현대 건축 50년』, 재원, 1996, p.141.

45. 김인진, 『새마을운동을 통해서 본 한국 사회의 근대성 형성에 관한 연구』, p.96.

46. 박명림, "근대화 프로젝트와 한국 민족주의", 『한국의 '근대' 와 '근대성' 비판』, 역사비평사, 1996, pp.311~348.

47. 김호기, "박정희 시대와 근대성의 명암", 『창작과 비평』 99, 1998, p.106.

48. Eric Hobsbawm and Terence Ranger, eds., *The Invention of Tradition*, Cambridge: Cambridge University Press, 1983.

49. P. Chatterjee, *Nation and Its Fragment: Colonial and Post Colonial Histories*, Princeton: Princeton University Press, 1993, p.6.

50. 이러한 논쟁의 대표적인 예로는 국립박물관(1966년, 강봉진 설계)과 부여박물관(1967년, 김수근 설계)을 둘러싼 논쟁을 들 수 있다. 그러나 전통 논쟁을 계기로 과거의 양식과 그것의 현대적 변용에 관한 건축사 연구의 양과 질이 확장되는 긍정적 결과가 나타나기도 했다.

51. 상세한 사례는 다음의 회고에서 참조할 수 있다. 정재훈, "나의 길 나의 인생(1): 일제 잔재 청산과 문화재 조경" 그리고 오휘영, "우리나라 근대 조경 태동기의 숨은 이야기(4): 현충사 성역화 사업."

52. 최정민, 『옴스테드 양식이 한국현대조경작품에 미친 영향에 관한 연구』, 서울시립대학교 대학원 석사학위논문, 1993, p.65.

53. 뿐만 아니라 박정희의 지시에 의해 현충사와 도산서원을 비롯하여 다수의 유적지에 식재된 '금송' 을 비롯한 몇

몇 수종은 왜색 조경이라는 논란을 불러일으키기도 했다.

54. 박정희, 『민족중흥의 길』, p.1.

55. 전인권,『박정희의 정치사상과 행동에 관한 전기적 연구』, 서울대학교 대학원 박사학위논문, 2001, p.310. 이 논문은 저자의 요절 후에 『박정희 평전』(이학사, 2006)으로 출판된 바 있다.

56. 앞의 논문, p.340.

57. 앞의 논문, p.87.

58. 정재경, 『박정희 사상 서설』, 집문당, 1991, p.453.

59. 박정희, 『박정희 대통령 연설문집3: 제 6대편』, 대통령비서실, 1973, p.761.

60. 새마을운동에 관한 상세한 통계적 자료는 다음을 참조할 것. 내무부, 『새마을운동사 10년사 자료편』, 내무부, 1980.

61. 김재영, 『박정희 대통령 국민과의 대화집』, 자유문화사, 1978, p.326 재인용.

62. 안효빈, 『가까이서 본 박정희 대통령』, p.212 재인용.

63. 이에 관한 상세한 논의는 다음을 참조할 수 있다. 배정한, "조경설계에서 전원 이상의 전통과 그 이면", 『농촌계획』 5(2), 1999, pp.46~55.

64. 김호기, "박정희 시대와 근대성의 명암", p.93.

65. 이와 관련된 논의는 다음에서 참고할 수 있다. 배정한, 『현대 조경설계의 이론과 쟁점』, 도서출판 조경, 2004. "화장술적 조경"의 양상 외에, 20세기 조경의 또 다른 난맥은 "지역성의 소거"라고 말할 수 있다. 예컨대 최정민은 서구의 근대성 프로젝트 전반이 그러하듯 현대 조경 또한 연속성을 부정하고 낯선 새로움을 추구하며 보편적 자연을 대입함으로써 지역적 · 장소적 차이를 소멸시켜 왔다고 비판한다. 최정민, 『현대 조경에서의 한국성에 관한 연구』, pp.51~54. 이와 같은 지역성 소거의 문제는 다음에서 박정희식 조경의 두 번째 유산으로 지적할 '전통'의 문제와도 긴밀하게 연관된다.

66. 한국 현대 조경에서 나타나는 '전통'의 또 다른 양상은 음양, 오행, 천지인 등 범아시아적 철학이나 거대 담론을 설계 '개념'으로 설정하는 경우다. 이러한 경향은 1990년대 중후반—대표적인 예로는 여의도광장 공원화사업 설계 현상공모—에 절정에 달한다. 이처럼 과도한 개념들은 실제 설계의 내용으로 발전하지 못하거나 또는 바닥 포장 패턴과 같은 표피적 수준에서 직설적 형태로 표현되기도 한다. 이에 대한 보다 상세한 분석은 다음의 논문에서 전개된 바 있다. 이상민, 『설계 매체로 본 한국 현대 조경설계의 특성』, 서울대학교 대학원 박사학위논문, 2006, pp.95~110.

67. 조속한 결과물 생산과 가시적 성과를 중요시했던 박정희 시대의 조경은 설계보다는 공사(시공)에 비중을 두었다. 사실 당시 조경 프로젝트의 과정에서 설계가 갖는 위상은 극히 미미했다. 이러한 점은 후에 큰 영향을 미쳐서, 조경 분야 내에서도 조경설계가 제 자리를 찾지 못하는 기현상을 낳았다. 이러한 난맥은 최근에 이르러서야 개선되고 있다.

68. 다음 글을 참조할 것. 배정한, "한국 조경설계를 변화시킨 작품들", 『조경의 시대, 조경을 넘어』, 도서출판 조경, 2007, pp.147~165.

69. 고미숙, 『한국의 근대성, 그 기원을 찾아서』, 책세상, 2001, p.12.

장소의 기억과 재현

한국 공원의 정치와 디자인을 횡단하다

조경진 _ 서울대학교 환경대학원 교수

시작하며

한국 현대 조경의 지식 지형을 그리는 일은 이중적 딜레마에 봉착하기 쉽다. 우선 조경 실무 분야에서 지형도를 구축하는 것이 그리 쉽지 않다는 점이 문제다. 많은 프로젝트는 있으나 여러 단계의 작업과정 속에서 조경 설계가의 존재가 소멸되거나 설계가의 의도가 희석되는 일이 허다하기 때문이다. 자연히 작가의 철학이나 디자인의 아이디어가 온전히 실현되는 설계 작품이 드물 수밖에 없다. 더구나 구현된 설계도 내밀한 사유가 농축된 사례는 많지 않고, 정치적이고 행정적인 의사결정과정을 거치면서 설계의 주요한 골격이나 생각이 훼손되는 경우가 대부분이다. 이러한 이유들로 인해 조경의 실무 영역에서 일관된 설계 성향을 견지하거나, 다양한 설계 경향이 공존하면서 조화롭게 어우러져 복합적이고 풍부한 지층이 형성되는 것을 기대하기 어렵다. 조경의 지식체계는 철저하게 현실의 변화를 수반하는 실천성에 기반을 두는 바 실무 현장이 명확히 포착되지 않는 상황에서 지식 지형을 논하는 것은 더욱 힘든 일이 된다. 물론 학계는 자신의 고유한 논리체계로서 학문적 존립을 위하여 조경 관련 지식을 생산해낸다. 그러나 실천적인 유용성이나 함의가 없는 자기 완결적인 지식체계에 몰입하는 것은 진정한 의미의 실천 지식체계를 형성하지는 못한다. 그러므로 한국 조경의 지식 지형을 파악하고자 하는 시도는 근원적인 한계를 지닌다.

그럼에도 불구하고 본 연구는 다음과 같은 전제에서 출발한다. '장소에 대한 생각이 설계 행위를 통하여 구현되는 과정과 결과물이 실천분야로서 조경 지식 지형의 최전선을 이루고 있다' 는 인식이 바로 그것이다. 그래서 본 연구는 설계 사례를 검토하면서 실천 행위의 근간이 되는 '생각' 이 어떻게 구체화되는가를 추적하고자 한다. 조경 작품 사례의 입체적인 분석을 위해서 포괄적인 사례 리스트보다 제한된 사례를 집중적으로 다룰 것이다. 사례 분석의 대상으로는 조경 영역 중 도시 공원에 한정한다. 공원 설계에 주목하는 이유는 그 사회적 영향력이 크고 비교적 다수의 사례가 현상공모 방식을 취했기 때문에 디자인 혁신을 시도한 경우가 많고, 자료의 접근이 비교적 용이하기 때문이다. 또한 공원 설계가 제도화되고 변모하는 과정에서 설계 방식이나 경향이 어떻게 변화했는지를 추적해 볼 수 있다는 점도 고려하였다.

그러면 한국 공원 설계를 어떠한 관점에서 조망하느냐가 연구의 관건이 된다. 현대 한국 공원 설계의 질적인 변화를 포착하기 위한 중요한 키워드는 무엇일까? 본 연구는 '장소' 라는 키워드가 설계의 핵심적인 주제라는 입장을 취한다. 이와 관련한 첫 번째 쟁점은 공원 설계에서 기존의 장소적 특성을 어떻게 해석하였고 어떠한 방식으로 조형화 하였는가이다. 기성 도시의 공원 조성은 기존 도시 구역 내의 특정 부지를 시대적 상황과 요구에 맞추어 공간을 재편하는 경우가 대부분이다. 공원은 공공적 기능을 하는 도시 공간으로서 사회적 필요에 따라 공간의 성격과 쓰임새가 규정된다. 본 연구에서는 공원 설계의 경우 미학적 스타일이나 디자인 접근의 차이에 주목하기보다 장소의 복합적 특성을 어떻게 읽고 재현했는가를 밝혀내는 것이 중요하다고 판단하였다. 한국의 공원 설계는 세계적인 설계 트렌드에 직간접적으로 영향을 받으면서 우리 땅의 조건과 맥락 속에서 구현된다. 자연히 보편성과 개별성, 현대성과 전통성 사이에서 균형점을 찾는 것이 우리나라 공원 설계의 근본적인 과제이기도 하다. 개별 공원이 지닌 설계적 특성은 부지가 위치한 장소 맥락과 조건에 의해 크게 좌우되기에 주어진 조건을 어떻게 받아들이는가가 중요하다. 공원의 고유한 장소성을 어떻게 해석하고 재현하는가는 한국 공원 설계의 보편적이며 개별적 특성을 감지하는 예민한 척도이다. 장소와 관련된 두 번째 쟁점으로 관심을 가지는 바는 공원과 도시의 관계, 공원의 사회문화적 의미 등 도시 공원의 맥락적 성격이다. 공원이 만들어지면서 이전 장소에서 어떻게 새로운 장소성을 획득하게 되었는가 혹은 장소의 집합적인 기억을 어떻게 지속시키는가 혹은 단절시키는가 등은 주목하는 쟁점이다. 본 연구는 '장소의 해석과 재현' 이라는 관점에서 어떻게 부지의 고유한 성격, 보다 확장된 개념으로서 지역적 맥락을 읽고 표현했는가를 추적한다. 또한 '장소 기억의 소거와 재생' 이라는 관점으로 장소성의 변화—이전의 장소가 사람들과 교호하던 방식에서 새로운 기제로 변화한 방식 사이의 차이—를 집중적으로 논의할 것이다.

본 연구에서 사용하는 '장소의 기억' 은 공원이라는 장소를 목적격이 아닌 주격으로서 해석하는 의미이다. 흔히 '장소의 기억' 이란 말에는 두 가지 의미가 혼재된다. 전자의 경우 공간이라는 장소를 기억하는 것이고, 후자의 경우는 어떤 장소에 자리하고 있는 기억을 말하는데, 여기서는 후자의 의미로 사용한다.[1] 본 연구는 개별 공원들을 하나의 장소로 인식하고, 각각 장소의 기억이 어떻게 변모해 왔는지를 조망함으로써 한국 공원 설계에서 '장소 해석과 재현' 이 어떠한 양상으로 전개되었는가에 우선적으로 주목한다. 아울러 장소의 기억이 어떻게 소거되고 재생되는지를 살펴본다. 이 두 가지 차원이 어떠한 관련성을 지니며 상호작용을 해왔는지도 살펴볼 것이다.

본 연구의 목적은 다음과 같다. 첫 번째는 한국 공원의 장소 기억 층위들을 살펴봄으로써 일반적으로 알려져 있지 않은 공원 조성 전후의 상황을 파악하고자 한다. 이를 통하여 공원 설계의 실천 행위가 이루어지는 맥락을 파악하면서 조경 설계 지식 실천의 지형을 구축하고자 한다. 두 번째는 이 지형도를 근간으로 가설적인 실천적 장소론을 구축한다. 실천적 장소론이란 2장에서 상술할 예정이지만, 간략히 정의하면 이론 지향 장소론이 지향하는 바를 구체적인 공간에서 구현하면서 구축되는 실천 지식 체계를 실천적 장소론이라 지칭한다. 이론적 장소론보다는 중간 이론적 성격을 지니며 구체적이고 실천가능한 특성을 지닌다. 이러한 의미에서 조경 및 건축 분야의 실천적 장소론은 이론적 장소론과는 다른 차원의 양상을 나타내기도 한다. 본 연구에서는 한국 조경이 앞서 언급한 공원 설계에 있어 장소성의 해석을 통하여 실천 지식을 구축하여 왔고 구체적인 성과가 있어 왔음을 밝히고자 한다. 세 번째는 한국 공원 설계의 지식실천체계의 고유성과 독자성이 존립할 수 있는가의 가능성을 점검한다. 한국 공원 설계의 지식체계가 일방적으로 외국의 것을 수용하는 데 그치는 것이 아니라 세계적인 흐름에 어떻게 독자적으로 기여할 수 있는가에 대한 가능성을 탐구하고자 한다.

연구의 시간적 범위는 1970년대 이후 한국 공원 설계에 주로 한정한다. 근대적 의미에서 한국 조경은 1970년대 초반 제도화되어 전문 분야로 발전해 왔다. 1980년대 이후에는 조경 분야가 급속도로 성장하면서 다수의 조경 프로젝트가 양산되기 시작하였다. 본 연구의 텍스트는 공원이라는 실제 공간뿐만 아니라 설계자의 생각을 담은 글과 보고서 등을 대상으로 하며, 한국 조경설계 관련 비평 및 논문 등을 포함한다.

본 연구는 다음과 같은 상호 느슨하게 연결되는 구성 체계를 지닌다. 2장은 연구의 이론적 좌표를 제시하는데, 이론적 장소론의 현재까지 전개과정을 살펴본 후, 공간계획의 장소 논의를 점검한다. 또한 장소와 부지, 기억과 장소의 개념적 관계를 살펴본 후 이를 통합하여 실천적 장소 만들기의 가능성을 타진한다. 잠정적인 가설로서 공간계획에서 실천적 장소 만들기가 어떻게 가능한지는 3장과 4장에서 사례를 통하여 구체화된다. 대표적인 공원 설계를 중심으로 장소가 어떻게 해석되고 재현되었는가를 그 변화상을 통하여 추적해본다. 3장에서는 근대 공원의 태동기 이후의 역사를 살펴보면서, 공원 설계가 개입하는 장소적 맥락을 파악한다. 여기서는 구체적인 설계 특성에 주목하기 보다는 설계 행위를 통하여 기존의 장소가 새로운 장소로 변모하고 기존 장소성이 어떻게 소거되었는가에 주목하였다. 이는 초기 공원이 형성되던 사회문화적 상황과 도시적 조건을 이해하는 관점을 제공할 수 있기 때문이다. 4장에서는 1970년대 이후 공원 설계의 다양한 사례와 개별적 특성을 점검한다. 1970년대 이후 한국 건축 도시 분야는 모더니즘의 논리가 지배적이었고, 조경 분야도 이러한 영향에서 자유로울 수 없었다. 모더니즘적 경향은 기능 위주의 공간 설계, 자기 완결적 공간 구성과 조형성 추구 등이 그 대표적인 특징이다. 이러한 경향의 공원 설계는 땅과 부지의 관계를 고려하지만 설계의 가치나 논리 혹은 주요 모티브로 부각되는 경우가 드물고, 장소적 맥락은 주변화 되어 다루어지는 경우가 대부분이다. 이 현상은 3장에서 언급한 공원 설계가 이루어지는 도시적, 정치적 조건이 빠른 속도로 기억을 소거하는 방식으로 이루어진 한국적 특성과도 그리 무관하지 않다고 생각한다. 이러한 두 가지 다른 태도와 경향은 공원 설계에서 크게 구별되어 나타나기도 하지만, 때로는 두 가지 상반된 경향이 공원을 설계한 조경가나 조경사무실에서 동거하는 양상도 엿보인다. 그래서 이와 같은 혼재적 성향이 한국 조경을 정확히 해독하는데 장애로 작용하기도 한다. 그럼에도 조경의 근간에는 땅을 다루고 장소의 컨텍스트를 중시하는 고유한 관성이 존재하기에 장소의 조건을 중시하는 공원 설계의 전통이 유지된다. 최근의 공원 설계에서는 장소의 기억을 중시하고 흔적을 찾아내거나 창의적으로 재활용하는 것을 상대적으로 중시하는 경향이 늘고 있다.

결론에서는 한국 공원 설계의 독특한 조건과 이와 관련된 장소성 해석의 다양한 방식의 상호관계를 요약하였다. 나아가 우리나라 공원 설계의 고유한 특성을 파악하여 그 잠재적 가치와 의미를 찾고자 한다.

실천적 장소론의 모색

장소론의 전개

본 연구 주제인 '장소'와 '기억'이란 두 가지 키워드 중 하나는 장소이다. 20세기 후반부터 '장소 상실' 이라는 용어와 함께 공간을 다루는 여러 학문 분야에서 장소와 관련한 많은 논의가 전개되었다. 그러나 각각 학문 분야별로 다양하게 활용되므로 명확히 개념을 정의내리기 어려운 용어이다.[2] 이는 '장소' 라는 단어의 정의 자체가 워낙 다양한 탓에 그 개념 또한 다의적이고 복합적이기 때문이다. 다양한 정의가 존재하지만, 기본적인 조건은 크게 두 가지가 전제된다. 하나는 개인이나 집단의 어떤 특정한 경험이 이루어지는 장, 물리적 환경을 기반으로 하고, 다른 하나는 인간의 활동과 체험을 통하여 의미가 부여된 공간이라는 점이다. 장석주가 정의한 장소의 뜻에서도 마찬가지로 나타난다. "장소라고 할 때 대개는 국소적 지리 공간을 가리킨다. 개별적 신체를 핵으로 감싼 채 원근으로 펼쳐지며 생활환경 전반을 떠받치는 물적 토대이다. 그것은 땅 · 자연 · 입지 · 경관을 아우르는 동시에 사람의 활동과 사물들이 얼크러지며 만드는 의미의 중심장이다."[3] 즉 장소란 개념에는 객관적 실체와 주관적 경험, 공간적 실체와 인간의 상호작용이 만들어내는 물질적 영역과 정신적인 영역이 모두 담겨 있다.[4] 우리가 일상적으로 '장소' 라는 용어를 사용하지만 명확하게 정의하기 힘든 까닭은 장소라는 말에 이미 다층적이고 복합적인 의미가 내재하기 때문이다.[5]

장소란 개념은 공간과 대비될 때 그 의미가 선명해진다. 공간은 장소보다 더욱 추상적이다. 획일적인 공간을 사람들이 사용하며 좀 더 알게 되고, 거기에 가치를 부여하면 장소가 된다.[6] 즉 경험, 기억, 정서, 의미 등이 내재될 때 장소라는 개념이 부각된다. 다시 말해 공간이 이용하는 사람들의 경험과 기억이 축적되고, 꿈과 비전이 투영될 때 장소로 전환되는 것이다.[7] 장소는 흔히 공간과 구별되어 논의된다. 즉 공간은 장소에 비하여 유클리드 기하학의 장처럼 진공상태이며 물리적 특성을 지닌 것으로만 여겨진다. 그러나 추상적 이론에서는 공통성, 보편성 등에 초점을 맞추기 마련이기 때문에 워낙 추상적인 개념인 공간의 경우 인간이 공간에 추상화되어 들어가 있을 뿐이지, 공간이라는 개념에 인간이 제외되어 있는 것은 아니라는 주장도 있다.[8] 그럼에도 불구하고 장소라는 개념이 공간에 비하여 보다 친숙하고 생활환경에서 부닥치는 감각적인 특성을 지닌다는 것이 보편적인 견해이다.

'장소' 라는 용어와 관련되어 다양한 파생용어가 사용된다. 그 대표적인 예가 '장소성' 이다. 흔히 장소감과 장소성이란 용어를 혼용하여 사용하기도 하지만, 보다 엄밀하게 이 두 용어를 구분하여 사용하는 것이 일반적이다. 장소감sense of place은 대체로 집단이나 사회적 차원이라기보다는 개인의 활동이나 의식과 관련된다. 반면 장소 정신spirit of place이란 용어는 개인을 넘어서 집단적으로 한 장소에서 어떤 행위가 일어나고 가치가 부여될 때 사용된다. 장소성placeness이란 용어는 장소감과 장소 정신을 통합하는 개념으로 "특정 사회의 구성원들이 집단적 생활을 영위하는 과정에서 그 생활의 기반이 되는 장소에 대해 가지는 사회적 의식" 이라 할 수 있다.[9] 장소성은 결국 특정 장소를 다른 장소로 구별되게끔 하는 총체적 특성이다.[10]

장소성의 의미에는 경험을 통해 좋아하게 되는 장소 애착place attachment과 인간과 환경이 상호작용하여 만들어내는 장소 정체성place identity이 포함되기도 한다. 일반적으로 장소 애착은 사람과 주변 환경을 포함한 사회 · 물리적 환경에 대한 동태적이고 지속적인 유대감을 뜻하는 것이고[11] 장소 정체성은 장소에 대한 사람의 감정적 측면의 상징적 중요성을 강조하고 구성원들에게 삶의 목적과 의미를 부여하는 관계를 일컫는 것이다. 장소 정체성은 한 장소가 다른 장소와 구별되는 것인 독특함으로 설명될 수 있는데 이는 장소의 특별한 모습이나 성격에 기인한다.[12] 장소 정체성은 시간이 지나면서 자연발생적으로 형성되는 특성을 지닌다.[13]

장소성에 대한 논의가 본격적으로 거론된 것은 20세기 후반의 사회문화적 상황과도 무관하지 않다. 모더니티 프로젝트는 인간 이성에 대한 신뢰를 바탕으로 보다 합리적 사회를 건설하고자 하는 방향으로 진행되어 왔다. 모더니즘은 모더니티의 문화예술적 표현으로 보편적 가치와 이상을 추구하면서 문화적 동질화를 추구하여 왔다. 새로움과 혁신을 추구하는 모더니즘의 대열 속에서 지역문화의 정체성은 희석되고, 지역적 차이의 관심은 옅어지게 되었다. 자연히 차이와 다름을 억압하는 결과를 초래하게 되었다. 모더니즘의 기능주의는 표준화된 방식으로 지역의 고유한 가치와 맥락을 고려하지 않은 채 무장소적 공간을 양산하게 되었다.[14]

이러한 반성에서 다름과 차이에 주목하는 포스트모더니즘의 문화적 담론이 등장하게 되었고 안드레아스 후이센Andreas Huyssen은 계몽적인 모더니티를 비판하면서 여성이나 소수자, 소외된 자 등 억압받는 타자를 변호하고 인식하여야 함을 주창하였다.[15] 아르준 아파두라이Arjun Appadurai는 아시아, 아프리카, 라틴 아메리카의 상황에서 모더니티를 서구적 문화경험의 관점에서 설명할 수 없는 대안적 모더니티alternative modernity라고 명명한다. 대안적 모더니티란 획일적인 근대화가 지닌 한계를 극복하고 지역적 차별성에 주목하는 것으로 보편적 동질화가 이질적인 고유성과 공존하는 것을 지칭한다.[16] 이러한 맥락에서 차이와 다름에 대한 새로운 인식은 사회문화 분야뿐만 아니라 지리 및 공간 계획 분야까지 관통하고 있다. 상업적인 개발과정으로 개성이 박탈되어 규격화된 경관으로 변화되는 현대 도시의 무장소화placelessness의 비판도 이러한 인식과 깊이 관련된다.[17]

장소에 대한 관심은 담론의 영역을 넘어 정책의 아젠다 혹은 산업의 차원으로 전개되기도 한다. 장소와 관련된 다양한 차원의 사회문화적 의미가 선별되고 새롭게 포장되어 장소 이미지를 더욱 매력적으로 만드는 데 기여할 수 있다는 생각, 즉 장소가 상품이라는 생각이 점차 보편화되고 있다. 이제 장소를 판매하는 것이 도시 정책의 하나의 흐름이 되고 있다.[18] 또한 장소성의 관심은 장소 역사성을 보존하는 역사보존운동이나 잊혀진 지역의 역사를 복원하는 헤리티지 산업heritage industry의 형태로 나타나기도 한다. 혹은 지역의 정체성을 새롭게 하고 이를 자산으로 삼아 장소를 마케팅place marketing하는 방식으로 나타나기도 한다. 때문에 '장소의 정치', '정체성의 정치'라는 용어와 함께 정치적 담론에서도 장소는 중요하게 다루어진다. 이는 장소 자체를 하나의 정치 요소로 보고 완전히 소멸한 장소를 복원하거나 대안적 장소를 만들어 장소성을 회복함으로써, 장소 정체성을 구축하고 이를 지역을 살리는 요소로 활용하는 것이다.[19] 최근에는 이와 연계하여 '장소 자본place capital'이란 용어도 등장한다. 장소 자본은 한 장소의 마케팅에 있어 장소적 고정성과 불변성, 정형성을 지니고 있는 장소의 시설 가치와 지정학적 가치 이외에 사람들을 장소로 끌어들이게 만드는

복합적인 소프트 요소로 집객 능력을 가진 문화 서비스 역량 등을 포함한다.[20]

실천적 차원의 장소 만들기

조경을 비롯하여 건축, 도시 등 환경 설계 분야에서 나타나는 장소성의 논의가 주로 물리적 외양 위주로 전개되어 온 것은 분야의 속성상 실천 행위와 연계하여 '새로운 장소성 구축'을 위한 논의에 초점이 맞춰질 수밖에 없기 때문이다. 자연히 장소성의 문제가 이를 구성하는 요소와 소재에 집중된 것인데, 건축이론가 노베르크 슐츠C. Noberg Schulz가 주창한 장소 혼genius loci에 관한 논의가 그 대표적인 예이다. 여기서 '혼loci'은 장소성을 구성하는 요소이자 소재를 의미하며, 이는 한 사회의 물리적 환경, 즉 자연환경 및 인공 환경을 뜻한다. 아울러 물리적 환경에 의미를 부여하는 근거로서 그곳에서 생활하는 사람들의 상호행위와 가치체계, 생활양식, 나아가 사회체제를 일컫기도 한다.[21] 슐츠는 도식적이며 개성 없는 환경을 형성하고 있는 기능주의 중심의 건축 현실을 극복하기 위해 장소성 이론을 전개했으며, 환경이 지닌 실존적 의미를 회복시키고자 하였다. 그는 장소 혼genius loci의 개념을 빌어 현대 도시와 건축 공간에서 지역성과 전통의 가치를 되살리자고 주창하였다. 즉 모든 장소는 고유하고 특별한 성질이 있는데 환경 설계에 있어 이러한 것을 잘 재현해야 한다는 것이다.[22] 이러한 장소의 특별한 성질은 자연적인 요소들이 중요한 부분을 차지한다. 슐츠의 이론은 마르틴 하이데거Martin Heidegger의 장소 논의에 크게 영향을 받았다. 하이데거의 문제의식이자 사유의 논점인 현대인의 장소성 상실을 그의 건축 이론의 출발로 삼은 것이다.[23] 따라서 이는 실천 분야에서 방법론이 제시된 장소론이라고 볼 수 있다. 이에 영향을 받아 20세기 후반 환경 설계 분야에서는 장소의 섬세한 차이에 주목하면서 땅과 자연의 중요성을 보다 강조하기 시작하였다.

슐츠 이전에 실천 분야에서 장소에 대한 관심과 논의가 없었던 것은 아니다. 오히려 장소적 사유체제는 근대 이전에 고대부터 보편적으로 통용되었다.[24] 하나의 예로서 르네상스 정원 예술이 장소적 사고에 기반하고 있는가를 살펴보자. 토포스topos

는 이러한 장소적 사유와 관련되는 개념으로, 그리스어로 장소를 의미한다. 토포스는 정위가 있는 추상적 사유 공간일 뿐만 아니라 정주하는 구체적인 장소를 의미하기도 한다.[25] 장소, 사건, 상황을 복합적으로 뜻하는 토포스의 개념은 르네상스 정원 예술을 이해하는 실마리이다. 르네상스 이태리 정원의 토포스에는 신화와 알레고리가 활용된다.[26] 당시 정원은 신화적 이야기가 재현되는 장이면서, 정원 소유자의 스토리나 당대 사회의 역사적 문화적 상황과 조건이 반영되는 공간이었다.[27] 보다 명시적으로 장소 혼이라는 용어를 사용한 것은 18세기 정원 예술 분야였다. 1731년 시인 알렉산더 포프Alexander Pope가 벌링톤 경Lord Burlington에게 쓴 서간문에는 '모든 것을 장소 혼과 대화하라consult the genius of place in all' 라는 문구가 등장한다.[28] 여기서 장소 혼은 복합적인 의미를 지닌다. 때로는 자연생태계를 의미할 수 있고, 때로는 내재된 내러티브일 수도 있다. 혹은 고유한 성격이나 지역적 독자성을 포괄적으로 의미할 수도 있다. 장소 혼은 장소를 해석하는 사람들이 부지의 다층적인 특성을 다르게 해석할 수 있는 가능성을 열어놓고 있다. 18세기의 영국 정원사인 케이퍼빌리티 브라운Capability Brown은 1775년 목사인 토마스 디어Thomas Dyer에게 쓴 편지에서 자신이 하는 작업을 정원과 장소 만들기gardening and place-making라고 표현했다.[29] 브라운은 땅이 지닌 잠재적 가능성을 발견하고 매우 창의적인 방식으로 재구성한 정원을 만들었다. 브라운에게서 장소 혼은 문화적 내러티브보다는 지형, 기후, 땅 등의 미시적인 지역의 환경적 미적인 조건의 의미가 강했다. 브라운의 비전은 가장 이상적이고 완전한 형태로서 자연적인 소재가 재현되는 것이었다.[30] 자연히 땅과 물, 식물을 매체로 새로운 지형과 지평선이 형성되었고 수로와 숲이 만들어졌다. 브라운은 개별적인 장소가 지닌 특성을 예민하게 파악하고 그 잠재력을 살려 새로운 장소를 만들어내었다.

찰스 무어Charles Moore와 윌리엄 미첼William Mitchell은 지구상의 특정한 장소의 대지 형태와 물, 식생, 빛, 기후가 결합되어 일체화된 장소 혼을 형성한다고 지적하며, 정원을 조성할 때는 장소 혼과 대화하는 것이 중요하다는 점을 강조하였다. 그들은 장소 혼이 매우 강하거나 선명할 때는 이를 강화시키거나 대비되는 정원을 만들고,

그렇지 않을 경우에는 새로운 요소를 도입하여 장소 혼을 창출하는 것도 필요하다고 주장한다.[31] 즉 장소 혼이란 단지 과거의 것을 발굴하는 의미를 넘어서 새로운 것을 적절하게 첨가하여 새로운 의미를 창출하는 미래지향적 의미도 지닌다. 역사적으로 살펴보았을 때 장소라는 키워드는 조경과 긴밀하게 관련되어 왔고, 다루는 장소를 각기 다르게 만드는 것을 추구하여 왔다. 실천행위로서의 조경에서 장소에 고유한 특성이 존재해야 한다는 것은 추상적 개념의 차원이 아닌 구체적인 체험의 차원에서 중요하다. 조경의 역사는 장소의 고유한 특징을 창조하고 재현하는 방식이 다양한 층위로 존재한다는 것을 실제 많은 사례로 예증하고 있다.

한편 장소 만들기place-making는 물리적 환경을 조성하는 건축이나 조경을 의미하는 용어로 통용된다. 장소 만들기는 기본적으로 환경milieu을 조성하는 기술로서, 우리가 체험하고 우리가 정주하는 중간영역을 창조한다. 여기서 환경milieu이란 거주자나 이용자뿐만 아니라 만들어지고 다시 만들어지는 장소의 역사나 시간을 지나면서 전개되는 부지의 스토리까지 포함한다.[32] 장소 만들기라는 용어는 공간 계획이나 설계에서 다루어지는 물리적 환경을 지칭하는 개념에, 공간을 다루면서 개인이나 집단의 정서적, 의미적 개념까지 포괄하는 뜻을 지닌다고 할 수 있다. 최근에는 장소를 조성하는 것과 더불어 장소 마케팅이라는 말과 함께 통용되고 있다. 새로운 장소를 조성하는 것을 보완하는 입장에서 마케팅을 통하여 장소의 잠재력을 상품화하고 서비스로 연계하는 것을 지칭하는 것이다. 이 둘은 상호보완적인 관계를 형성하면서 장소 디자인의 한 축을 이룬다.[33] 장소 만들기라는 키워드는 장소감이 상실되는 상황이 보편화된 가운데 부각되어서, 도시 공간을 백지 상태로 보는 모더니즘 도시 디자인의 한계를 극복하는 의미를 지니기도 한다.[34] 이런 뜻에서 장소 만들기라는 말은 1970년대 이후 북미를 중심으로 시민들을 위한 생명력 있는 공공 공간을 만드는 실천행위를 지칭하는 의미로 주로 사용되었다. 장소 만들기는 물리적인 공간을 조성하는 차원을 넘어서 주민들이 커뮤니티의 주체로서 더 나은 환경을 만드는 과정을 만들어내게끔 하는 의미를 지닌다. 도시 내의 공원, 도심 공간, 수변 공간, 광장, 길, 시장, 캠퍼스, 공공건축물 등을 보다 주민들에게 열린 공간으로 활용하게 하고 잠재적 가치를 극대화시키기 위한 방안을 강구하고 실천하는 일들을 일컫는다.[35] 1990년대 이후 국내에서도 장소 만들기라는 말은 보편적으로 활용되기 시작하였다. 예를 들어, 신도시 개발에 있어서 이용자들의 체험과 기억이 오래 유지될 수 있는 조건을 갖추어 주는 것도 장소 만들기를 보다 적극적인 의미로서 활용하는 사례이다.[36]

장소 만들기라는 말의 의미는 정원에서부터 도시의 다양한 공공 공간으로 그 외연이 확장되어 왔다. 다만 개별 장소에 적합한 처방과 해결책을 제시하기 위해서는 물리적 자연이든 거기서 사는 사람이든 간에 해당 장소의 고유한 상황과 조건을 면밀하게 이해하는 것이 필요하다. 그것이 시대에 따라 계속해서 변해오는 가운데에도 장소 만들기에 지속되어 온 이념이다.

실천적 장소 만들기의 모색

앞서 논의한 바와 같이 장소나 장소성에 관한 담론은 주로 사회과학이나 지리학 분야에서 학문적 논의가 이루어져 왔고, 조경을 포함한 환경 설계 분야에서 이를 수용하여 실천 이론으로 전개하는 방식이 주를 이루었다. 그러나 장소 논의와 관련하여 실천적 필요성은 공유하면서 단순히 추상적 이론을 일방적으로 수용하지만은 않았다. 장소를 새롭게 창출하는 구체적 결과물을 만들어야 하니 현실적 조건에서 이론적으로 지향하는 바를 가시화하여야 했다. 즉 나름대로의 독자성을 추구하여 왔다고 볼 수 있으나 이는 대부분 실천 분야 내에서 합의 없이 설계자 각각의 판단에 따라 적용되어 왔다고 볼 수 있다. 즉 환경 설계 분야는 담론 자체보다는 실질적인 장소로 구현해야 하는 고유한 특성으로 인해 추상적 담론 차원의 장소론을 실천적인 방식으로 독자적으로 전개해나가고 있다고 볼 수 있다. 그러므로 장소를 읽고 새롭게 재현하는 실천 지식체계는 현대 환경 설계의 독자적인 특성이라고 표현해도 무리가 없을 것이다.

이는 용어 사용의 미세한 차이에서도 볼 수 있다. 환경 설계 분야에서 장소place

라는 단어는 때로 부지site라는 용어와 유사하게 사용되기도 한다. 지리학에서 논의되고 있는 장소는 사람을 주체로 놓고 그 결과로서의 논의를 다루는 경우가 대부분이지만, 건축과 같은 실천 분야에서는 슐츠의 장소론과 같이 장소 자체가 논의의 중심이 된다. 환경 설계 분야에서 장소의 개념은 부지와 상호 긴밀하게 관련되어 있다는 것이다. 여기서 장소와 부지의 개념은 서로 교차한다. 인간과의 관계가 형성되기 전부터 장소는 존재하지만 부지라는 개념은 새로운 개입이 전제되면서 생겨난다. 부지에 다시 의미가 생겨나면서 장소화되는 순환적 메카니즘을 가지는 것이다. 로버트 뷰리가드Robert A. Beauregard는 장소와 부지의 관계를 앙리 르페브르Henri Lefebvre의 '재현의 공간representation of space'과 '재현적 공간representational space'의 틀을 빌어 설명한다. 부지라는 개념은 재현의 공간과 같이 전문가들이 실천하는 담론체계의 영역에서 존재한다. 부지는 인간관계의 복합성과는 유리되는 사회적 개념 구성체이다. 이는 계획과 디자인이라는 행위의 이전에는 존재하지 않지만 계획과 디자인의 행위를 통하여 장소는 구체화된다. 반면 장소는 재현적 공간처럼 사람들이 생활공간에서 부딪히고 만나는 살아있는 경험이 배태된 개념이다.[37] 부지라는 개념은 장소와 장소 사이에서 존재하는 정거장과 같은 성격을 지닌다. 땅의 조건을 읽고 새롭게 변화시키는 것이 예술과 구별되는 환경 설계의 고유한 핵심이다.[38] 두 개념의 이러한 차이 때문에 장소론은 지리학, 철학 등 공간과 삶의 관계를 중시하는 입장에서 주로 이루어져 왔고, 부지에 관한 논의는 예술, 건축, 조경 등 실천영역에서 많이 진행되었다.

앞에서 논의한 바와 같이 20세기 후반에 지역의 고유한 가치를 중시하는 입장은 환경 예술 및 환경 설계 분야에서 부지에 관한 관심으로 구체화되었다. 권미원은 '부지에 고유한site-specific' 환경 예술 분야의 일련의 흐름도 관련 분야의 지역적 맥락을 중시하고 '부지 중심의 설계site oriented practice'를 추구하는 것과 궤를 같이한다는 점을 지적한다.[39] 최근 조경분야에서도 부지 위주의 설계가 재발견되고 있다. 부지의 조건을 읽고 새롭게 변화시키는 것은 조경 예술의 핵심이다. 엘리자베스 마이어Elizabeth Meyer도 19세기 서구의 조경이 근본적으로 부지 위주의 설계였고, 20세기에 들어오면서 스타일적 코드가 우세하게 나타나지만, 최근 두각을 나타내고 있는 조경, 건축가들은 대부분 부지 중심의 작업을 지향하고 있다는 점을 지적하고 있다.[40)]

환경 설계적인 차원에서 부지와 장소의 차이를 구별해보면 실용과 해석의 차원으로 크게 대별된다. 부지라는 관점에서는 설계를 하면서 장소성을 어떻게 보존하는가 또는 창의적으로 활용하는가에 주로 관심을 가진다. 장소라는 관점에서는 계획 이전의 공간이 어떻게 활용되었고 사람들에게 어떤 의미를 지니고 있었는데 설계를 통해 이전의 의미가 희석되거나 새로운 의미가 생성되는가에 더 관심을 가진다. 설계된 공간의 의미를 총체적으로 조망하기 위해서는 부지와 장소의 통합적 관점이 필요하다. 계획 설계가 자기완결적인 창조행위를 넘어서 사회적으로 의미 있는 실천행위라는 점을 인식할 때 장소적 관점을 강조하는 것이 중요하다. 특히 본 연구에서 다룰 공원이라는 주제는 설계적인 차원뿐만 아니라 사회문화적 이슈가 중요한 국면을 차지한다. 공원은 도시와의 관계 속에서 조망할 때 그 의미가 선명하게 이해된다. 도시적인 맥락에서 어떠한 성격을 지닌 장소가 어떻게 바뀌었다는 것은 공원의 정체성을 이해하는데 중요하다. 그러므로 도시 공원의 변화를 조망하기 위해서는 부지와 장소의 관점을 통합적으로 보는 것이 요구된다. 문화지리학이나 사회과학의 장소론이 장소성을 정태적으로 이해하고 이를 보존하고 유지하는 관점으로 강조하는 반면, 환경 설계 분야의 부지나 장소에 관한 논의는 새로운 개입을 전제로 논의하는 것이 주를 이룬다. 실천적 장소 만들기는 이러한 두 가지 관점을 통합하면서 기존 장소의 유지와 보존도 중시하며, 새로운 개입과 창조를 수용하는 통합적 입장을 견지한다.

해석의 틀로서 장소의 기억과 재현

본 연구는 해석의 관점으로 장소의 기억과 재현에 주목할 것이다. 우선 한국의 도시 공원의 경우, 장소성과 기억에 관한 문제가 조성과 설계의 중요한 쟁점이 된다. 우리나라 공원에서 장소의 기억이 문제시 되는 몇 가지 가설적 이유는 다음과 같다. 첫째, 초기 근대 공원의 태생적 조건이 장소의 기억을 소멸하고 재편하는 기획에서 진행되었기 때문이다. 둘째, 이러한 고유한 역사적 조건뿐만 아니라 공원은 여타 도시 공간과 다른 공간적 여건 속에 위치한다. 공원은 빠른 속도로 변화를 거듭하는 여타 도시 공간에 비해 외부와 담을 쌓은 영역으로 과거의 장소, 기억의 공간을 보존할 여건이 비교적 수월한 편이기 때문이다. 셋째는 우리나라 도시 공원의 경우 장소에 상관없이 획일적이고 유사한 경향을 지닌다는 비판에서 자유롭지 못하다. 이러한 일반적인 평가 속에서 공원 설계에 고유성과 개별적 특성을 부각시키는 방법은 장소성 혹은 장소의 기억을 활용하는 것이다. 자연히 좋은 공원이라고 평가받는 공원들은 장소의 기억을—그것이 개인적인 것이든 집단적인 것이든— 잘 살린 곳인 경우가 많다.

보다 구체적인 논의 전개를 위하여 기억과 공간, 장소의 기억 등에 대한 개념적 이해가 요구된다. 공간과 기억의 관계는 긴밀하다. 우리 삶의 구체적이고 실존적 현실은 시간과 공간의 두텁고, 적층된 불안정한 조건 속에 존재한다. 광의의 의미에서 건축은 과거와 미래 사이에서 시간과 지속의 경험을 선명하게 드러내는 동시에 이를 중재하고 매개하는 예술이다. 문학이나 예술처럼 건축이나 경관은 인간 기억이 외부화되는 가장 중요한 방식이다.[41] 우리는 공간을 통하여 지나간 시간을 회상하는 단서를 찾게 되고 이를 통하여 과거의 사건을 상기하게 된다.

"장소에 내재되어 있는 기억의 힘은 위대하다"라는 키케로의 말처럼 장소와 기억의 관계는 상호의존적이다. "기억은 철저하게 장소와 연결되어 있다. 어떤 곳에 가면 특정한 기억이 떠오르고, 거꾸로 어떤 것을 기억하면 그것이 자연스럽게 특정 장소와 결부된다. 우리 눈앞에 보이는 것과 우리 머리 속에서 떠오르는 것 사이에는 기묘하다고 말할 수 있는 상관관계가 있다. 기억은 장소에서 나온다. 장소는 이런 의미에서 기억이 사는 집이다."[42] 도시 내의 오래된 장소는 기억의 저장소이다. 도시 내의 다양한 장소는 시간이 적층된 환경으로 거주민에게 심리적 안정감과 실존적 기반을 제공한다. 변화의 속도가 빠를수록 장소는 소멸되고 이와 관련된 장소감은 상실된다. 김진송은 우리 기억이 장소에 의해 영향 받는 상황을 다음과 같이 언급하였다. "기억은 공간의, 물질의 변화에 의해 상실된다. 장소의 상실 혹은 변화의 속도가 빠를수록 기억은 망각의 속도를 더한다."[43)]

그러면 기억이라는 용어가 주는 함의는 무엇일까? 기억은 사전적인 의미로 "(마음이나 생각 속에) 어떤 모습, 사실, 지식, 경험 따위가 잊히지 않고 남아 있는 것"[44)]으로 개인적이고 주관적이고 부정확할 수도 있는 것이다. 피에르 노라는 기억과 역사를 대립적 관계로 파악하고 있다. "기억과 역사는 동의어이기는커녕 정반대라는 것을 우리는 이제야 깨닫는다. 기억은 삶이고, 언제나 살아있는 집단에 의해 생겨나고 그런 이유로 영원히 진화되어 가며, 기억력과 건망증의 변증법에 노출되어 있고, 의식하지 못한 채 끊임없이 왜곡되며, 활용되거나 조작되기 쉽고, 오랫동안 잠자고 있다가 갑자기 회복되기도 한다. 반면 역사는 더 이상 존재하지 않는 것에 관한 미완성의 그리고 언제나 새로운 문제를 제기하는 재구성이다. 기억이 언제나 현재 일어나고 있는 현상이고 우리를 영원한 현재에 묶는 끈이라면, 역사는 과거에 대한 하나의 표상이다. 기억은 감정적이고 전논리적이기 때문에 기억은 그것을 공고하게 만들어 주는 세부사항만을 받아들인다. 그래서 기억은 흐릿하고 서로 포개지고 포괄적이거나 유동적이고, 개별적이거나 상징적이고, 전이되거나 차폐되거나 검열되거나 투사되기 쉽다. 역사는 지적이고 비종교적인 작업이기 때문에 분석과 비판적 담론을 요구한다. …(중략)… 기억은 구체적인 것, 공간, 행동거지, 이미지, 물체 속에 뿌리를 내린다. 역사는 오로지 시간적 연속, 사물의 진화와 관계에만 몰두한다."[45)]

이렇듯 장소에 대한 기억은 변화가능하고 새롭게 생성된다. 고정적 역사처럼 정태적인 것이 아니라 동태적이다. 우리가 장소의 역사를 이야기할 때 그것은 화석화되어 있어 체험 속의 삶과 그다지 긴밀한 관계를 지니지 못한다. 반면 장소의 기억은 일상의 생활에 보다 밀착되어 있고, 그것이 개인이거나 개인적인 것이 모여 집합적 성격을 띠거나 생생하고 구체적이다. 그러기에 장소의 기억에 관련해서는 여러 주체와 집단 간에 의미 경합이 벌어진다. 공간의 재구성을 통한 개인과 집단의 기억을 변화시키고자 하는 것은 공공 공간 기획의 기본적인 속성이기도 하다.

특히 공원은 다른 도시 공간과 비교하여 공적인 영역에 속하고 모든 사람들이 공유하는 장소이다. 공원을 조성하고 설계하는 것은 다분히 정치적이다. 도시에 공원을 조성하는 것은 새로운 변화를 시대에 앞서 수용하는 성격을 지니기도 하고, 공동체 삶의 혁신을 유도하는 계기가 되기도 한다. 그러나 때로는 공공을 위한다는 대의명분을 표방하지만 대중에게 의도된 이미지를 전달하고자 하는 목적이 개입되곤 한다. 공원이라는 영역에서는 장소의 기억은 늘 새롭게 재편되면서 거기에는 서로 다른 집단과 주체 간에 기억의 상징 투쟁이 벌어진다. 우리나라 공원의 전개과정은 장소 기억의 상징 투쟁이 특히 치열하게 벌어졌고 현재에도 그러한 관성이 강하게 존재한다는 것이 본 연구의 기본적인 착상이다. 이러한 공원을 중심으로 벌어지는 장소 기억 상징 투쟁이 근대 공원의 도입에서 이를 극복하는 과정, 그리고 최근의 도시 공원을 기획하고 설계하는 과정에서 지속적으로 이루어지고 있다는 점은 주목할 만한 일이다.

새로운 공원을 조성하거나 기존의 장소를 공원화할 때 기존의 장소를 어떻게 볼 것인가라는 문제이다. 이는 설계에서 재현이라는 문제와 관련된다. 공원이 무엇을 재현하는가의 문제는 정원 예술에서처럼 밀도 있게 논의되지는 않지만 그 맥은 같이 한다. 공원은 기능적인 목적을 수행해야 하지만 재현하고자 하는 바가 무엇인가도 중요한 이슈이다. 때로는 자연을 재현하기도 하고, 때로는 지역성을 재현하기도 하고, 때로는 과거 장소의 역사나 기억을 재현하기도 한다. 부지 내의 경계를 넘어 다른 장소, 사건, 주제에 관한 레퍼런스를 포함하기도 한다.[46] 이렇듯 공원은 주변 맥락과의 의식적인 관계를 형성하여 세계와 자연과 친숙하게 하여 실존적 바탕을 제공해준다.[47] 앞서 언급한 바와 같이 공원의 조성은 일종의 정치적 행위이다. 특정 사건을 기념하여 공원을 조성하는 경우에 그 사건에 관한 레퍼런스가 의식적으로 공원 설계에서 재현된다. 기념성의 성격에 따라 재현의 정도는 많은 차이를 보인다. 또한 특정 가치를 강조하고자 하는 경우나 특정 계층을 의식한 경우도 설계의 기획, 프로그램에서 재현 방식까지 구체화되어 나타난다. 대부분 공원에서 가장 중요한 재현의 이슈는 그 장소와 주변 맥락을 어떻게 다룰 것인가에 집중된다. 새로운 공원 조성이 이전의 장소의 성격과 어떤 관계를 견지하고자 하는가가 중요한 관점이 된다. 이전의 장소성과 대립적 구도를 지닐 것인가 혹은 이를 지속할 것인가 혹은 이전의 장소성이 희석되었다면 이를 복원할 것인가? 이를 복원하고자 하면 어느 시점의 장소성을 복원할 것인가 혹은 기존의 장소성에 대한 관심보다 이용자들이 공원을 활용하면서 만들어가는 일상적 장소성을 중시할 것인가 등이 설계의 재현에서 직면하는 문제이다. 본 연구는 이러한 장소성과 장소의 기억의 문제, 그리고 다양한 유형의 재현방식이 공원의 조성과 설계 변화를 읽는 중요한 관점이라고 전제한다.

근대 도시 조경의 전개: 장소 기억의 소거

일반적으로 장소의 재현 과정은 '기억 투쟁', '상징 투쟁'의 결과물로 표현된다. 상징 투쟁과 기억 투쟁은 재현된 장소에 담긴 역사성과 상징성을 둘러싼 다양한 사회적 관계들과 연관된다. 여기에서 핵심이 되는 쟁점은 상징적 장소를 둘러싸고 어떤 역사적 사건과 관련한 갈등구조가 어떻게 형성되었는지를 살펴보는 것이다. 더불어 이로 인해 다양한 세력들에 의해 상징 투쟁의 장으로서 재현 장소가 될 수 있었는지를 살펴보는 것과 관련된다.[48)]

역사가 재현되는 장소들은 특정한 사회 · 정치적 이념을 표방하거나 민족의 정기 혹은 민족의 자부심을 표현하는 상징장소인 경우가 많다. 이 경우 사회 · 정치 영역에 미치는 파급력이 크기 때문에 상징과 의미를 조작할 수 있는 권력계층에게 사회통제의 효과적인 매개체가 된다. 또한 이 과정을 통해 나타나는 재현 장소는 사회의 지배적인 가치와 이데올로기를 재생산하는데 중요한 역할을 하기도 한다. 이는 집단기억의 형성과 직접적으로 관계된다. 집단기억은 어떤 기억공동체의 '지우고 싶은 역사'와 '드러내고 싶은 역사'의 복합적 구성물이라고 볼 수 있다. 이 과정에서 다양한 기억공동체들과 역사적 경험이 충돌한다. 따라서 재현 장소의 형성과정을 분석해보면, 어떠한 기억의 재현과 상징 투쟁을 거쳐 재현 장소가 형성되었는지를 살펴볼

수 있고 동시에 당시의 사회문화적 상황을 간접적으로 파악할 수 있다.[49)]

우리나라의 경우 근대화는 정치사회적으로 급속한 변화를 거치며 진행되었다. 즉 개항부터 일제 강점기 또 해방 이후 군사정권을 지나고 민주화 과정을 거치며 오늘에 이르렀다. 시대별 변화의 정점마다 권력 계층들은 그 이전의 집단 기억을 희석시키기 위한 수단으로 이전 시대의 상징 경관들을 공원이나 광장 등 대중적 장소로 변화시키는 방법을 주로 사용하였다.[50)] 자연히 공원이 만들어지는 이전의 장소의 의미와 기억을 지우기 위한 일련의 과정이 반복되어 나타난다. 당시의 권력 계층이 '지우고 싶은 역사'와 '드러내고 싶은 역사'가 동시에 내재된 집단기억이 혼재하는 대표적인 재현 장소가 공원이라는 공공공간이다.

1888년 인천의 외국인 거류지에 만들어진 만국공원의 짧은 역사를 통해서도 이러한 양상은 쉽게 살펴 볼 수 있다. 이곳은 서구적 문물이 유입되는 거점으로 모더니티의 상징공간이었다. 또한 아시아와 유럽의 여러 나라 사람들이 거주하던 곳으로 다양한 문화가 혼합되는 문화의 기항지cultural port였다. 해방 이후 만국공원이 잠시 복원되었다가 인천 상륙 작전을 주도한 맥아더 동상이 들어서면서 자유공원으로 명칭이 바뀌었다. 2006~2007년에는 인천시와 지역 문화인이 주도하여 만국공원의 일부 근대문화재를 복원하겠다는 계획을 구상하였다. 당시에 문화계에서 특정 역사적 시간과 선별적 기억의 복원에만 집착하는 정당성에 대한 비판이 일면서, 이 계획은 추진되지 못한 채 무산되었다.[51)] 이후에도 자유공원의 맥아더 동상의 철거와 관련된 논란은 끊임없이 지속되고 있다. 이렇듯 자유공원은 장소의 기억과 소거, 재생이 순환되면서 장소성에 관한 미시적인 투쟁이 벌어지는 곳이다.[52)]

만국공원 뿐만 아니라, 우리나라 개항 초기에 조성된 대부분의 공원들에서 비슷한 양상을 살펴 볼 수 있다. 당시의 공원 형성 과정을 살펴보면 다른 나라와는 다른 조건과 특성을 지닌다. 그러므로 이 시기 공원문화의 정착과정은 상당히 중요한 의미를 지닌다.[53)] 현대적 의미의 도시공원문화 개념은 우리나라의 경우 19세기말 개항과 함께 도입되었다. 이때야 비로소 우리나라 사람들이 외국 견문을 통해 이른바 '공원

public park' 이라는 것을 접하게 된다.54) '공원, Public Park, 혹은 Public Garden, 한자어의 公園' 이라는 용어들은 1880년을 경계로 해서 해외에 파견된 사절의 보고서, 개인의 일기, 견문록 등에서 빈번히 등장하기 시작했다.

일반적으로 일제 강점기에 시작된 공원 조성이 근대적인 의미의 조경의 시작이라고 간주하고 있으나, 실제로는 고종에서부터 비롯되었다고 볼 수 있다. 고종은 순조 이후 세도정치로 인해 흐트러진 왕권을 강화시키고자 했던 노력의 일환 및 국왕의 국사 쇄신의 차원에서 1896년 10월 이후 도시개조사업을 시행하게 된다. 도시개조사업은 서대문 주변과 정동 일대 도로 및 남대문안 도로의 확장 · 변형 · 복구로 시작되었다. 더불어 황제의 본궁을 도심 지역인 경운궁으로 새롭게 정함으로써 도로가 이에 집중되도록 한다. 바로 이와 연계되어 시민 공원(시민 광장)이 등장했다. 탑골공원이 바로 그 중 하나이고, 나머지 두 곳은 각각 경운궁 대안문大安門 앞과 현 광화문 네거리의 기념비각 앞이다.

이 세 장소는 모두 위치적으로 상징성을 지니고 있다. 경운궁 대안문 앞의 경우 고종이 아관파천하여 러시아 공사관에 있을 때부터 시작하여 경운궁으로 환궁한 이후까지도 오랫동안 지속되었던 경운궁의 증축 공사에서 비롯된 장소이다. 증축 공사는 궁궐 내부 뿐 아니라 외부의 가로까지 확대되었는데, 이에 따라 대안문 앞이 경복궁 앞처럼 광장으로써 기능하게 된다. 또한 외국인들은 당시 이곳을 'public park' 로 표현하기도 했다.55) 두 번째 광화문 네거리 기념비각 자리는 혜정교 앞으로 18세기 후반에 상언이 이루어지던 장소였다. 1880년대 당시 이 일대는 이미 광화문 육조거리를 포함하여 시민 광장의 역할을 하고 있었다고 한다. 고종은 1902년 고종황제 즉위 40주년을 기념하는 비석을 이곳에 세운다. 또한 고종은 정조대에 평민 상소로서 상언제도가 본격적으로 행해질 당시 민의를 수렴하는 세 곳의 공식적인 접수처 중 한 곳이었던 탑골 부근을 근대 시민 공원 부지로 승인한다. 애초에 고종에게 공원화를 권한 것은 아일랜드 더블린 출신의 영국인 총세무사 맥리비 브라운John McLeavy Brown 이었으나, 받아들이는 고종의 입장에서 나름의 의미를 부여한 것만은 사실이다. 이렇게 고종은 18세기 후반 이래 민의가 모이고 수렴되던 대표적인 장소 세 곳을 시민 공원으로 만들거나 시민 광장이 되도록 이끌었다.[56)]

이곳들이 고종의 의지와 관계없이 생겨난 것이라는 의견도 있으나 탑골공원의 경우는 고종의 의지가 담겼다는 정황들이 여러 군데에서 보인다. 원래 탑골공원 부지는 민가들이 들어서 있는 곳이었다. 당연히 공원 조성과 관련하여 주민들은 항의를 하였고, 이로 인해 탑골공원이 실제적으로 조성된 것은 일러도 1899년 이후일 것이라는 추정이 있다.[57)] 고종이 당시 민가로 들어차 있던 이 공간을 굳이 공원화 한 것은 민심을 읽기 위한 한 방편이었다고 볼 수 있다. 실용성 보다는 민의를 수렴하는 세 곳의 공식적인 접수처 중 한 곳이었던 부지의 상징성을 우선적으로 고려한 것이다.[58)] 또한 탑골공원 한 가운데에 들어서 있는 팔각정은 '황제가 인정한 민권' 의 상징이었다. 따라서 일제 강점기에 일본 입장에서는 탑골공원이 썩 내키는 장소는 아니었을 것으로 추측된다. 그럼에도 탑골공원이 일제 강점기에 사라지지 않은 이유는 도심 내 유일의 공원이었기 때문이다. 이러한 면에서 한국인 뿐 아니라, 일본인들 양측의 요구가 일치했기 때문에 폐쇄를 모면할 수 있었다고 추정된다. 1919년 3월 1일 독립선언서가 공원 내에서 읽혀지고, 공원은 조선독립운동을 상징하는 장소가 된다. 이로 인해 몇 차례나 폐쇄 직전 상황까지 이르렀으나, 총독부가 공원을 폐쇄하는 것 보다는 존속함으로써 민심을 무마하는데 유리하다고 판단했던 것으로 여겨진다. 그러나 공원을 조성 초기 그대로 온전히 둔 것은 아니었다. 일본인 재정고문관의 동상을 설립하는 등 일제의 상징적 의미 해체를 위한 시도는 여전히 있었다.

고종 승하 이후 일본 제국주의 침탈은 탑골공원 뿐만 아니라 우리나라 근대 조경에 직접적인 영향을 끼치게 된다. 이후 서울을 중심으로 일제하의 공원 정책은 장소의 고유한 성격을 변질시키거나 장소의 이용방식을 변화시키는 방식으로 이루어진다. 일제 식민지 시대의 정치문화 지배전략으로 활용된 공원 조성은 대중을 위한 장소를 제공한다는 미명하에 우리 고유의 성스러운 장소들의 의미를 변모시키고자 하였다. 이는 다양한 상징물 투쟁의 형태와 신성장소의 공원화를 통한 공간 세속화의

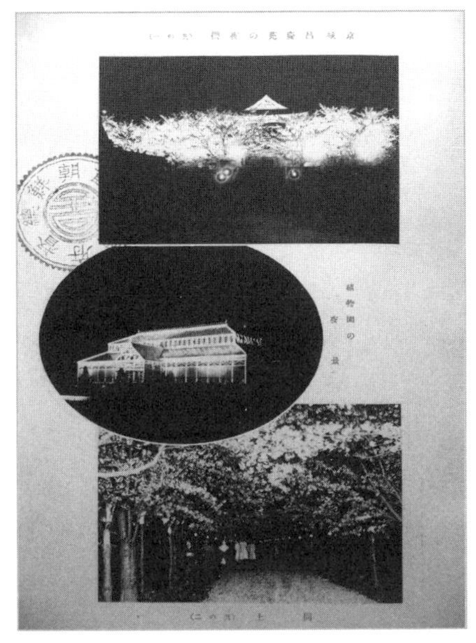

그림1. 경성 창경원의 야앵(자료: 김현숙, "창경원 밤 벚꽃놀이와 야앵", 『한국 근현대 미술사학 2006』, 한국 근현대 미술사학회, 2006, p.140)

방식으로 나타났다. 이때, 일제에게 공원은 지우고 싶은 역사를 해체하는 장소였고, 드러내고자 하는 역사는 선명히 드러나는 것이 없었다. 일제가 의도한 것은 우리나라 대중들의 집단기억의 전환 보다는 장소 상징성 해체라고 볼 수 있다. 이를 통해 대중들에게 자신들이 의도하는 집단기억이 자연스레 형성될 것이라 믿었다.

일본 거류민들은 남산 일대에 신사를 조성하였고, 후에 공원이 된 남산공원의 경우도 우리 민족의 성스러운 공간 의미를 희석시키고자 하는 목적에서 조성되었다. 사직단공원과 장충단공원 조성도 비슷한 맥락에서 이루어졌다.[59] 각 궁궐들은 공원 및 유원지화 하여 대중 장소로 만들었다.[60] 1908년에는 창경궁에 동물원과 식물원을 조성함으로써 궁궐에 내재된 상징성을 파괴하고자 하였다. 기존의 궁궐 건물들을 철거하여 공간구조를 와해시켰고, 벚나무를 심고 일본식 건물들을 세웠다. 또한 창경궁의 이름을 창경원으로 개명하여 장소의 내재성을 퇴색시켰다. 1919년 고종이 승하한 뒤 경운궁의 축소작업도 본격화되기 시작한다. 역시 경운궁을 공원화하고 1933년에는 대중에 공개하였으며 미술관을 건립하였다. 경복궁 또한 1913년부터 무료관람이 허용되어 일반에 공개되기 시작한다.[61] 외견상으로는 시민을 위한 공원 조성을 표방했지만 전통적인 제의와 왕실 공간을 세속화시키고자 하는 제국주의의 장소 파괴의 일환이었다.

해방 이후에는 역으로 잔존하는 공원들에 일제 강점기에 만들어진 상징물과 재현 장소들을 소거시키기 위한 노력이 나타나기 시작한다. 일제가 세속화하고자 하였던 신성장소들은 성역화를 통하여 강점기 이전의 장소 기억을 재현하고자 하였고, 일제가 만들었던 상징물의 흔적들은 제거하여 새로운 상징물로 그 자리를 채우기 시작했다. 일제에 의해 장충단비가 뽑히고 그들이 섬기는 군신의 비를 세웠던 장충단공원에는 박정희 대통령이 사명대사, 이준, 이한응 등의 열사들의 동상을 세웠다. 또한 여러 의사의 유해와 안중근 의사의 가묘를 효창공원 내에 국민장으로 안장하기도 하였다. 또한 해방 직후 방치되다시피 했던 창경원을 폐쇄하면서 당시 공원으로 이용되고 있던 궁궐들을 다시 신성한 장소로 변화시키고자 했지만 이는 전쟁의 발발과 함께 무산이 된다.[62]

신성 장소에 새롭게 덧씌워지는 기억은 과거 신성시 여겨졌던 기억 뿐 아니라, 당시의 통치자의 권력을 드러내고자 하는 형태로도 나타난다. 예컨대, 1956년 이승만 대통령은 자신의 80회 생일을 기념하여 당시 세계 최대 규모의 본인의 동상을 탑골공원과 남산 옛 조선신궁 자리에 설립한다. 또한 이와 함께 일대를 공원으로 조성하기도 한다.[63] 또한 남산 정상에 팔각 정자를 짓고 자신의 호를 따 우남정이라고 짓기도 하였다. 남산공원 일대는 이후에도 장소가 지닌 상징성 때문에 여러 가지 변화를 겪게 된다.[64] 4 · 19 혁명을 거치며, 이승만 전 대통령의 동상은 시민들에 의해 훼손된다. 당시 시민들은 동상을 쓰러뜨려 새끼줄에 묶어 끌고 다녔다. 더불어 우남정은 철거되었다.[65]

이렇게 우리나라 근대 조경의 대부분은 상징성 있는 장소에 대한 집단 기억을 소거하는 방식으로 이루어졌다. 이를 구체화 하는 과정에서 사용된 장소의 물리적 형태 및 새롭게 재현된 상징성 대부분이 당대 권력자에게 집중되어 있었다. 일반적으로

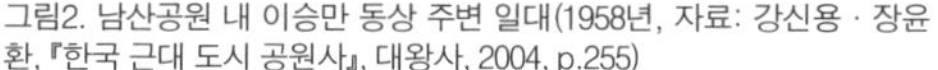

그림2. 남산공원 내 이승만 동상 주변 일대(1958년, 자료: 강신용 · 장윤환, 『한국 근대 도시 공원사』, 대왕사, 2004, p.255)

그림3. 박정희 시대의 남산공원 공간 재편(1969년, 자료: 서울영상검색시스템, 1969)

재현된 장소가 어떤 장소성으로 해석되는 것은 그 장소를 해석하는 각 기억 공동체들 간의 치열한 경합의 결과로 나타난다. 따라서 오랜 시간 이러한 경합을 거쳐 나타나는 장소 재현 형태는 매우 복합적으로 나타나게 된다. 하지만 우리나라의 경우 정치적으로 격변하는 상황 속에서 집단기억을 너무 단기간에 전환하고자 하는 의도가 이어져 왔고, 결과적으로 대부분의 권력자들은 단순히 상징물을 제거하거나 설치하는 방식으로 목적을 이루고자 하였다. 자연히 공원을 조성하면서 장소 자체를 어떻게 해석하고 창조할 것인가는 부차적 문제로 취급되곤 하였다. 이 시기에 공원을 조성하는 주체자들은 공원 내에 상징물을 설치하거나 제거함으로써, 공원을 세속화 하거나 신성화할 수 있다고 믿었으며, 이를 통해 집단기억은 자연스레 형성되는 것이라고 믿었다. 따라서 이 시기까지 우리나라에 있어 공원의 형태나 디자인은 그다지 중요한 관심거리가 되지는 않았다. 장소의 상징성과, 공원 내에 조성되는 상징물과 그 상징물이 대변하는 장소의 기억, 즉 어떤 역사를 담고 있는지가 중요한 주제였다고 볼 수 있다.[66]

한국 공원 설계의 전개: 기억의 생성과 재현

우리나라는 1960년대에 들어서면서 본격적으로 산업화가 진행되면서 서구와 마찬가지로 전쟁 이후 파괴된 땅을 복구하는 도구로서 조경의 역할이 시작된다.[67] 1970년대에 들어서는 그 이전과 다른 양상들이 조금씩 나타나면서 현대 조경으로 진입하는 과도기가 시작된다. 공원 조성에 있어 전문설계가가 선정되기 시작했고, 주제공원, 근린공원 등 다양한 종류의 공원들이 조성됐다. 공원에 나타나는 재현 양상 역시 다양한 형태로 나타나기 시작한다.

공원을 재현 장소의 관점에서 바라보면, 이를 통해 만들어질 수 있는 기억의 종류는 크게 세 가지 정도로 구분 할 수 있다. 첫째, 조성자가 만들고자 하는 기억이다. 공원은 공공적인 장소로서 대중의 집단 기억을 형성하기 위하여 조성되곤 한다. 특히 정치적이거나 역사적 사건과 관련되는 경우가 많다. 둘째, 조성자와 대중 사이에 전문설계가가 개입하여 장소나 땅의 기억, 혹은 미학적인 의도로 만들어 내고자 하는 기억이다. 여기에 관계되는 기억은 역사와는 무관한 경우가 많다. 셋째로는 이와 관계하여 만들어지는 대중들의 기억이다. 따라서 전문설계가의 개입의 차이는 결과론적으로 대중이 집단기억을 형성함에 있어 큰 차이를 낳게 한다.

전문 설계가가 생겨난 이후 우리나라 공원 설계에 나타나는 재현 과정을 살펴보면, 뚜렷하게 시기별로 구분하기 어려움을 알 수 있다. 다만 조성자와 대중들의 관계에서 기억의 재현 형태는 크게 네 가지로 구분 할 수 있다. 첫째, 기억 복원의 형태이다. 이는 이전 역사를 지우고, 조성자가 덧씌우려는 새로운 기억과 관계되며 이 기억 역시 역사와 관련이 되는 경우가 많다. 1970년대 이전에 나타난 장소 신성화의 양상이 여기에 해당한다. 시간이 지나면서 나타난 차이점은 이전에는 주로 지워야 하는 기억에 치중하고 대중들이 어떻게 받아들일지에 대한 고민이 없었다면, 시간이 지날수록 대중들의 개입이 중요한 요소로 작용하기 시작했다는 점이다. 둘째, 기억을 새롭게 만들어 내는 형태이다. 이는 이전 장소에 대한 기억이나 역사와 관계없이, 조성자가 새로 만드는 기억으로 사건의 기록 형태로 만들어지는 기억이다. 대표적인 예로

기념공원을 들 수 있으며, 사건과 함께 기억은 박제된 형태로 장소화된다. 이러한 공원들의 경우 공원을 통해 구축하고자 하는 집단기억은 시대가 지나도 변함이 없지만, 전문설계가에 따라 장소 구성 방식은 변화한다. 셋째, 기억을 재구성하는 형태이다. 이전 기억은 역사나 사건과 관련되어 지워야 하는 부정적인 기억이 아니다. 따라서 기억을 복원코자 하는 형태와는 다르다. 장소의 내재성을 부각하고, 장소를 신성화하는 것 보다 공원을 물리적으로 재구성하는 자체에 의미를 두고 만들어진다. 넷째, 기억을 재생하고자 하는 형태이다. 여기서의 기억은 장소의 기억을 말하며, 역시 역사와 관련되는 것은 아니다. 다양한 기억의 갈래 가운데 조성자 혹은 전문설계가에 의해 선택 혹은 타협하여 선정되어 공원에 재현된다. 이 네 가지 유형의 특징은 구체적인 사례를 통한 논의로 그 성격이 보다 분명해질 것이라 기대된다.

기억의 복원: 해방과 성역화 사업

6 · 25 전쟁 이후 우리나라는 도시계획 체제를 정비하는데 상당히 오랜 시간을 소모하게 된다.[68] 이 일환으로 고궁과 국군묘지 등이 공원으로 지정된다. 해방 이후 이곳들이 공개녹지로 지정되어 발생하던 관리 소홀 등의 문제점을 해결하고자 했던 의도였다. 이는 장소 신성화와도 관련이 있기도 하다. 당시 궁궐들의 경우 시민들은 공원의 일종으로 인식하고 있던 시기이기도 하다.[69] 이때 공원 조성은 국가 통치자의 강력한 의지와 정부 권력의 주도적인 추진에 의해 이루어졌다. 대표적인 예가 '국난 극복의 역사적 문화 유적 및 선현 유적에 대한 보수 · 정화 사업'의 일환이었던 1963년의 현충사 성역화 사업이다. 이는 정치적 목적으로 영웅 이순신의 대중적 기억을 재생시키고자 하는 의도로 진행되었고, 현충사에 새로운 장소적 의미를 투영하고자 하였다. 당시 국가 통치자인 박정희가 자신의 친일 그림자를 걷어내고, 친일파 경력과 군사 쿠데타 경력을 희석시키기 위해 이순신 장군을 여러 방법을 통해 상징 조작하였고 현충사 성역화 사업은 그러한 정치 기획의 일부였다.[70]

1970년 박정희는 남산 일대에도 안중근 의사 기념관을 건립한다. 일제 강점기의 강요된 신사참배의 기억을 소거하고 민족주의를 고양하는 상징적인 기념비를 세웠다. 이는 과거에 일본인들이 남산의 장소성을 변모시킨 것을 새롭게 탈바꿈하고자 의도적으로 항일투쟁한 민족 선열의 상징 이미지를 투사한 것이다.[71] 독재체제에서 공원이라는 공공공간이 국가에 의해 만들어지는 경우는 의도된 '국가의 기획' 에 의해 조각상, 위인상, 기념비들이 일정한 목적을 띠고 설치되게 된다.[72]

정치적인 의도가 개입되지 않는 상황의 경우 공원에서의 기억의 복원 문제는 두 가지 차원으로 구분된다. 다양하게 일어나는 성역화 사업들을 예로 들어보면, 재현되는 장소가 인물과 직접적으로 연관이 되는 경우로 낙성대공원 성역화, 사육신공원 성역화 등을 들 수 있다. 두 번째는 특정한 인물 보다는 장소의 사건, 즉 역사와 관련되는 경우다. 두 경우 모두 역사와 관련되지만 물리적 재현으로 옮기는 과정에서 전자의 경우 좀 더 명확한 사건과 시간의 선택이 가능한 반면, 후자의 경우는 선택되는 사건의 시간에 따라 장소 정체성이 달라지기 때문에 조성자나 대중들에게 좀 더 민감한 사안이 되는 경우가 많다.[73] 대표적인 예로 탑골공원을 들 수 있다. 탑골공원 성역화 사업은 탑골공원 내의 원각사지 10층 석탑과 원각사비 등의 문화유산의 의미를 제고하고 이들의 훼손을 방지하고 이용자 과잉 및 부랑자들로 인한 공원의 슬럼화를 해결하고자 2001년 진행되었으나, 정작 2002년 재개장 당시에는 '성역화' 라는 명칭을 사용하지 않는다.[74] 그 이유는 불교계와 서울시의 탑골공원에 대한 장소 해석 차이에 있다. 서울시에서는 성역화 사업을 통해 도시 공원으로서의 기능을 대폭 축소하고, 3 · 1운동을 기리는 기념 장소로 재정비하려고 했으나, 불교계에서는 탑골공원이 3 · 1운동의 성지이기 이전에 고려, 조선조를 거치면서 원각사가 자리 잡고 있었던 터이므로 원각사지의 역사적 의미와 중요성에 초점을 맞춰야 한다고 주장하며 강력한 반대 여론을 형성하게 되었다. 결국 서울시에서는 성역화 사업으로 인한 각종 민원 발생을 이유로, 공원 유료화를 포함한 성역화 사업을 전면 백지화하기에 이른다.[75]

2002년 재개장된 탑골공원은 서울시가 의도했던 대로 찾아오던 노인들이 실제로 급격히 줄어들기 시작한다. 탑골공원 성역화 사업은 한편으로 노인들의 탑골공원 입장을 제한하려는 서울시의 의도를 담고 있다. 실제로 그 효과를 달성하기는 했으나 그 의도를 완전히 실현시키지 못했다. 서울시가 탑골공원의 대체 공간으로 경운동에 서울노인복지센터라는 새 쉼터를 마련해주었음에도 그곳으로 가지 않고 종묘 쪽으로 이동하여, 탑골공원 내의 노인 밀도는 줄었으나 오히려 공원 밖의 점유 공간을 확장시키는 계기가 되었다.[76]

사건과 역사가 장소의 이미지로 복원이 되는 경우, 시점의 선택은 때에 따라 중요한 논란거리가 된다. 탑골공원은 물리적 형태의 변화보다는 당대 사회적 상황에 더 민감하게 반응하여 왔다. 일반적으로 당연하게 여기는 한 장소에 대한 대중들의 집단기억은 특정한 사회적 과정으로 생겨난 역사적 결과이다.[77] 하지만 그 척도가 사회 전체를 대변하지는 않는다. 여기서 물리적 공간변화를 통해 공원의 정체성이나 대중들의 집단기억에 미칠 수 있는 영향은 상당히 제한적 수준이다.[78] 장소 정체성은 담론간의 경합 혹은 동시대 대표적 공동체 커뮤니티의 사회적 · 정치적 선택의 산물로 나타난다.[79] 따라서, 이러한 경우 공원의 설계나 물리적 형태보다는 공원 내부에 설치되는 상징물이나 기념물 등에 더 비중을 두게 마련이다. 이러한 조건은 성역화 사업이나, 역사공원을 조성할 때 혁신적인 설계가 태동되기 어려운 한계로 작용하기도 한다.

기억의 창조: 메가 이벤트와 기념성에 대한 장소 해석

1980년대에 들어서면서 우리나라 도시 조경은 큰 전환점을 맞이한다. 1986년 아시안게임과 1988년 올림픽을 계기로 도시 조경에 대한 수요가 급증하기 시작했고, 이들을 준비하기 위해 도시 공원과 관련된 개발들이 촉진되었다. 과천에 서울대공원이 개원하였고, 강남 · 강동지역에 다수의 근린공원이 조성되었다. 이러한 공원 조성으로 조경 설계 분야가 조경(학) 및 조경업 내에서 부각되기 시작했다.[80] 그 중에서도 특기할 만한 사항은 민간에 의한 공원 조성과 기념공원의 조성이라고 할 수 있다.[81]

국가 규모 단위의 행사와 관련한 기념공원의 설계는 이미 알려진 특정 장소나 기념물 주위에 추가로 기념성을 부가하는 공간을 조성하는 보통의 경우와 달리 새로운 부지에 상징적인 의미를 재현하는 방식이기에 설계자에게 도전적인 과제이다. 이때 설계자는 중재자로서 대중들에게 기념하고자 하는 주제나 사건의 이미지를 각인시킬 수 있어야 하고, 조성을 원하는 주체가 담고자 하는 기념비들을 설립할 수 있는 통합적 장소를 설계하여야 한다. 이들의 조성 과정을 통해 설계자 개인의 차원을 넘어 기념성을 장소에 구현하는 방법이 어떻게 다양한 양상을 띠는지 대략적으로 살펴볼 수 있다.

1986년 아시아 게임을 대비하여 조성한 아시아공원의 경우 우리나라 최초의 현상공모가 진행되었던 공원이었고, 이후 조성된 대형 행사와 관련한 대규모 기념공원들 역시 조성 과정에서 현상공모 방식으로 진행되었다. 아시아공원은 잠실 종합운동장 및 아시아선수촌과 함께 조성된 근린공원이다. 조성 이후 많은 시간이 지나면서 여러 요소들이 첨가되거나 바뀌어 공원 조성 당시 설계자가 어떤 방식으로 기념성을 구현하고자 했는지에 대한 의도나 모습을 찾기는 어렵다.[82] 아시아선수촌 조경 및 공원 설계에 참여했던 설계가는 당시를 회상하며 아시아공원은 아무리 기념 공간일지라도, 사람이 거주하는 선수촌 아파트가 면해있고 이는 또 잠실 종합운동장과 그 사이를 매개하는 공간의 성격을 지니고 있기에 근린공원의 일상적 성격을 부여할 필요가 있다고 판단했다고 한다. 동네의 친숙한 공원의 특성을 주기 위해 인위적인 형태나 조형을 배제하고, 우리 전통의 뒷동산의 분위기를 지니는 조경을 시도했다고 한다. 설계자는 구릉을 만들고 자연적인 식재를 통하여 당시로는 파격적인 설계를 구현하였으며 동산을 만드는 작업을 위해 상징 기념물을 제외한 모든 공간에서 자연적인 질서를 연출하고자 하였다. 마을 뒷동산의 재현을 통하여 의도적 조형성을 거부한 설계는 한국적인 경관을 실현하고자 하는 의지의 표현이었다.[83]

올림픽공원의 경우 아시아공원과 비슷한 시기에 조성되었지만 규모면에서 큰 차이를 보이며, 근대적 조경 기법의 체계적 적용에 의해 탄생된 최초의 초대형 도시공원이었다는 점에서 큰 의의가 있다.[84] 1968년에 이미 올림픽공원 예정지로 지정되었으나, 1988년도 올림픽의 서울 유치가 결정된 후에야 비로소 개발 계획이 시작되었다. '국립경기장단지계획' 이라는 공모 명으로 국제현상설계를 실시하였으나, 모든 응모작이 사적으로 지정된 몽촌토성을 침범하여 시설을 배치한 탓에 당선작을 선정하지 못하게 된다. 이 당시의 공모 목적을 살펴보면, 올림픽 개최지로서의 기념비적 성격이 크게 부각되어 관광지로 이용되어야 함을 계획의 전제로 하고 있다. 이후 기본계획 및 설계팀이 변경되어 몽촌토성을 보존하는 방식으로 설계가 구현되었다. 올림픽공원이 올림픽 개최 후 일상적인 공원으로 활용되면서도 몽촌토성이 형성하는 대지의 힘이 주는 매력은 기념적 성격 이상으로 크다.[85)]

올림픽공원의 경우 우리나라에서 당시 유례없던 대규모 행사를 기념하기 위한 공원이었기 때문에 공원에 설치될 상징물 조성에 관해서 논란이 많았다. 논란은 대부분 상징물의 스케일과 관련이 있었는데, 당시 당선작이었던 상징물의 설계안은 규모를 조정하기 위해 여러 차례 변경되었다.[86)] 국가는 국가행사와 관련한 기념공원 조성을 통해 행사에 관해 홍보하고, 좋은 이미지를 대중들에게 각인시키고자 한다. 이를 통해 형성되기를 원하는 집단기억은 장소 자체에 대한 이미지보다는 사건이나 행사에 대한 기억이다. 따라서 대형 이벤트일수록 규모면에서 크거나 형태적으로 부각되는 오브제 설립이 함께 이루어지게 되고, 이는 공원 전체 설계와 견줄 정도로 중요한

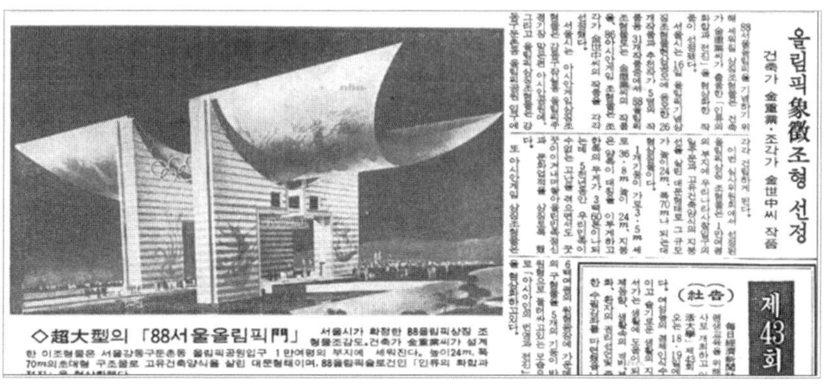
올림픽象徵조형 선정

건축가 金重業·조각가 金世中씨 작품

◇超大型의 「88서울올림픽門」

제43회

(社告)

그림4. 올림픽문의 초기안(자료: 매일경제, 1985년 9월 16일자)

◇올림픽상징 造形物 확정　서울올림픽을 기념하기위해 올림픽공원에 세워질 88올림픽 상징조형물이 건축가 金重業씨 작품으로 결정됐다。웅비하는 한민족의 모습을 상징, 탑높이 90m에 길이 1백30m크기의 지붕을 얹은 초대형건축물로 파리 개선문의 5배규모나 된다。총공사비 70억원을 들여 오는86년 7월 착공, 88년 8월15일 완공예정。

그림5. 변경된 올림픽 상징조형물안(자료: 매일경제, 1985년 12월 28일자)

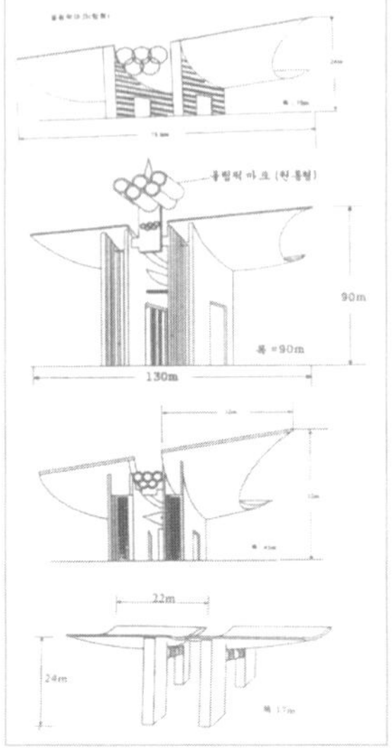

그림6. 상징물 크기의 변화(자료: 손정목, 『서울 도시계획 이야기5』, 한울아카데미, 2003, p.75)

요소가 되기도 한다. 그러한 경향이 극명하게 나타난 것이 올림픽공원의 '평화의 문'의 경우이다.

2002년 월드컵을 기념하기 위해 조성된 월드컵공원은 평화의 공원, 하늘공원, 노을공원, 난지천공원, 난지한강공원 등 5개 테마공원으로 조성되어 있다. 공원 조성의 의도는 월드컵 경기가 열리는 주변의 쓰레기 매립지를 친환경공간으로 재생하여 미래도시개발의 비전을 제시하고 주변 환경의 정비를 통하여 지역 이미지 개선을 위함이었다.[87] 이러한 공원의 이념에서도 생태적 개념에 기초한 계획이 이루어지도록 설정하여, 가능한 현재 상태의 조건을 유지하며 최소한의 시설을 부가하도록 조성되었다.

이러한 이념이 가장 잘 구현된 공원은 하늘공원이다. 이곳은 원래 갈대가 무성하게 자라고 채소가 재배되던 곳이었다. 이후 난지도 쓰레기매립장이 되면서 생활쓰레기더미로 거대한 인공산이 된다. 난지도 쓰레기매립장이 쓰레기로 포화상태에 이른 후, 그 역할을 김포 쓰레기매립장으로 이전하고, 월드컵을 맞아 오염된 침출수 처리와 함께 지반안정화 작업을 하면서 초지식물과 나무를 식재하여 생태계를 복원하여 공원으로 조성하였다. 쓰레기매립지라는 악조건의 환경이 자연으로 다시 태어난다는 의미를 표출하고 재현하는 상징적 요소로 만들었다. 이 땅이 쓰레기더미였다는 과거사를 표현함으로써 장소의 개성을 담고자 하였다.[88] 이 기본 설계 개념을 따르기 위해 설계자는 버려진 땅, 척박한 토양이 회복되면서 가장 초기에 나타나는 초지류 위주로 전체 공원을 설계하였다. 현재 조성된 하늘공원에는 특이한 구조물이나, 시선을 집중시키기 위한 오브제나 기념비는 조성되어 있지 않다. 하늘공원은 도시의 생활 쓰레기로 오염된 지역을 자연생태계로 복원하는 상징적 의미를 담고 있는 공원이다. 하늘공원의 경우 대중들이 기존 난지도의 이미지와 현재를 대비시켜 연상하는 것이 상징적인 의미를 극대화 할 수 있는 보다 효과적인 방법이었기 때문에 기존 매립지의 장소적 특성을 모두 소거하지는 않았다. 오히려 매립지가 가진 지형의 특성과 구조를 이용하여 방문자들이 시간이 흐르면서 점차 공원이 완성된다는 설계 의도를 스스로 이해할 수 있도록 조성되었다. 예를 들어 매립지일 때 관리도로에 의해 나뉘었던 4개 구역이 그대로 동선의 골격이 되기도 하였다.[89]

월드컵공원의 계획 이념이 생태적 가치를 강조하였음에도 불구하고, 평화의 공원의 계획과정에서는 밀레니엄을 기념하는 기념물을 설치하려는 시도가 있었다. 새천년위원회에서 추진한 사업으로 2000년을 맞이하여 새로운 미래를 연다는 의미를 상징하고자 하는 의도였다. 2000년 당선작이 발표되었고, 평화의 공원은 이 당선작이 공원에 들어선다는 가정 하에 설계가 이루어졌다. 그러나 2001년 정부는 공사비 증액, 200m 조형물의 안전 등을 문제로 삼아 건립계획을 백지화하였다.[90] 월드컵공원의 조성과정에서도 밀레니엄 및 월드컵과 관련된 국가적 차원의 기념성을 구현하고자 하는 의지가 있었지만 이를 받아들이는 시민 여론 등의 공감대를 얻지 못하면서 결국 무산되는 결과를 초래하였다. 또한 노을공원이 대중골프장에서 생태공원으로 전환되는 과정을 보면 공원의 성격을 규정하는 것이 공공의 주도로만 성공할 수 없다는 점을 엿볼 수 있다.[91] 위의 두 사례는 공원 조성에 있어 의도적 기념성을 부여하는 양상이 시간이 지나면서 점점 쇠퇴하고, 시민들의 공감대 형성이 점점 중요해지고 있다는 변화상을 단적으로 드러내고 있다.

앞서의 기념공원들은 설계 내적인 면에서의 혁신성보다는 존재가치로서 의미를 지니는 공원들이다. 세 가지 사례를 살펴보면, 기념성을 구현하기 위한 상징적 표현이 설계자에 의해 구축이 되기 때문에 기념공원 조성에 있어 설계자의 역할은 상당히 중요하다. 공원은 일반적으로 개인이라는 차원을 넘어 그 시대의 문화적 가치나 대중이 공유하는 가치를 드러내는 것으로 이해되기 때문에 단순히 설계자 개인 작품으로 평가 할 수는 없다. 따라서 기념공원 설계에 있어 기념성의 문제는 기념되는 사건이나 대상에 대해 대중이 공유하고 있는 상징적 의미나 가치를 어떻게 찾아내느냐의 문제와 연관된다. 이 때 공유하고자 하는 상징이나 가치의 윤곽이 뚜렷하지 않기 때문에, 대부분의 기념공원들은 기념하려는 사건이나 인물에 대해 단순히 객관적인 기록이나 판단에 의존하기 마련이다. 혹은 설계자가 주관적으로 이미 공유하고 있다고 생각하는 기념성을 해석하여 설계하게 된다.[92] 이런 경우 설계자는 주로 메타포로 기념성을 드러내는 방법에 의지하게 되는데, 이때 어떤 재료가 어떤 형상으로 어떠한 맥락 하에 구성되는지에 따라 상징 의미는 달라진다.

장소의 재구성, 기억의 상충: 어린이대공원, 여의도공원, 청계천 복원

공원을 조성하는 주체의 입장에서 그 성격을 설정함에 있어 민주화 시기 이전에는 국가체제의 유지나 정권의 정당성과 같이 정치적 이데올로기가 상당부분 작용하였다. 이러한 현상이 시간이 지나면서 사회적 이슈와 도시 트렌드, 지역경제의 활성화 등에 의해 공원의 방향이 결정되기 시작했고, 이 때 정치적 기획이나 의도는 표면적으로 드러나지 않는다. 공원의 구체적인 공간 설계보다는 '어떤' 성격을 띠는 공원이 되느냐가 중요하게 간주되고, 공원 디자인을 통한 집단기억의 형성은 점차 중요한 이슈가 되지는 않게 된다. 따라서 표면적으로는 점차 설계가의 디자인 의도가 존중되는 추세로 바뀌고 있는 듯한 경향을 띤다. 하지만 여기에도 정치적 의도는 가시적이지 않을 뿐 여전히 존재한다. 예컨대 사업을 주도하는 정치가와 행정 관료들의 주관이 강하게 작용하거나 사업진행 과정에 권력 주체들이 바뀌는 경우 기존 설계안의 실현은 변경되거나 왜곡되곤 한다.

1973년 5월에 개원한 어린이대공원의 경우 당일 무료로 일반인에게 공개하였고 당시 30만 명의 시민이 모여들어 대혼란을 이루었다. 이는 도시 공원에 대한 일반 시민의 관심이 높았다는 것을 말해준다. 어린이대공원 부지는 원래 순종의 비 순명왕후의 능터였다. 1927년 조선 총독부가 능동 골프장으로 조성하게 되고, 1941년 행글라이더 연습장으로 사용된다. 이후 1950년에 이승만 대통령이 골프장을 재조성하지만, 6 · 25 전쟁으로 또 다시 황폐해지게 된다. 1953년에 정부가 환도한 후, 이승만 대통령이 다시 복구 작업을 지시하게 되고 1954년 7월에 서울 컨트리클럽으로 개장을 한다. 이후 오랜 기간 특권층이 애용하는 골프장으로 사용되다가, 1970년에 이르러 박정희 대통령의 지시에 의해 여러 난항을 극복하고 어린이대공원으로 거듭나기에 이른다.[93]

최초의 어린이대공원 건설계획의 목표는 동양 최대의 디즈니랜드를 표방하는 것이었으나, 1971년 '어린이대공원 건설자문위원회' 가 소집된 후 계획의 방향은 원점으로 회귀한다. 당시의 골프장 상태 그대로 잔디를 최대한 보존하고 최소한의 시설물만 배치하여 최대한 기존의 장소를 살리는 방향으로 전환하게 된 것이다. 따라서 공원 설계는 전반적인 공간구성보다는 개별적인 건축물이나 환경시설물의 설치에 치중하였고, 주동선의 시각적 결절점에 위치하는 팔각정과 정문, 분수가 상징적인 역할을 한다고 가장 중시되었다. 이 당시 조성된 각종 기념비, 동상, 조각상은 반공과 민족주의, 국가주의 성격을 지니면서 박정희 정권의 정치적 성향과 교육 정책과 상관성을 지니게 된다. 최초의 어린이대공원은 1970년대 조성된 다른 공원과 유사하게 정치적인 이데올로기가 투영되어 조성된다.

어린이대공원은 서울 시내에 개방된 잔디밭이 있어 어린이들과 소풍가기 좋은

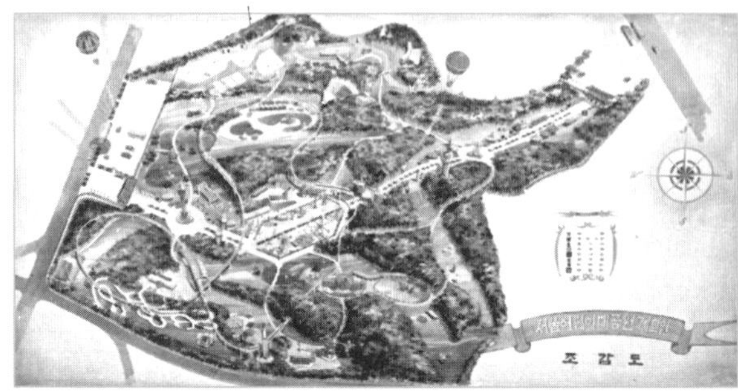

◀ 그림7. 서울 어린이대공원 1차 계획안(1971년, 자료: 서울영상검색시스템, 1971)

▼ 그림8. 어린이대공원 조각상들(자료: 권형진, "박정희 정권의 아동정책 '읽어내기' - 어린이대공원의 조형물을 통하여", 『한국입법정책학회』 2(2), 2008, p.150)

공원이라는 고유한 장소성을 형성하게 되었으나 시설이 노후화되면서 리모델링의 요구가 생겨나게 된다. 이에 '환경'과 '문화'라는 사회적인 트렌드와 함께 두 번의 재조성 과정을 거치면서 공원의 성격과 기능에 변화를 겪게 된다. 1992년 리우환경회의를 기점으로 전 세계적으로 환경에 대한 중요성이 증대하면서 정부에 의해 환경 정책이 적극적으로 추진되던 시기인 1997년 어린이대공원의 환경공원화 리모델링 추진이 공론화 과정 없이 신속하게 진행되었다. 이러한 배경으로 충분히 합의되지 않은 환경공원화 사업은 설계공모 이후 실시설계로 이어지는 과정에서 여러 주체들이 갈등을 겪게 되고, 처음 추구했던 개념과 프로그램의 일부만이 반영된 미완의 공원 사업에 그치게 된다. 이후 2005년에 경영합리화와 수익구조 개편을 위해 수익성 테마공원화를 위해 설계공모가 진행되지만, 자문위원들과의 견해 차이와 서울 시장이 바뀌면서 당선안이 수정된다. 수익시설은 대부분 제외하고 반대로 무료 개방을 하여 여가와 휴식, 문화공원으로서의 도시 공원으로 변신하게 된다.[94]

기존의 장소성이 정치사회적 요구로 재구성되면서 장소의 기억이 서로 상충되는 다른 사례로서 여의도공원을 들 수 있다. 여의도공원은 1996년 민선시장체제로 전

그림9. 여의도광장(자료: 서울영상검색시스템, 1983)

환되면서 서울시가 공원녹지확충 5개년계획을 수립하여 시행한 프로젝트 중 하나이다. 사업규모나 사업비 등 여러 가지 측면에서 가장 대표적인 사례로 손꼽히며, 당시 공원 현상설계공모가 진행되었다. 여의도공원 이전의 여의도광장은 1971년 완공되었으며 5 · 16광장이라 불리었다. 처음 일반 대중에 공개된 것은 준공식 이틀 뒤인 1979년 국군의 날이었으며 그 이후 매년 국군의 날 행사가 이루어지는 장소로 사용되었다. 5 · 16광장은 제 3공화국에서 시작된 군사독재의 상징이라는 비판과 함께 외형적으로 넓기만 한 삭막한 공간이라는 부정적 평가도 받았다.[95] 하지만 당시의 5 · 16광장은 서울 시민들의 일상생활 공간으로 널리 활용되었다. 여의도가 언론, 정치, 경제의 중심지였기 때문에 5 · 16광장은 각종 정치 및 종교행사, 시민 집회 장소로 활용되기에 적합하였다. 또한 시민들이 자전거나 롤러스케이트 등을 탈 수 있도록 항시 개방된 열린 공간이었던 실질적 요인도 크게 작용했다.

오랫동안 광장으로 사용되었던 공간을 공원화하기로 한 발상의 전환이 상당히 큰 의미를 차지한 사업이었고, 1996년 시행된 현상설계공모는 조경계에서도 커다란 이슈가 되었다.[96] 조순 시장은 광장이란 형태는 대중大衆의 시대에나 적합한 것이고 21세기 같은 소중小衆의 시대에는 맞지 않는다는 생각으로 공원화사업을 추진하였다

그림10. 여의도공원 당선작 조감도, 한우드엔지니어링(주)+PREC.(자료: 여의도광장 공원화사업 설계현상공모 설계설명서, 1996)

고 한다.[97] 이러한 생각은 정책결정자의 생각이기도 하였지만, 환경이 중요한 의제가 되었던 당시 사회적 트렌드와 부합되는 것이었다. 여의도 공원화는 아스팔트 광장에서 녹색 공원화라는 방식을 통해 서울시의 공원녹지를 확충하고자 하는 의지를 효과적으로 보여줄 수 있었고, 특히 지리적으로 도시의 중심에 위치해 있어 이러한 생각을 극적으로 시민들에게 보여줄 수 있는 장소이기도 하였다. 따라서 현상설계 심사결과 당선작은 녹지가 풍부한 형태의 공원 성격이 뚜렷한 안이 선정되었다.[98] 그러나 사회적 추세를 잘 반영한다고 하여, 모두 대중들에게 환영 받는 것은 아니었다. 여의도공원의 경우 당시 오랜 시간을 거치면서 광장으로서의 장소성이 대중들에게 형성된 시점이었기 때문에 공원화 사업에 반대 의견을 내는 전문가들도 있었고, 아스팔트 철거 연기를 위해 항의하는 시민들의 반응들도 있었다.[99]

1990년대에 들어서면서 일반 시민들이 도시 공원의 중요성을 보편적으로 인식하기 시작했다. 이때부터 공원은 조성 주체가 일방적으로 공급하는 장소를 넘어서, 일반 시민들이라는 적극적인 수요계층 요구에 의해 조성되는 장소가 된다. 어떤 공원이 어느 장소에 조성되는 것에 대한 논의는 잠재적 수요를 파악하여 적절한 공원을 제공하는가 그리고 이후에는 일반 시민들의 조성된 공원에 대한 선택의 문제로 전환되기 시작한다. 그 대표적인 예로 고가도로를 복개하여 2005년에 완공된 청계천 복원사업을 들 수 있다. 청계천 복원은 하천복원이 1차적 성격이지만 그 결과로 시점부에 광장과 하천 양안에 산책로가 형성되어 선형 공원의 성격을 지니게 된다. 조선시대부터 존재해온 청계천은 악취와 도시경관의 미학적 측면 때문에 구한말부터 복개 공사가 시작되어, 본격적인 공사는 일제에 이르러서 시작된다. 해방 후에 일부 유학파와 학자들이 청계천에 운하를 뚫어 파리의 센 강처럼 청계천변을 시민의 공원으로 꾸미고 작은 유람선이 다닐 수 있도록 하자고 미군정에 건의하기도 하였으나, 경제적 여건으로 인해 전쟁으로 휴전이 되자마자 청계천의 준설을 시작한다. 이후 점차 공사가 진행되어 1961년에는 복개가 완료되고 청계천의 영향으로 서울의 많은 하천들의 복개가 시작되었다.[100)]

청계천 복원사업은 조성 기획에서부터 시공 완료, 개장 당시까지 논란이 끊이지 않았던 사업이었다. 설계 차원에서 장소성 논의보다는 도시적 맥락에서의 장소성 논란이 있던 사례이다. 기본적으로 서울시가 한 공공 주도의 중점 사업이었으며, 서울의 대표적인 이미지를 변모시킬 수 있는 프로젝트였다. 또한 구상에서 시행까지 여러 부서가 관여되었고 월드컵이라는 국가적 이벤트 이후, 서울 시민과 일정 부분 논의를 거쳐 시행된 사업이다. 따라서 계획 이전에 이 사업의 타당성에 관한 논의가 도시적 맥락에서의 장소성 논의로 이어졌다. 이러한 논쟁들은 청계천이라는 하나의 장소가 가지고 있는 지리적 위치 특성과 그 주변에 위치하고 있는 다양하고 오래된 도시 조직들과의 관계를 주목하였다. 청계천 복원사업이 처음 공론화 되었을 당시 시작된 논쟁 중 주된 장소적 관점은 청계천 주변의 장소적, 역사적 맥락을 고려하자는 입장으로 청계천 주변의 도시 조직을 고려하여 계획하여야 한다는 주장이었다. 청계고가 주변의 공구상가와 여러 상가들은 1960~70년대 경제 성장에 한 몫을 했던 곳으로 이는 우리 도시문화와 역사의 근간으로 이해해야 한다는 것이다. 주로 일부 사회학자, 지리학자, 역사학자, 조경학자들이 이러한 주장에 동의하였고, 반대 입장은 청계천 복개사업, 청계고가도로 건설, 그리고 세운상가 건립 등의 사업은 실패한 것이므로 청계천 복원을 계기로 누적된 도시 구조의 모순을 극복하자는 것이었다.[101)]

복원 이후 설계와 관련한 장소적 논의도 있었다. 청계천 복원사업의 조경 공간의 장소적 적실성이 주로 문제시되었다. 전 구간에 걸쳐 조경 설계가 조형적인 요소에 치중하였고, 역사적 특성이 미흡하게 반영되었고, 생태적 특성을 고려하지 못한 설계가 이루어졌다는 점 등이 주로 거론되었다. 시민들의 이용이 가장 활발한 청계천 시점부 주변은 장소적, 역사적 맥락의 고려가 미흡하여 고유한 정체성을 살리지 못하였고 미학적 요소만 부각되었다는 비판도 있었다. 물론 청계천을 현대 도시에서 원래대로 복원하는 것이 불가능한 조건이고 일반 시민들이 공공공간에서 원하는 매력요소의 도입이 어느 정도 불가피한 측면도 존재한다. 일부 비판에도 불구하고 조성 주체는 적극적인 언론 홍보 및 설득 전략으로 비우호층, 반대의견을 최소화시키고 장소 마케팅에 성공함으로써 시공 이후의 청계천의 가치를 크게 향상시켰다. 조성 전부터 청계천 홍보관을 부근에 입지시켰고 적극적인 홍보 전략을 구사하였다. 또한 소망의 벽, 문화다리 성금 등을 조성하여 시민들의 참여를 이끌어내었다. 사업기간 동안 입체적이고 체계적인 홍보를 통해 사람들에게 청계천의 이미지가 자연스럽게 받아들여지도록 한 것이다. 일반 시민이 일상 문화의 일부로서 공원을 자연히 선택하는 것은 그 공간이 도시 생활에서 제대로 활착하고 있는가에 달려있다. 그리고 이는 특정 주체의 주장을 반영하기보다 다수를 위한 공익에 얼마나 기여하고 있는지를 가늠하는 것이 중요하다는 뜻이 된다. 여기서 장소는 일상으로 편재되고, 집단기억은 현재 시점으로 맞추어진다. 일반 시민이 공유하고 중시하는 장소의 기억은 추상적인 과거에 대한 기억보다는 현재의 장소가 어떻게 잘 이용되는가에 대한 가까운 일상의 기억이기 때문이다.

기억의 재생: 서울숲, 선유도, 서서울호수공원

일반적으로 장소에서 이루어지는 재현은 어느 시점의 장소 기억이 재현되어야 하는

그림11. 선유도공원 조감도, 조경설계 서안(자료: 선유도공원화사업 설계현상공모 설계설명서, 2000)

가라는 문제로 귀결된다.[102] 다시 말해 장소 기억을 재현한다는 것은 특정한 부분만을 추출하여 그것이 곧 전체를 대변하는 진리체계를 형성하고자 하는 것이지만, 시간이 지나면서 조성 당시 재현 장소가 표현하고자 했던 의미는 다양하게 해석되거나 끊임없는 유동성을 지니기 마련이다.[103] 따라서 공원 설계에 있어 선택되는 장소 기억의 시점은 설계자에 따라 다양하기 마련인데, 2000년대 이후 조성되는 공원들의 경우 가장 최근의 시점이 선택되는 공통적인 양상을 보이고 있다. 또 다른 공통점은 대상지가 산업이전부지라는 점, 과거에는 감추고 없애고자 했던 이전 장소의 기억을 최대한 드러내면서 공원의 생태적 기능을 결합하고자 하였다는 점 등을 들 수 있다. 여기서 다시 드러나는 장소 기억은 복원의 형태가 아니라 다시 발굴된 기억에서 장소의 원기능과 공원의 새로운 기능과 결합한 형태이다.

가장 대표적인 사례로 2002년에 완공된 선유도공원을 들 수 있다. 원래 정수장이었던 곳을 공원화한 곳이며, 한국 조경 설계의 수준을 한 단계 상승시키는데 촉매제 역할을 했다고 평가 받고 있다. 선유도는 원래 정수장으로 만들어지기 이전에 고려시대부터 한강의 절경지로 입지해 있었던 선유봉이라는 섬이었다. 이후 서울 서남부 지역에 수돗물을 공급하기 위해 1978년에 선유정수장이 설립되었다가 2000년에 폐쇄되었다. 선유도공원은 이 선유정수장 폐쇄 이후 남아 있는 건축구조물을 재활용하여 조성되었다.[104] 설계안은 현상설계공모를 통해 선정되었다. 현상설계공모 당시 설계자가 선택할 수 있었던 선유도공원에 내재되어 있는 장소 기억은 크게 선유봉이라는 먼 과거와 정수장이라는 가까운 과거로 분류할 수 있다. 공모 당시의 참가작들은 어떤 과거를 중점적으로 수용할 것인가에 따라 다른 양상을 보인다. 대부분은 두 가지 기억을 모두 수용하고자 하였지만 이들의 대다수가 선유봉의 기억에 좀 더 치중하여 선유도공원을 전통적 공간으로 변모시키려 하였다. 예컨대, 선유봉이라는 형태적 측면에 강조점을 두고 인위적인 땅의 조작을 통한 선유봉의 모습을 직설적으로 재현한 작품도 있었고, 선유봉이 암시하는 선유도의 원시적 자연의 모습에 더 주목하여 '숲' 의 모습으로 재현하고자 한 안도 있었다. 반면 당선작은 현재의 시점에서 흔적을 찾을 수 없는 선유봉에 대한 기억을 전적으로 배제하고, 정수장으로서의 선유도의 가까운 과거 기억에 집중했다.

2005년에 개장한 서울숲은 설계에 있어 선유도공원과 비슷한 양상을 띠고 있다. 서울숲이 조성되기 전 뚝섬 일대는 모래땅에 버드나무와 이태리포플러 등이 숲을 이루고 있었던 서울 시민들의 유원지이기도 했다. 1908년에 서울시 최초의 정수장인 뚝도정수장이 들어섰고, 1940년대 여가문화공간으로 개발되기 시작하여, 과천경마장이 만들어지기 전까지는 경마장으로, 이전 후에는 체육공원, 골프장 등으로 사용되었다. 이후 1990년대부터 뚝섬과 같은 대규모 유보지에 대한 개발압력이 점차 높아지기 시작하면서 2001년 서울시는 뚝섬 문화관광타운 개발구상안을 발표한다. 그러나 이명박 시장이 취임 후 서울시에 상대적으로 녹지 공간이 부족하다고 판단되어 이전의 개발구상안을 백지화하고 서울 동북부 지역에 대규모 녹지 공간을 제공하는 서울숲 조성계획이 추진된다.[105] 현상설계공모가 진행되었고 당선작은 경마장 트랙을 공원의 기본 동선으로 사용하고 있으며, 폐정수장 시설은 일부 골조를 남겨 재활용하고 있다. 경주마와 기수를 조형화한 스타트라는 조형물은 이곳이 경마장이었던 것을 상기하게 한다.

서서울호수공원은 신월정수장을 활용한 공원으로 2009년에 완공되었다. 원래는

그림12. 뚝섬체육공원(2003년경, 자료: 서울특별시, 『서울숲 조성 기본 및 실시설계』, 2004, p.4)

1959년에 김포정수장으로 조성되어 인천 일대에 급수를 하다가, 서울시가 차후 인도하여 1992년 신월정수장으로 명칭을 변경하였고, 2003년에 그 기능을 상실하였다. 2003년부터 정수장은 일반인들의 출입이 제한되었기 때문에 자연 훼손이 적었고, 자연적 경관이 수려한 상태에서 공원 조성화가 진행되었다. 현상설계공모를 통해 서서울호수공원은 선유도공원과 서울숲에 비해 체험형 공원에 가까운 미디어벽천, 공원 상공을 지나가는 항공기의 소음을 감지하여 자동으로 물을 분출하는 소리분수 등의 다양한 테마를 가진 공원으로 조성되었다.

위의 세 공원은 모두 정수장을 공원화 한 것으로 조성은 선유도공원, 서울숲, 서서울호수공원의 순으로 진행되었다. 여기서 재현을 위한 기억은 장소의 기억을 말하며, 이는 역사나 어떤 사건과 관련되는 것이 아니라 물리적 공간에 집중된다. 선유도공원 조성을 기점으로 정수장을 공원화하는 설계공모에 있어 이전부지의 활용은 공원 조성 주체나 설계자 모두에게 보편타당한 가치로 여겨지고 있었고, 공모 지침에서 이러한 내용을 포함하고 있었다. 때문에 물리적 구성에서 모든 참가작들이 비슷한 설계안이 나올 가능성이 있었고, 각각의 참가작들은 이를 차별화하기 위해 색다른 프로그램 등의 도입을 강조하기도 하였다. 서울숲의 경우, 나무심기 및 기금모금 등 공원 조성에 있어 시민참여를 유도하는 프로세스와 프로그램을 적극적으로 도입하였고,

서서울호수공원의 경우 다소 이질적인 몬드리안 정원 등 다양한 공간과 프로그램을 통해 문화공원에 가깝게 조성하고자 하였다.

설계자가 설계를 위해 채택한 정수장이라는 장소의 기억과 맥락이 비슷하다고 해서 설계안까지 비슷해지지는 않는다. 정수장 시설물들의 보존 여부는 현상설계공모 지침과 함께 주로 공원의 장소적 맥락이나 공간의 해석에 따라 설계자가 선택하게 된다.[106] 예컨대 세 정수장에 모두 위치하고 있었던 침전지를 재활용 하는 방식에 있어 선유도공원은 부지 내 가장 높은 레벨에 위치하고 있었기 때문에 수질정화원으로 조성하였고, 서울숲의 경우 구조물의 지형차를 활용하여 갤러리정원으로 조성하였으며, 서서울호수공원의 경우 침전지의 격자형 구조물에 착안하여 몬드리안 정원으로 재구성하였다. 또한 여과지의 경우 선유도공원은 수조구조를 활용하여 수생식물원으로 만들었고, 서울숲은 레벨을 활용한 입체적인 동선을 통해 곤충식물원으로 조성하였으며, 서서울호수공원의 경우는 여과지의 기존 모듈 내에서 기능에 따른 평면조닝을 하여 방문자센터로 조성하였다.

따라서 이러한 장소 기억의 재생을 통한 공원 조성에 있어 설계자의 역할이 중요하게 작용한다. 부지에 부합하는site-specific 디자인이 이루어 질 수 있으며, 설계자는 시민들에게 공원을 통해 각인시켜야 하는 기억과 메시지보다 장소와 함께 중재되는 다양한 체험을 제공하기 위해 고민하게 된다. 재현되는 장소 기억은 이용자들의 이용행태를 예상하여 복합적인 양상으로 재현된다. 따라서 새롭게 의도한 용도와 기존 시설의 성격을 공존하도록 하기 위해, 기존 구조를 어떻게 활용하고, 어떤 소재를 선택하는지에 있어 설계자의 의도가 무엇인지에 대한 해석이 중요하다.

마치며

도시 삶의 질을 결정하는데 공원이 지니는 의미와 가치가 점차 증대되고 있다. 공원이 도시의 변화를 촉발하는 전략적 매개체가 되기도 하고, 기후변화, 건강, 일자리 창출, 공동체 형성 등 다양한 사회문제를 해결하는 도시사회 문제의 종합적 해법을 제시해주기도 한다. 공원이 지니는 사회적 기능과 역할이 점점 증대되고 있는 실정이다.[107] 한국의 경우도 예외는 아니다. 도시 정책에서 지니는 비중이 증대되면서 새로운 공원을 조성하고 이를 리모델링하는 시도가 꾸준히 증대되고 있다. 이러한 상황 속에서 한국 공원의 변화과정에 주목하고 그 쟁점을 파악하는 것은 향후 실천을 위한 기초적인 작업으로 의미 있는 일이다.

근대 공원의 태동이 산업도시의 병폐를 해결하기 위한 창의적 해결책에서 출발하였듯이, 공원은 늘 시대를 앞서가면서 변화를 촉진하는 역할을 담당했다. 공원은 도시 문화의 혁신을 유도하기도 하고, 새로운 염원을 결집하여 담아내는 장이기도 했다. 공원은 도시와 삶의 새로운 변화를 앞서 수용하고 미래 비전을 제시하는 공간이기에 늘 정치적인 성격을 지닌다.[108] 자연히 공원의 디자인은 어떠한 가치를 지향하는가에 따라 좌우된다.

그러므로 본 연구에서는 공원 조성의 정치적 의미와 설계와의 필연적인 관계에 주목하였다. 특히 한국 공원의 태동기부터 정치성이 강하게 개입되었고, 현재까지도 그러한 특성이 크게 다르지 않은 실정이다. 보다 미시적 차원에서 정치와 설계행위와 관련된 이슈는 장소의 기억과 재현의 양상에 선명하게 드러난다는 것이 본 연구의 기본 전제이다. 장소의 기억은 다분히 상대적이고 주관적이고 임의적인 차원을 지니기에 공원 조성과 설계를 통하여 끊임없이 재편되고, 재구성된다. 이러한 장소성 혹은 장소 기억의 상징 투쟁은 일반적인 공원 조성의 과정에서 나타나는 현상이지만, 우리나라의 경우에는 고유한 역사적 상황과 지방정치의 속성 때문에 보다 강하게 드러나는 경향이 있다.

19세기말 한국의 근대 조경은 공원과 함께 시작되었고, 20세기의 조경의 발달은 많은 도시 공원이 여러 다른 시기와 여건에 따라 조성되고 변형되면서 전개되었다. 공원을 만드는 방식과 공원이 만들어내는 문화는 시대적 변화와 도시적 조건을 생생하게 반영한다. 지난 1세기동안 조성된 한국의 도시 공원들도 예외는 아니다. 공원이 지닌 공공성과 공개성이라는 속성 때문에 일반 대중뿐만 아니라 행정가, 정치인, 정책결정자 등이 주목하였고, 자연히 설계라는 행위는 세인들의 관심을 받으면서 진행되어 왔다. 자연히 다른 조경의 영역에 비해 현상설계도 많이 도입되었고, 이러한 조건으로 많은 설계가들이 자신의 역량을 발휘하여 장소에 대한 해석을 바탕으로 한 비전을 제시하였다.

한국의 공원은 태생적으로 독특한 조건에서 태동되었다. 앞서 언급한 바와 같이 일제하의 공원 정책에서는 기존의 고유한 장소의 기억을 소거하고 새로운 장소성을 부여하는 것이 공원 조성의 의도이자 조성 방식이었다. 이러한 장소성의 소거 방식은 1970년대 조경이 제도화되면서부터는 또 다른 형태로 나타났다. 정치적인 의도를 지니면서 추진되었던 공간 기획들은 일제하에 장소 기억을 소멸하는 동시에 국가적 영웅과 같은 집합적인 기억을 새롭게 재생하곤 하였다. 이러한 의도가 충실히 반영되어 공원과 공공 조경에서 몇몇 사례가 등장하기 시작한다. 1980년대 이후 공원 설계는 이러한 이데올로기적 공간 기획에서는 다소 벗어나 개별적 부지에 장소의 기억을 다양한 방식으로 재현하고 있다.

공원이 사회경제적 상황 속에서 조성되면서 기존의 장소성이 어떻게 전환되었는가도 중요한 이슈이다. 장소의 기억과 재현의 차원에서 살펴보면 몇 가지로 분류되었다. 첫 번째로는 기억을 복원하는 경우이다. 남산공원의 경우는 일제나 1970년대에 정치적 목적으로 재편한 장소 기억을 소거하고 원래의 장소성을 복원한 사례이다. 둘째는 아시아공원, 올림픽공원, 월드컵공원처럼 도시 메가 이벤트나 기념성을 위한 공원이 조성되었다. 위의 세 공원들은 유사한 조건의 산물이었지만 각기 다른 텍스트들이 존재하는 공원을 만들어냈다. 세 번째로는 이전의 장소의 기억과 새로운 공원의 장소성이 상충하는 경우로서 어린이대공원, 여의도공원 등이 이에 속한다. 이들은 하나의 공간, 즉 한 공원의 장소성이 얼마나 오랫 동안 지속적인가를 보여주는 예이다. 청계천 복원의 경우 천변의 기억을 새로운 도시 여건에 맞추어 재생하였다. 과거의 기억과는 상충하는 간극이 존재하지만 일반 시민들이 생활의 일부로 받아들이면서 일상화된 사례이다. 네 번째로는 공원 자체 설계로서 관심이 중시된 사례이다. 선유도공원, 하늘공원, 서울숲이 이러한 예이다. 이들의 경우 이전의 장소성도 공원 설계를 위한 잠재적 자원으로 활용하였다.

미시적 차원의 공원 설계에 있어서도 장소의 기억은 공원 경험의 폭을 넓히는데 활용되어 왔다. 올림픽공원은 몽촌토성을 잘 보존하면서 시간 층위의 폭을 넓히고 있고, 여의도공원의 경우 조성 자체가 이전의 장소성을 소거하는 차원에서 이루어졌으나 부분적으로 장소적 기억의 편린을 남기고 있다. 선유도공원은 가까운 과거로서 정수장의 장소성을 드러낸 성공적 사례이며, 하늘공원의 경우 장소에 많은 개입을 하지 않으면서 이전의 장소성을 일정 부분 지속하며 새롭게 변모시킨 사례이다.

최근 공원 설계의 변화를 몇 가지 사례를 중심으로 살펴보았을 때 장소의 기억의 문제는 끊임없이 다루어져 왔고, 처한 상황에 따라 독자적 해법을 고안하고자 하는 다양한 시도가 지속되어 왔음을 확인할 수 있다. 조경 설계에서 있어 장소의 고유한 환경과 문화에 대한 기억을 쉽게 지워버리는 현상은 한국뿐만 아니라 전세계적인 경향이다.[109] 반면 일부 조경가들은 이러한 경향을 극복하고자 디자인을 통하여 부지 혹은 장소가 지닌 고유성을 재인식하고자 하는 노력을 하고 있다. 한국의 공원 설계가들은 이러한 맥락에서 장소의 기억이라는 문제를 때로는 상황의 논리에 의하여 때로는 설계가의 의식 속에서 고민하여 왔다. 이러한 한국 공원 설계에서 나타나는 장소의 기억에 대한 관심은 땅의 논리를 중시하는 한국적 조경의 전통을 느슨하게나마 물려받고 있기도 하였으며, 또한 설계가들이 의식적으로 장소의 특성을 존중하고자 다각적인 시도를 함으로써 가시화 되었다고 생각된다. 한국의 공원 설계는 때로는 주어진 상황에 의해 때로는 의식적 노력으로 장소 기억의 문제에 지속적으로 관심을 가져오면서 여러 방식의 장소 해석과 재현으로 실천적인 장소 만들기의 지평을 넓혀왔다. 우리 도시의 개발방식의 전반적인 흐름은 공동체가 공유하는 장소의 기억을 끊임없이 지워버리는 경향을 지닌다. 공원은 도시개발의 과정 중에 공공성을 중시하고 장소성을 보존할 수 있는 가능성의 공간이다. 공원은 장소의 기억을 존중하고 창의적으로 재현할 수 있는 공간이기도 하다. 장소의 기억은 미래의 공원을 만들면서도 끊임없이 존중하고 고민해야 하는 지점이다.[110)]

---

1. 알라이다 아스만 저, 변학수 · 채연숙 역, 『기억의 공간: 문화적 기억의 형식과 변천』, 그린비, 2011, p.410. 또한 알라이다 아스만(Aleida Assmann)은 '장소 기억' 이란 단어를 채택하면서 '장소의 기억' 이란 말과 '기억의 장소' 라는 말을 구분하여 사용하여야 한다고 주장한다. 전자는 특정 장소와 관련하여 개인의 기억을 넘어서는 고유한 공유된 기억을 상정하는 경우에 사용하는 개념이고, 후자는 기억의 내용을 특정한 상으로 바꾸고 그 상들을 특정 장소에 배치시키기 위해 임의로 장소를 선택하는 경우를 의미한다.

2. 최병두는 이석환과 황기원의 장소(場所, place)에 대한 어의적 특성에 관한 연구를 언급하며 장소라는 용어를 사용하는 대신, 현장, 입지, 공간, 경관, 지역, 영토, 공동체 등 다양한 용어들이 사용되고 있으며 또 그 규모나 층위도 매우 모호하거나 중층적이라고 설명하면서 예로 신체가 차지하는 자리에서부터 가옥, 이웃, 구역, 지역사회, 국가 등을 언급한다. 최병두, "자본주의 사회에서 장소성의 상실과 복원", 『도시연구』, 2002, p.2; 이석환 · 황기원, "장소와 장소성의 다의적 개념에 관한 연구", 『국토계획』 32(5), 1997, pp.169~184.

3. 장석주, 『장소의 탄생』, 작가정신, 2006, pp.33~34.

4. 백선혜, 『장소성과 장소 마케팅』, 한국학술정보, 2005, p.36.

5. 최병두, 앞의 글, p.2.

6. Yi-Fu Tuan, *Space and Place*, Minneapolis: University of Minnesota Press, 1977, p.6.

7. 이무용, 『지역발전의 새로운 패러다임 장소 마케팅 전략』, 논형, 2005, p.57.

8. 이기봉, "지역과 공간 그리고 장소", 『문화역사지리학회지』 17(1), 2005, pp.131~132.

9. 최병두, 앞의 글, p.3. 장소 정신은 집단적 국면과 보다 관계되고 장소감은 개인적 국면과 보다 관계되며, 장소성은 장소 정신과 장소감 간의 변증법적 생산물로 이해될 수 있다. 이석환, 『도시 가로의 장소성 연구: 대학로의 사례를 중심으로』, 서울대학교 박사학위 논문, 1998, pp.49~50.

10. 최막중 · 김미옥, "장소성의 형성 요인과 경제적 가치에 관한 실증분석", 『국토계획』 36(2), 2001, pp.153~162.

11. 개개인은 일상생활 속에서 다양한 장소와 연관성을 가지게 되는데, 각 장소에는 장소를 이용하는 구성원들의 장소에 대한 인식 정도와 긍정적인 정서적 유대감을 나타내는 장소 애착이 존재한다. Irwin Altman, & Setha Low, *Place Attachment*, New York: Plenum Press, 1992.

12. Chris Murray, *Making Sense of Place: New Approach to Place Marketing*, Comedia: Bournes Green, 2001, p.7. 최강림, 『신도시 개발과 장소 만들기』, 한국학술정보, 2008, p.36에서 재인용.

13. 장소 애착을 세분화하면 세 가지 정도로 분류할 수 있는데 그 중 하나가 장소 정체성이고 이외에 장소 의존성(place dependence), 장소 착근성(place rootedness) 등이 있다. 장소 의존성은 거주자의 장소성에 관한 요소 중 기능적 애착을 뜻하며, 목표지향적 행동을 위한 여건을 바탕으로 한 사람과 특별한 장소의 인지적 결합이다. 한편 장소 착

근성은 한 장소에 오랜 기간 거주할 경우 자연 발생적으로 발생하는 뿌리의식을 말한다. 장소 애착은 전반적인 사회 · 물리적 환경을 다루지만 이는 주로 거주 중심의 개념이라고 볼 수 있다. 최열 · 임하경, "장소애착 인지 및 결정요인 분석", 『국토계획』 40(2), 2004, pp.53~64.

14. Susan Fainstein, "New Directions in Planning Theory", *Urban Affairs Review* 35(4), 2000, pp.451~478.

15. Andreas Huyssen, "Mapping Postmodern", *New German Critique* 33, 1984, pp.5~52

16. Arjun Appadurai, "Disjuncture and Difference in the Global Cultural Economy," *Theory, Culture and Society* Vol.7. 1990, pp.295~310.

17. 에드워드 렐프 저, 김덕현 · 심승희 역, 『장소와 장소 상실』, 논형, 2005, pp.197~225.

18. Stephen Ward, *Selling Places: The Marketing and Promotion of Towns and Cities 1850-2000*, London: Routledge, 1998.

19. Michael Keith and Steve Pile. eds, *Place and the Politics of Identity*, London: Routledge, 1993.

20. 엄길청 · 정영권, "장소 자본 가치화 전략에 관한 연구", 『대한부동산학회지』 24, 2006, pp.69~91.

21. 최병두, 앞의 글, p.4.

22. 슐츠는 장소 혼의 개념을 다음과 같이 설명한다. "독립적으로 존재하는 모든 존재는 그 자신의 혼, 즉 그 자체를 지키는 정신을 가지고 있다. 이 정신은 사람과 장소에 생명을 주고 태어나서 죽을 때까지 그들과 함께 하며 그들의 성격 또는 본질을 결정한다." 노베르크 슐츠 저, 민경호 외 역, 『장소의 혼』, 태림문화사, 1996, p.27.

23. 이승헌 · 이동언, "노베르크 슐츠의 '장소성' 이론에 대한 비판적 고찰", 『건축역사연구』 12(3), 2003, pp.149~162.

24. 장소적 사유의 대표적인 예로서 토픽적 사고(topical thinking)를 들 수 있다. 토픽적 사고는 주제나 장소의 발견으로부터 쟁점이나 입장을 전개해나가는 것이다. 토픽의 기술은 판단을 위한 강력한 창의성과 역량을 요구하면서, 화자와 청중의 관점을 결합하여 특별한 주제에 관한 쟁점에 집중하게 한다. 토픽은 화자와 청중 간에 공유되는 논의의 주제이다. 토픽적 사고는 토픽의 기술을 의미하고 장소로부터 주제를 이끌어내곤 한다. 자연히 토픽은 가시적인 것인 경우가 많다. 토픽은 정신적인 면과 공간적인 이중적 특성을 지닌다. 도날드 쿤제(Donald Kunze)는 근대 건축의 위기는 분리된 사고(disembodied thought), 즉 사고와 장소 간의 내적인 관계의 단절에서 비롯된다고 지적하였다. 말과 이미지, 사고와 장소를 연계하여 토픽적 사고를 부활시킬 필요가 있다고 역설하였다. 장소, 사건, 상황이나 조건을 동시적으로 의미하는 토포스(topos)의 개념은 이러한 토픽적 사고와 관련된다. 자세한 내용은 다음을 참조하라. Donald Kunze, *Thought and Place*, New York: Peter Lang, 1987.

25. Terry Comito, *The Idea of the Garden in the Renaissance*, New Brunswick: Rutgers University Press, 1971.

26. Richard Patterson, "The Renaissance Garden", *Transactions* No.1, 1986, p.87.

27. David Coffin, *The Villa in the Life of Renaissance Rome*, Princeton: Princeton University Press, 1979.

28. John Dixon Hunt ed, *The Genius of the Place*, Cambridge: The MIT Press, 1990, p.212.

29. Dorothy Stroud, *Capability Brown*, London: Faber and Faber, 1975, p.157.

30. John Dixon Hunt, *Gardens and Picturesque*, Cambridge: The MIT Press, 1992, p.289.

31. Charles Moore and William Mitchell, "On Gardens", *Mimars*, 1983, p.24.

32. John Dixon Hunt, *Greater Perfections: The Practice of Garden Theory*, Philadelphia: University of Pennsylvania Press, 2000, pp.1~3.

33. Lineu Castello, *Rethinking the Meaning of Place: Conceiving Place in Architecture-Urbanism*, Surrey: Ashgate E-book, 2010.

34. Ronald Lee Fleming, *The Art of Placemaking: Interpreting Community through Public Art and Urban Design*, London: Merrel, 2007, pp.13~29.

35. 장소 만들기(place-making)라는 용어를 보편화시키는데 비영리단체인 Project for Public Spaces는 큰 역할을 하였다. PPS는 미국의 도시운동가인 제인 제이콥스와 도시사회학자인 윌리엄 화이트의 생각을 활동의 이념적 기반으로 삼고 있다. 1975년 이후 도시의 공공 공간을 개선하기 위한 다양한 유형의 일들을 하고 있고, 다방면의 전문가들이 활동하고 있다. 자세한 내용은 다음을 참조하라. www.pps.org

36. 최강림, 『신도시 개발과 장소 만들기』, 한국학술정보, 2008, p.97. 최강림은 "장소 만들기는 도시설계, 건축, 조경, 도시계획 등 주로 환경 설계 분야의 주요 관심사이며, 도시 내 특정한 장소를 대상으로 물리적인 공간에 사람들의 의미와 경험을 부여할 수 있는 장소로 조성하는 것이며 인간적인 도시 환경의 제공을 통한 삶의 질 증진을 목적으로 주로 장소 구성요소 중 물리적인 측면을 중심으로 하여 물리적 · 비물리적 양 측면을 담당하는 분야"로 설명한다.

37. Robert A. Beauregard, "From Place to Site: Negotiating Narrative Complexity", *Site Matters*, New York: Routledge, 2005, p.41.

38. 사이트(Site)에 관련된 이론을 모은 책은 캐롤 번(Carol Burn)과 안드레아 칸(Andrea Kahn)이 엮은 *Site Matters*(New York: Routledge, 2005)이다. 건축, 조경, 도시설계, 예술 분야에서 사이트(Site)와 관련된 글을 모아 놓고 있다. 조경이론가 엘리자베스 마이어(Elizabeth Meyer)의 글은 본 연구에 많은 시사점을 주고 있다. 마이어는 "Site Citations: The Grounds of Modern Landscape"란 논문에서 19세기 서구의 조경은 근본적으로 사이트 프랙티스(Site Practice)였고 20세기에 들어오면서 조경이 스타일적인 코드에 지배되는 경향이 나타난다고 지적한다. 또한 마이어는 피터 라츠(Peter Latz), 조지 데콩브(George Descombes) 등 20세기 후반의 조경가들이 다시 조경이 사이트 프랙티스(Site Practices)임을 재발견하고 있다고 주장한다. 마이어의 글은 지정학적 차이에도 불구하고 한국 조경의 지형을 그리는데 유용한 틀을 제시하고 있다. 다만 사이트(Site)라는 말의 번역상의 문제가 있다. 사이트(Site)를 단지 부지라고 번역하면 풍부한 개념이 희석되는 단점이 생긴다. 오히려 한국적 상황에서 대응되는 개념은 땅이 보다 적절하다고 판단된다. 본 글에서는 땅과 부지를 서로 혼용하여 사용한다.

39. Miwon Kwon, "One Place After Another: Notes on Site Specificity", *October* 80, 1997, pp.85~110.

40. Elizabeth Meyer, "Site Citations: The Grounds of Modern Landscape", *Site Matters*, New York: Routledge, 2005, pp.93~129.

41. Junai Pallasmaa, "Space, Place, Memory, and Imagination: The Temporal Dimension of Existential Space", *Spatial Recall: Memory in Architecture and Landscape*, ed. Marc Treib, New York: Routledge,

2009, p.17.

42. 정수복, 『파리의 장소들: 기억과 풍경의 도시미학』, 문학과 지성사, 2010, p.16.

43. 김진송, "기억 상실의 도시", 『특별한 도시공부』, 티팟, 2008, p.88.

44. 연세 한국어 전자사전; 김응종, "피에르 노라의 기억의 장소에 나타난 기억의 개념", 프랑스사연구 제24호, 2011, p.115에서 재인용.

45. 피에르 노라 외 지음, 『기억의 장소1: 공화국』, 나남, 2010, pp.34~35.

46. John Dixon Hunt, 앞의 책, p.76.

47. Ippolito Pizzetti, "Of Gods and Gardens", *Spazio Societa* July/September, 1992, p.117.

48. 한소영 · 조경진, "서울시 도시 공원의 장소적 재현: 기념성, 상징성, 장소 기억을 중심으로", 『한국조경학회지』 38(2), 2010, p.40.

49. 특히 던컨(Duncan)은 일상적으로 경험되는 도시 경관은 사람들로 하여금 그 경관을 무의식적이고 무비판적으로 받아들이게 함으로써 '자연화(naturalization)' 의 효과를 준다고 설명한다. 상징 경관은 결국 권력의 주체에 의해 만들어지고 자연화되고, 새롭게 권력을 획득한 주도층의 의도에 의해 새로운 자연화가 생기기도 하지만, 다른 한편으로는 텍스트 공동체가 경관을 어떻게 해석하는지에 따라 상징 및 장소적 의미가 변하는 경우도 있다. James Duncan, *The City as Text: The Politics of Landscape Interpretation in the Kandyan Kingdom,* Cambridge: Cambridge University Press, 1990. 결국 경관을 새롭게 해석하는 것은 장소의 상징적 의미를 재구성한다는 것과 유사하며 장소의 의미를 재구성하는 것은 새로운 상징적 경관의 창출을 의미하는 것이기도 하다. 송희은, 『창경궁의 장소성과 상징성의 사회적 재구성』, 고려대학교 석사학위 논문, 2007.

50. 정운현, 『서울시내 일제 유산답사기』, 한울아카데미, 1995, pp.277~290; 282~283.

51. 진종현 · 신성희, "도시 정체성 형성을 위한 과거의 선택적 복원과정: 인천시의 만국공원 복원론을 사례로", 『지리학연구』 40(2), 2006, pp.241~255.

52. 문화의 창 총서 편집위원회 엮음, 『만국공원의 기억』, 2006, 인천문화재단.

53. 정영선은 근세를 현대 조경의 여명기라고 표현하였다. 정영선, "되돌아 본 한국 조경의 30년", 『한국의 조경 1972-2002: 한국조경학회 창립 30주년 기념집』, 한국조경학회, 2002, p.2.

54. 황기원은 다른 문물과 달리 공원 자체가 서양 선진국에서도 19세기 중반에 들어와서 비로소 생긴 것이기 때문에 그다지 늦은 것이 아니라고 하면서, 우리나라 보다 먼저 근대화를 시작한 일본과 중국도 약 20 여년 앞선 수준이라고 강조하였다. 황기원, "서울 20세기 공원 · 녹지의 변천", 『서울 20세기 공간 변천사』, 서울시정개발연구원, 2001, p.385.

55. 전우용, 『서울은 깊다』, 돌베개, 2008, p.195.

56. 이곳들이 시민 광장 및 공원의 역할을 하게 된 여러 전후 사정과 관련한 자세한 논의는 다음을 참조하라. 이태진, "18~19세기 서울의 근대적 도시 발달 양상", 『서울학연구』 4, 1995, pp.1~36.

57. 당시의 기사들을 살펴보면 실제로 가옥 철거까지 주민들의 저항이 만만치는 않았던 것으로 보인다. 강신용 · 장윤환, 『한국 근대 도시 공원사』, 대왕사, 2004, pp.85~87.

58. 일반적으로 도시 공원은 세계적으로 산업혁명, 인구 증가 등의 이유로 인한 환경 및 경관 악화를 배경으로 출현한 공공시설로서, 1890년대 중반의 서울의 경우는 도시적 조건이 이에 해당한다고 보기는 어렵다. 전우용, 앞의 책, pp.214~219.

59. 이로 인하여 우리나라는 자생적인 근대화를 달성하지 못한 채 전통 사회와 근대 사회의 단절 현상을 겪게 된다. 자연히 전통 문화는 근대화 과정을 통해 비판적 수용이 제대로 이루어지지 못하게 된다. 조경 문화도 예외는 아니었다. 오히려 근대 조경의 표상인 '공원'을 해외 도항자들은 '행락과 휴게의 장소' 이상으로 '근대 산업도시의 문명시설'로 이해하였다. 앙리 르페브르는 그의 저서인 *The Production of Space*에서 절대적 공간(the absolute space)은 종교적이고, 상징적인 의미가 체현된 공간으로 자본주의 이전의 공간 유형이며, 추상적 공간(the abstract space)은 자본주의가 도래하면서 공간이 등질성이 성취된 후, 개인의 소유를 자유로이 양도할 수 있는 부분들로 분쇄하거나 분절화된 공간이라 정의 내리고 있다. 반면 차별적 공간(the differential space)은 동질화된 공간의 주변에서 저항의 형태로 나타나는 공간이라 언급하고 있다. 관련하여 해방 이전까지 우리나라의 공원은 앙리 르페브르의 말을 빌려 절대적 공간(the absolute space)을 와해시켜서 추상적 공간(the abstract space)화 하거나, 새로운 제국주의적인 절대적 공간을 창출하거나, 공간의 정치화에 대항하는 차별적 공간(the differential space)을 만드는 식의 다양한 양상으로 전개되었다. 일제 강점기 하에서 공원 조성이 활발했던 것은 이러한 다양한 양상이 유사한 시기에 진행되었기 때문이다. 참조. Henri Lefebvre, *The Production of Space*, UK: Blackwell Publishers, 1991.

60. 특히 이러한 궁궐들에서는 상징 투쟁이 끊임없이 일어났다. 상징물 투쟁의 형태는 크게 세 가지 유형으로 구분할 수 있다. 첫째, 정복된 세력의 상징적 장소를 없애고 그 자리에 새로운 기념비적 장소를 구축하는 방법이다. 둘째, 구세력의 상징물과 나란히 그것을 압도하는 장소를 구축하여 극명하게 대조시키는 방법이다. 마지막으로 새로운 통치 세력이 피정복 세력에 아무런 위협을 느끼지 않고 오히려 연민의 정을 느껴 피정복 세력의 기념비를 세워주는 방법 등이다. 윤홍기, "경복궁과 구조선 총독부 건물 경관을 둘러싼 상징물 전쟁", 『공간과 사회』 15, 2001, pp.287~288.

61. 매일신보, 1913. 10. 8; 김백영, "파괴와 복원의 정치학: 식민지 경험과 역사적 장소의 재구성", 『제1회 AURI 인문학 포럼 발표자료』, 건축도시공간연구소, 2008, p.62에서 재인용.

62. 강신용 · 장윤환, 앞의 책, pp.231~232.

63. 김영상, 『서울명소고적』, 서울특별시사편찬위원회, 1958, p.152.

64. 손정목은 한동안 서울에서 특정 인물의 동상을 세우기를 원하는 이들에게 남산, 그 중에서도 남산 식물원 앞이나 팔각정 앞이 가장 적지라고 손꼽혔고, 두 번째로 장충단공원을 선호했다는 점을 언급하였다. 손정목, 『서울 도시계획 이야기3』, 한울, 2003, p.65.

65. 이후 이 일대는 1958년엔 국회의사당 신축부지로 결정되었다가 5 · 16 쿠데타 이후 백지화 되는 과정도 겪는다. 국회사무처, 『국회38년사』, 1987, p.553; 강신용 · 장윤환, 앞의 책, p.280에서 재인용. 1968년에는 정부가 이곳에 다시 팔각 정자를 세우고 팔각정이라고 이름을 붙였다. 전우용, 앞의 책, p.218.

66. Jame Duncan and Nancy Duncan, "(Re)reading the landscape", *Environment and Planning D: Society and Space* 6, 1988, pp.123~125.

67. 대표적인 예가 고속도로 사면(斜面)녹화 사업이다. 조경진, "땅과 경관", 『땅과 한국인의 삶』, 나남, 1999, p.567.

68. 1962년에야 도시계획법이 제정되면서 1967년 공원법이 등장하게 되고 비로소 공원 조성의 법적 근거로서 그 틀이 구비되기 시작한다. 1968년에는 도시공원기본계획이 수립되면서 서울의 도시 공원의 밑그림이 구상되기 시작한다. 도시계획법상의 공원의 지정, 해제, 폐지가 도상에서 이루어지지만 해제나 폐지가 더 많아 전반적으로 공원 조성의 실질적인 성과는 미미한 시기라고 볼 수 있다.

69. 송희은, 앞의 글, p.71.

70. 배정한은 박정희는 한국 현대 조경 교육과 전문업의 형성을 가능하게 했던 중심축이었다고 하면서, 당시 여러 사회 정치적 상황과 함께 이 시기에 이루어진 조경 사업들 대부분은 '박정희' 자체의 조경관에서 대부분 파생된 것임을 지적한다. 다음을 참조하라. 배정한, "박정희의 조경관", 『한국조경학회지』 2003(10), 2003, pp.13~24; 후에 논란이 있었지만 박정희가 쓴 광화문의 현판을 놓고 논란이 일었던 2005년 당시 유홍준 문화재청장, 김형오 한나라당 의원과의 편지 공방에서 "현충사는 이순신 장군 사당이라기보다 박정희 기념관 같은 곳이다" 라는 표현을 쓴다. 현충사에 박정희의 강한 의지가 투영된 곳인지 이를 통해 알 수 있다. 한겨레 온라인뉴스부, "현충사 성역화와 '동백아가씨' 금지의 속사정", 2005년 2월 2일자.

71. 또한 경주보문단지개발 등 이 시기의 국가주도 조경 사업은 정치적 의도로 역사적 장소의 의미를 복원하여 활용하기 위하여 추진되었다. 남산공원의 장소성의 현격한 변화과정에 대해서는 다음을 참조하라. Henry Todd, "Colonial Seoul' s Wartime Spatiality and Its Post-Colonial Legacies", 『20세기 서울, 세계 속의 서울학』, 2008 서울학국제심포지움 자료집, 서울학연구소, 2008, pp.37~38. 헨리 토드는 현재 안중근 박물관을 찾는 젊은이들은 이 장소가 식민지 지배전략의 핵심공간인 신사의 터전이었다는 것을 알지 못한다고 지적한다.

72. Toby Clark, *Art and Propaganda in the Twentieth Century: The Political Image in the Age of Mass Cultures*, New York: Harry N. Adams, 1997.

73. 한소영 · 조경진, 앞의 글, p.49.

74. 탑골공원은 1967년 종로 일대에 시행된 도시재개발 사업이 시작되면서 공원의 북측과 서측이 파고다아케이드에 둘러싸이게 되면서 유료화된다. 오히려 이로 인하여 공원 면적이 줄어들게 되고 공원 질은 떨어졌으며, 결국 15년 후 1983년에 파고다아케이드는 철거되기에 이른다. 이후 재정비한 탑골공원은 민족기념공원이라는 새로운 목표를 설정하였으나 당시에도 이용객의 40% 정도가 노인들로 채워졌다. 이후 1990년대에 들어서는 노인들의 이용행태가 가시화되기 시작하고 여러 사회적 상황과 연관되면서 서서히 '노인공원' 으로 변모하게 된다. 서울특별시, 『탑골공원 성역화 사업 보고서』, 2001, p.1. 탑골공원에 대한 자세한 사항은 다음을 참조하라. 박승진, "탑골공원의 문화적 해석", 『한국조경학회지』 30(6), 2003, pp.1~16. 박승진은 이와 관련된 몇 가지 사회현상으로 이 일대 1,3,5호선의 지하철 통과와, 당시 시행되기 시작한 노인들의 무임승차 정책과, 수도권 및 서울의 노인 인구 증가, 일대의 노점 분포 등을 들고 있다.

75. 박승진은 탑골공원의 재정비 과정에서 나타난 이러한 일련의 문제들은 "하나의 장소가 얼마나 많은 사연 혹은 사건과 연루되어 있으며, 그 영향력은 시간의 한계를 뛰어넘으며 현재에도 여전히 작용하고 있음을 반증한다" 고 이야기한다. 박승진, 앞의 글, 2003, pp.1~16.

76. 전우용, 『서울은 깊다』, 돌베개, 2008, p.162.

77. David Harvey, "The Social Construction of Space and Time: A Relational Theory", *Geographical Review of Japan* 2, 1994, p.127.

78. 박승진, 앞의 글, 2003, pp.1~16.

79. 김백영, 앞의 글, 2008, p.56.

80. 배정한, "한국 조경의 변화와 주요 작품", 『한국 조경의 도입과 발전, 그리고 비전: 조경백서 1972-2008』, (재)환경조경발전재단, 2008, pp.205~206.

81. 물론 이러한 국제적인 행사가 미친 영향은 비단 조경 분야 뿐만은 아니었다. 이와 관련된 좀 더 자세한 사항은 강홍빈의 다음 논문을 참조하라. Hong-Bin Kang, "Mega Events as Urban Transformer: The Experience of Seoul", 『서울도시연구』 5(3), 2004, pp.1~5. 강홍빈은 올림픽과 월드컵이라는 두 대형 행사는 상이한 시대 배경에서 추진되었고, 각각 상이한 성격의 도시계획을 낳았다고 지적한다. 압축성장시대의 산물이었던 올림픽 대회의 경우 이미 개발중이었던 잠실, 강남지구를 중심으로 신규 개발 사업에 공공투자를 집중시켰던 반면, 이 시대의 해체기에 추진된 월드컵 대회에서는 기성도시 육성의 정책기조 위에서 경기장 건설도 낙후지역 소생의 기폭제로 삼아 이를 계기로 환경재생과 첨단정보문화산업육성을 주제로 하는 도시 혁신모델을 제시하고자 하였다. 또한 이들은 각기 변화의 촉진뿐만 아니라 모순도 낳았다고 설명한다. 올림픽의 경우 강남북 격차와 수도권 집중현상을 심화시켰고, 월드컵의 경우는 누적된 사회갈등과 분열을 불러왔다고 설명한다. 그는 또한 올림픽과 월드컵을 예로 들어 대형 이벤트는 도시 변화의 촉진제라고 표현한다. 특히 올림픽의 경우 서울에 남겨진 가장 큰 물리적 흔적이 바로 올림픽공원이고, 월드컵의 경우 평화의 공원이라고 이야기한다.

82. 환경과 조경 편집부, "아시아 공원", 『한국의 공원: Park_scape』, 도서출판 조경, 2006, pp.210~221. 공원은 크게 3가지 영역으로 구분되어 있다. 기념적 성격을 지닌 공원의 중심은 다양한 명칭과 용도의 광장 및 상징조형물로 조성되어 있고, 근린공간은 마운딩 처리가 된 공간으로 놀이 및 운동공간으로 구성되어 있으며, 그리고 잠실로와 면한 가로공원으로 조성되어 있다.

83. 정영선, 필자와의 인터뷰 자료, 2008년 4월 13일. 1983년 아시아선수촌 및 공원 국제경쟁 현상공모안을 비교해 보면 당선안이 공원 설계에 있어 자연적인 공간을 구현하고자 했는지 확인할 수 있다.

84. 김한배, "기념경관의 탄생, 성장, 상흔", 『한국의 공원: Park_scape』, 도서출판 조경, 2006, pp.294~295.

85. 당시 환경그룹 설계팀이 마스터플랜의 시안을 작성했고, 서울대 환경계획연구소에서 최종적인 마스터플랜을 수립하게 된다. 서울특별시, 『설계사례집』, 1991, p.367.

86. 손정목, 『서울 도시계획 이야기5』, 한울, 2003, pp.67~73.

87. 서울특별시, 『밀레니엄공원 기본계획』, 서울특별시, 2000.

88. 진양교, "하늘에 걸린 초원: 난지하늘초지공원의 공간과 의미", 『환경과 조경』 2001(10), 2001, pp.92~101.

89. 권진욱, "디자인을 넘어선 디자인", 『한국의 공원: Park_scape』, 도서출판 조경, 2006, pp.296~297.

90. 동아일보, "천년의 문 건립 사실상 백지화", 2001년 3월 26일자.

91. 조경진, "노을공원에 대한 새로운 상상과 실천전략", 『난지 노을공원의 미래 어떻게 만들 것인가?』, 2011, pp.53~71. 서울시는 2000년 국민체육공단과 민자사업을 협약하고 2004년 6월 노을공원 골프장을 조성완료하였으

나, 이용료 문제로 서울시와 송사를 진행하였다. 시민사회는 노을공원의 일반 시민이 이용할 수 있는 공원화를 계속 요구했고, 2008년 가족공원으로 재탄생되었다.

92. 유병림, "공원 설계에서 기념성의 문제", 『한국조경학회지』 23(4), 1996, pp.40~49.

93. 자세한 조성과정은 다음을 참조하라. 손정목, "능동골프장이 어린이대공원으로 - 온 국민의 성원이 담긴 한국 최초의 어린이공원", 『서울 도시계획 이야기3』, 2003, pp.9~68.

94. 이혜민, "도시 공원의 변모과정에 대한 공간정치적 해석: 어린이대공원을 중심으로", 서울대학교 환경대학원 석사학위 논문, 2010, pp.61~63.

95. 진양교, "여의도 만가", 『문화도시 · 문화복지』, 1999년 2월, pp.14~17. 강홍빈은 그의 저서에서 5 · 16광장을 구시대의 산물이며, 이것이 자발적이고 창의적인 시민의 모임을 유발하기 보다는 오히려 그 반대의 작용을 하는 삭막한 공간이라고 표현하고 있다. 강홍빈, "도시의 스카이라인", 『사람의 도시』, 심설당, 1980, p.158.

96. 여의도는 1970년대 이전에는 섬으로 존재했었고, 1968년 서울시장에 의해 한강종합개발계획의 핵심 사업 중 하나로 여의도 개발이 시작된다. 1967년 12월 27일 한강건설 기공식이 거행된 후 1968년 1월 1일 한강건설사업소가 발족되면서 1968년 1월 2일 여의도 건설공사가 시작되었다. 안창모, "세상에 나온 섬: 여의도", 『2008 서울학 모노그래피 심포지엄 자료집』, 2008, pp.187~209. 여의도광장이 여의도의 원래 초기 설계 안에서부터 위치해 있었던 것은 아니다. 1970년에 여의도 개발이 시작되기 직전 박정희 대통령이 유사시 군사 비행장 시설로 쓸 목적으로 당시 시장에게 여의도 도면을 가지고 오라고 한 뒤, 손수 붉은 색연필로 구획선을 긋고, 그 땅을 광장으로 만들라고 명했다고 한다. 5 · 16광장이란 이름도 박정희 대통령이 직접 지은 것이라 한다. 손정목, "여의도 건설과 시가지가 형성되는 과정", 『서울 도시계획 이야기2』, 한울, 2003, pp.67~72.

97. 이태교, "조순 작품, 여의도공원 기대반 우려반", 『동아일보 매거진: 신동아』, 1997, pp.202~205.

98. 당시 여의도공원의 대다수의 설계공모 출품작들이 기존 광장에 대한 장소성은 전혀 고려하지 않은 채 프랑스의 라빌레뜨 공원이나, 미국의 센트럴 파크 등의 외국 공원들의 형태와 요소를 도입하고자 하였다는 비판도 있었다. Kyung-Jin Zoh · Jeong-Hann Pae, "Conflicts and Problems of Foreign Models in Designing Youido Park", *IFLA Eastern Region Conference Proceeding*, 1999, pp.82~89.

99. 하지만 당시 서울과 같은 거대도시에서 광장은 나름대로 독특한 기능을 갖고 있다고 하면서 공원화 사업에 반대 의견을 내세우는 이들도 있었다. 예컨대 성균관대 건축과 조대성 교수는 "광장에는 광장의 기능이 있고 공원에는 공원의 기능이 있다. 광장에서 벌어지는 행사는 역사와 호흡을 같이 한다. 운동장이나 체육관과 같이 벽이나 천정으로 둘러싸인 장소에서 열리는 행사와는 달리 사방이 공개된 광장에서 열리는 행사는 광장 밖의 시민들과 호흡을 같이 한다. 광장 인근 건물에 들어있는 사람들은 광장을 내려다보고 광장에 있는 사람들과 똑같은 역사체험을 한다" 고 주장하였고, 도시설계가 강병기는 "여의도광장을 공원화하더라도 울창한 숲을 위주로 하는 것보다는 넓은 잔디광장을 많이 확보하는 것이 여의도광장이 역사적으로 지녀온 공간적 중요성을 지키는 길" 이라며, "사방으로 탁 트인 광장에서 자전거나 롤러스케이트를 타면서 느끼는 기분은 공원 속의 좁은 길을 따라 자전거나 롤러스케이트를 타면서 느끼는 기분과는 분명히 다를 것" 이라고 지적하였다. 이태교, 앞의 글, pp.202~205.

100. 심승희, 『서울, 시간을 기억하는 공간』, 나노미디어, 2004, pp.49~82.

101. 진양교, "천변시대, 청계천의 황학동", 『서울 생활의 발견』, 현실문화연구, 2003, pp.115~117.

102. 강내희, "재현체계와 근대성: 재현의 탈 근대적 배치를 위하여", 『문학과학』 24, 2000, p.15.

103. 말컴 마일즈 저, 박삼철 역, 『미술, 공간, 도시』, 학고재, 2000, p.105.

104. 환경과 조경 편집부, "선유도공원", 『한국의 공원: Park_scape』, 도서출판 조경, 2006, pp.28~47.

105. 최정민, 『현대 조경에서의 한국성에 관한 연구』, 서울시립대학교 박사학위 논문, 2008, p.111.

106. 이상석은 "재생의 가치를 판단하고 그 방법을 결정하는데 있어서는 설계자마다 적지 않은 차이가 있기 마련이다. 더구나 여기에 설계의 창의성까지 고려한다면 그 결과는 매우 차별적일 수밖에 없다" 고 말하고 있다. 이상석, "서울숲은 공사중", 『한국의 공원: Park_scape』, 도서출판 조경, 2006, pp.316~317.

107. 조경진, "공원, 도시의 희망: 창조적인 공원 만들기를 통한 도시 디자인", 『공원을 읽다』, 나무도시, 2010, pp.243~267.

108. 조경진, "도시의 공원, 경계와 매개의 수평공간", 『도시공원에 대한 새로운 지평(New Ideas on Urban Parks): 도시공원 국제심포지엄 프로시딩』, 한국조경학회, 2010, p.19.

109. Christopher Girot, "Four Trace Concepts in Landscape Architecture" ed. James Corner, *Recovering Landscape*, New York: Princeton Architectural Press , 1999, p.59.

110. 이 글의 자료 정리에서부터 사고의 전개에 이르기까지 서울대학교 환경계획연구소 한소영의 많은 도움을 받았음을 밝힌다.

· 참고 문헌 ·

· 강내희, "재현체계와 근대성: 재현의 탈 근대적 배치를 위하여", 『문학과학』 24, 2000.

· 강신용 · 장윤환, 『한국 근대 도시 공원사』, 대왕사, 2004.

· 강홍빈, "Mega Events as Urban Transformer: The Experience of Seoul", 『서울도시연구』 5(3), 2004, pp.1~5.

· 건설부, 『경주관광종합개발사업지』, 1979.

· 고미숙, 『한국의 근대성, 그 기원을 찾아서』, 책세상, 2001.

· 권진욱, "디자인을 넘어선 디자인", 『한국의 공원: Park_scape』, 도서출판 조경, 2006, pp.296~297.

· 권형진, "박정희 정권의 아동정책 '읽어내기' - 어린이대공원의 조형물을 통하여", 『한국입법정책학회』 2(2), 2008, pp.121~153.

· 김경수, " '작가와 비평' 을 마련하면서 한국의 건축가들께", 『건축과 환경』 창간호, 1984년 9월호, p.46.

· 김경수, "한국현대건축언어의 확립을 위하여", 『건축과 환경』 38, 1987년 10월호, pp.29~32.

· 김광수, "보통 건축과 꿈의 건축", 『YOO KERL』, +ARCHITECT 01, 공간사, p.139.

· 김광현, " '규방의 건축' 을 벗어나기 위하여", 4.3그룹, 『이 시대 우리의 건축』, 1992, p.4.

· 김광현, 『건축과 환경』 39, 1987년 11월호, p.87.

· 김기웅, 『건축과 환경』 39, 1987년 11월호, p.84.

· 김대환, "박정희 정권의 경제개발: 신화와 현실", 『역사비평』23, 1993, pp.48~63.

· 김백영, "파괴와 복원의 정치학: 식민지 경험과 역사적 장소의 재구성", 『제 1회 AURI 인문학 포럼 발표자료』, 건축도시공간연구소, 2008, pp.56~73.

· 김병윤, "브릿지", 『건축과 환경』 101, 1993년 1월호, p.59.

· 김봉렬, "60년대 모더니즘의 현대적 의미", 『공간』 306, 1993년 4월호, p.27.

· 김봉렬, "한국성을 다시 생각한다", 『건축과 환경』 112, 1993년 12월호, p.104.

· 김봉렬, 『한국의 건축 - 전통건축 편』, 공간사, 1985, p.3.

· 김석철, "감상기행", 『목구회 1981』, 광장, 1981, p.281.

· 김석철, 『건축과 환경』 2, 1984년 10월호, p.10.

· 김석철, 『여의도에서 4대강으로』, 생각의 나무, 2010.
· 김석철, 『천년의 도시, 천년의 건축』, 해냄, 1997.
· 김성기 편, 『모더니티란 무엇인가』, 민음사, 1994.
· 김승회, 『C3 Korea』 187, 2000년 3월호, p.49.
· 김영근, 『공간』 452, 2005년 7월호, p.126.
· 김영상, 『서울명소고적』, 서울특별시사편찬위원회, 1958.
· 김영준, 『C3 Korea』 249, 2005년 5월호, p.99.
· 김응종, "피에르 노라의 기억의 장소에 나타난 기억의 개념", 『프랑스사연구』 제24호, 2011, pp.113~128.
· 김인진, 『새마을운동을 통해서 본 한국 사회의 근대성 형성에 관한 연구』, 서울대학교 대학원 석사학위논문, 1999.
· 김인철, "모호한 어긋남", 『플러스』 61, 1992년 5월호, p.128.
· 김재영, 『박정희 대통령 국민과의 대화집』, 자유문화사, 1978.
· 김정렴, 『아, 박정희』, 중앙M&B, 1997.
· 김정호 외, 『공간과 도시의 의미들』, 철학아카데미, 소명출판, 2004.
· 김진송, "기억 상실의 도시", 『특별한 도시공부』, 티팟, 2008, pp.88~97.
· 김태경, "신문으로 본 1970년대의 한국 조경", 『Locus2: 조경과 비평』, 조경문화, 2000, pp.172~191
· 김태수, "건축가의 생각", 『건축과 환경』 1995년 1월호.
· 김한배, "기념경관의 탄생, 성장, 상흔", 『한국의 공원: Park_scape』, 도서출판 조경, 2006, pp.294~295.
· 김현숙, "창경원 밤 벚꽃놀이와 야앵", 『한국 근현대 미술사학 2006』, 한국 근현대 미술사학회, 2006, pp.139~140.
· 김형국 · 권태준 · 강홍빈, 『사람의 도시』, 심설당, 1980.
· 김호기, "박정희 시대와 근대성의 명암", 『창작과 비평』99, 1998, pp.93~111.
· 내무부, 『새마을운동사 10년사 자료편』, 내무부, 1980.
· 뉴어바니즘 위원회 저, 안건혁 · 온영태 역, 『뉴어바니즘 헌장』, 한울, 2003.
· 맬컴 마일스 저, 박삼철 역, 『미술 공간 도시』, 학고재, 2000.
· 목구회, 『목구회 건축평론집』, 목구회출판위원회, 1974.
· 문순홍, 『생태학의 담론』, 솔, 1999.
· 문화의 창 총서 편집위원회 엮음, 『만국공원의 기억』, 인천문화재단, 2006.

· 민현식 외, 『비움의 구축』, 동녘, 2005.
· 민현식, "벽 - 실체에 대한 직접적인 미적 경험", 『공간』 315, 1994년 1월호, p.68.
· 민현식, "신도리코 기숙사", 『건축과 환경』 87, 1991년 12월호, pp.156~58.
· 민현식, "지혜의 시대, 우리의 건축", 『echoes of an era vol.#0』, p.1.
· 박광무, 『한국 문화정책의 변동에 관한 연구』, 성균관대학교 박사학위논문, 2009, pp.112~113.
· 박길룡, "현대건축", 『한국건축사연구』, 발언, 2003, p.462.
· 박길룡, 『한국현대건축의 유전자』, 공간사, 2005, p.281.
· 박명림, "근대화 프로젝트와 한국 민족주의", 『한국의 '근대'와 '근대성' 비판』, 역사비평사, 1996, pp.311~348.
· 박승진, "탑골공원의 문화적 해석", 『한국조경학회지』 30(6), 2003, pp.1~16.
· 박인재, 『서울시 도시공원의 변천에 관한 연구』, 상명대학교 대학원 박사학위논문, 2002.
· 박정희, 『민족중흥의 길』, 광명출판사, 1978.
· 박정희, 『박정희 대통령 연설문집3: 제 6대편』, 대통령비서실, 1973.
· 배정한 외, 『조경과 비평: Locus2』, 조경문화, 2000.
· 배정한, "박정희의 조경관", 『한국조경학회지』31(4), 2003, pp.13~24.
· 배정한, "조경설계에서 전원 이상의 전통과 그 이면", 『농촌계획』5(2), 1999, pp.46~55.
· 배정한, 『조경의 시대, 조경을 넘어』, 도서출판 조경, 2007.
· 배정한, "한국 조경의 새로운 지형도: 변화의 전략", 『한국의 조경 1972-2002: 한국조경학회 창립 30주년 기념집』, 한국조경학회, 2002, pp.157~163.
· 배정한, "한국 조경의 변화와 주요 작품", 『한국조경의 도입과 발전, 그리고 비전: 조경백서 1972-2008』, (재)환경조경발전재단, 2008, pp.202~253.
· 배정한, 『현대 조경설계의 이론과 쟁점』, 도서출판 조경, 2004.
· 배형민, "건축에 대한 건축", 『공간』 519, 2011년 2월호.
· 배형민, 『감각의 단면』, 동녘, 2007.
· 백선혜, 『장소성과 장소마케팅』, 한국학술정보, 2005.
· 서울특별시, 『밀레니엄공원 기본계획』, 서울특별시, 2000.
· 서울특별시, 『생명의 나무 천만그루 심기: 1998-2002 서울시 공원녹지 정책성과 자료집』, 서울특별시, 2002.
· 서울특별시, 『서울숲 조성 기본 및 실시설계』, 서울특별시, 2004.

· 서울특별시, 『탑골공원 성역화 사업 보고서』, 서울특별시, 2001.
· 성유미, 『유걸의 건축작품에서 나타나는 디자인 전개과정에 관한 연구』, 한양대학교 석사학위논문, 2004.
· 손정목, 『서울 도시계획 이야기1』, 한울아카데미, 2003.
· 손정목, 『서울 도시계획 이야기2』, 한울아카데미, 2003.
· 손정목, 『서울 도시계획 이야기3』, 한울아카데미, 2003.
· 손정목, 『서울 도시계획 이야기4』, 한울아카데미, 2003.
· 손정목, 『서울 도시계획 이야기5』, 한울아카데미, 2003.
· 손호철, "박정희 정권의 재평가: 개발독재 바람직했나?", 『해방 50년의 한국 정치』, 새길, 1995, pp.131~151.
· 송희은, "창경궁의 장소성과 상징성의 사회적 재구성", 고려대학교 석사학위 논문, 2007.
· 스피로 코스토프 저, 양윤재 역, 『역사로 본 도시의 모습』, 공간사, 2009.
· 심승희, 『서울, 시간을 기억하는 공간』, 나노미디어, 2004.
· 안미선, "환경재생도시공원의 생태관광지로서의 활용방안: 서울시 선유도공원, 하늘공원, 서울숲을 사례로", 상명대학교 지리학과 석사학위논문, 2008.
· 안창모, "세상에 나온 섬: 여의도", 『2008 서울학 모노그래프 심포지엄 자료집』, 2008, pp.187~209.
· 안창모, 『한국 현대 건축 50년』, 재원, 1996.
· 안효빈, 『가까이서 본 박정희 대통령』, 휘문출판사, 1977.
· 알라이다 아스만 저, 변학수 · 채연숙 역, 『기억의 공간: 문화적 기억의 형식과 변천』, 그린비, 2001.
· 앤서니 기든스 저, 이윤희 · 이현희 역, 『포스트 모더니티』, 민영사, 1991.
· 엄길청 · 정영권, "장소자본 가치화 전략에 관한 연구", 『대한부동산학회지』 24, 2006, pp.69~91.
· 에드워드 렐프 저, 김덕현 · 심승희 역, 『장소와 장소 상실』, 논형, 2005.
· 오휘영, "우리나라 근대 조경 태동기의 숨은 이야기(4): 현충사 성역화 사업", 『환경과 조경』 144, 2000, pp.32~35.
· 오휘영, "우리나라 근대 조경 태동기의 숨은 이야기(5): 조경에 대한 박정희 대통령의 관심과 주요 프로젝트", 『환경과 조경』 145, 2000, pp.32~35.
· 우규승, "조망이 있는 중정", 『건축과 환경』 222, 2002년 3월호.

· 원도시 건축 연구소, "건축에 대한 변명", 『건축과 환경』 창간호, 1984년 9월호, p.88.
· 유걸 외, 『패스터 앤 비거』, 공간사, 2007.
· 유걸, "내일을 향하여 떠나자", 『유걸』, 건축세계, 1998, p.10
· 유걸, "미국건축과의 비교를 통한 한국건축의 이해", 『유걸』, 건축세계, 1998, p.24.
· 유걸, "변화하는 건축의 논리"(유걸과 박순관의 대담), 『건축과 환경』 106, 1993년 6월호, p.127.
· 유걸, "삶의 미시적 영역을 확장하다"(유걸과 조명래의 대담), 『공간』 452, 2005년 7월호, p.69.
· 유걸, "한국주택의 문화비교론적인 이해-미국과의 비교를 중심으로", 『플러스』, 1991년 3월호.
· 유걸, 『Pro-architect 10』, 건축세계사, 1998.
· 유병림, "공원설계에서 기념성의 문제", 『한국조경학회지』 23(4), 1996, pp.40~49.
· 윤홍기, "경복궁과 구조선 총독부 건물 경관을 둘러싼 상징물 전쟁", 『공간과 사회』 15, 2001, pp.287~288.
· 이기봉, "지역과 공간 그리고 장소", 『문화역사지리학회지』 17(1), 2005, pp.121~137.
· 이무용, 『지역발전의 새로운 패러다임 장소마케팅 전략』, 논형, 2005.
· 이상민, 『설계 매체로 본 한국 현대 조경설계의 특성』, 서울대학교 대학원 박사학위논문, 2006.
· 이석환, 『도시 가로의 장소성 연구: 대학로의 사례를 중심으로』, 서울대학교 박사학위논문, 1998.
· 이석환 · 황기원, "장소와 장소성의 다의적 개념에 관한 연구", 『국토계획』 32(5), 1997, pp.169~184.
· 이승헌 · 이동언, "노베르크 슐츠의 '장소성' 이론에 대한 비판적 고찰", 『건축역사연구』 12(3), 2003, pp.149~162..
· 이용선, "올림픽공원: 세계 수준의 시민공원", 『건설저널』 2004(11), 2004, pp.66~69.
· 이유직, "독립공원의 조경사적 의의", 『한국조경학회지』 36(1), 2008, pp.103~115.
· 이종건, "유걸건축유감", 『중심이탈의 나르시시즘』, 이석미디어, 2001, pp.246~7.
· 이종건, 『해방의 건축』, 발언, 1998, p.171.
· 이진, "민족 통일을 위한 대역사: 독립기념관", 『북한』, 1986년 3월호, p.159.
· 이태교, "'조순 작품' 여의도공원 기대반, 우려반", 『동아일보 매거진: 신동아』, 1997, pp.202~205.

· 이태진, "18~19세기 서울의 근대적 도시발달 양상", 『서울학연구』 4, 1995, pp.1~36.
· 이혜민, 『도시 공원의 변모과정에 대한 공간정치적 해석: 어린이대공원을 중심으로』, 서울대학교 환경대학원 석사학위 논문, 2010.
· 장석만, "우리에게 근대성 공부는 무엇인가", 『한국 근대성 연구의 길을 묻다』, 돌베개, 2006.
· 장석주, 『장소의 탄생』, 작가정신, 2006.
· 전병은, "이용후 평가: 올림픽공원", 『환경과 조경』 2003(8), 2003, pp.110~113.
· 전봉희, "벽과 마당의 건축, 그 또 다른 시도", 『건축사』, 1996년 11월호, p.50.
· 전우용, 『서울은 깊다』, 돌베개, 2008.
· 전인권, 『박정희의 정치사상과 행동에 관한 전기적 연구』, 서울대학교 대학원 박사학위 논문, 2001.
· 전인권, 『박정희 평전』, 이학사, 2006.
· 정기용, 『감응의 건축』, 현실문화, 2008.
· 정기용, 『사람, 건축, 도시』, 현실문화, 2008.
· 정수복, 『파리의 장소들: 기억과 풍경의 도시미학』, 문학과 지성사, 2010.
· 정숙영 외, "남산 제모습 가꾸기 사업의 도시생태공원으로서의 평가", 『서울도시연구』 7(1), 2006, pp.101~121.
· 정영선, "되돌아 본 한국 조경의 30년", 『한국의 조경 1972-2002: 한국조경학회 창립 30주년 기념집』, 한국조경학회, 2002, pp.111~117
· 정운현, 『서울시내 일제 유산답사기』, 한울아카데미, 1995.
· 정재경, 『박정희 사상 서설』, 집문당, 1991.
· 정재경, 『위인 박정희』, 집문당, 1992.
· 정재훈, "나의 길 나의 인생(1): 일제 잔재 청산과 문화재 조경", 『환경과 조경』145, 2000, pp.37~40.
· 제프리 브로드벤트 저, 안건혁 · 온영태 역, 『건축도시 공간디자인의 사조』, 기문당, 2010.
· 조갑제, 『내 무덤에 침을 뱉어라 2』, 조선일보사, 1999.
· 조경진, "공원, 도시의 희망: 창조적인 공원 만들기를 통한 도시 디자인", 『공원을 읽다』, 나무도시, 2010, pp.243~267.
· 조경진, "노을공원에 대한 새로운 상상과 실천전략", 『난지 노을공원의 미래 어떻게 만들 것인가?』, 2011, pp.53~71.

· 조경진, "도시의 공원, 경계와 매개의 수평공간", 『도시 공원에 대한 새로운 지평New Ideas on Urban Parks: 도시공원 국제심포지엄 프로시딩』, 한국조경학회, 2010, pp.11~19.
· 조경진, "땅과 경관", 김형국 편, 『땅과 한국인의 삶』, 나남, 1999.
· 조경진 · 김정호, "조경설계에 있어서 전통정원의 현대적 재현의 특성", 『한국조경학회지』 28(6), 2001, pp.84~95.
· 조경진 · 배정한 외, 『우리시대의 조경 속으로』, 서울포럼, 1999.
· 조광권, 『청계천에서 역사와 정치를 본다』, 여성신문사, 2005.
· 조남호, 『건축의 실재성, The Title Story in a Collection』, 2005, p.8.
· 조명래, 『개발정치와 녹색진보』, 환경과 생명, 2006.
· 조명래, "건축을 통한 사회 발전의 한 방식", 『공간』 452, 2005년 7월호.
· 조명래, "도시화의 흐름과 전망", 『경제와 사회』 60호, 2003, pp.10~39.
· 조명래, "아시아의 근대성과 삶의 터전 재편", 『아시아문화 심포지움』 발표논문, 아시아문화심포지움조직위원회 주관, 2005.
· 조명래, 『현대사회의 도시론』, 한울, 2002.
· 조병수, "요새와 등대", 『C3 Korea』 248, 2005년 4월호, p.84.
· 조세환, "한국 조경의 도입", 『한국 조경의 도입과 발전 그리고 비전: 한국조경백서 1972-2008』, 조세환 · 홍광표 · 서주환 · 신익순 · 이상석 · 배정한 저, 환경조경발전재단, 2008, pp.20~43.
· 중앙일보 특별취재팀, 『실록 박정희』, 중앙M&B, 1998.
· 진양교 외, 『서울 생활의 발견』, 현실문화연구, 2003, pp.114~161.
· 진양교, "하늘에 걸린 초원: 난지하늘초지공원의 공간과 의미", 『환경과 조경』 2001(10), 2001, pp.92~101.
· 진양교, "여의도 만가", 『문화도시 · 문화복지』 2, 1999, pp.14~17.
· 진종헌 · 신성희, "도시 정체성 형성을 위한 '과거'의 선택적 복원 과정: 인천시의 만국공원 복원론을 사례로", 『지리학연구』 40(2), 2006, pp.241~255.
· 찰스 왈드하임 편, 김영민 역, 『랜드스케이프 어바니즘』, 도서출판 조경, 2007.
· 청와대, 『경주관광종합개발계획』, 1971.
· 최강림, 『신도시개발과 장소만들기』, 한국학술정보(주), 2008.
· 최막중 · 김미옥, "장소성의 형성 요인과 경제적 가치에 관한 실증분석", 『국토계획』 36(2), 2001, pp.153~162.

· 최문규, "그는 네덜란드 건축가?"(최문규와 다니엘 바예의 대담), 『C3 Korea』 262, 2006년 6월호, p.138.
· 최문규, "질문들 그리고 질문들", 『C3 Korea』 262, 2006년 6월호, p.36.
· 최병두, "자본주의 사회에서 장소성의 상실과 복원", 『원도시 아카데미 자료집』, 2002, pp.1~21.
· 최열 · 임하경, "장소 애착 인지 및 결정요인 분석", 『국토계획』 40(2), 2004, pp.53~64.
· 최정민, 『옴스테드 양식이 한국현대조경작품에 미친 영향에 관한 연구』, 서울시립대학교 대학원 석사학위논문, 1993.
· 최정민, 『현대 조경에서의 한국성에 관한 연구』, 서울시립대학교 대학원 박사학위논문, 2008.
· 크리스찬 노베르크 슐츠 저, 민경호 외 역, 『장소의 혼』, 태림문화사, 1996.
· 피에르 노라 저, 김인중 외 역, 『기억의 장소: 공화국』, 나남, 2005.
· 피터홀 저, 임창호 · 안건혁 역, 『내일의 도시』, 한울아카데미, 2005.
· 한국도시연구소 편, 『도시공동체론』, 한울, 2003.
· 한국도시연구소 편, 『한국도시론』, 박영사, 1998.
· 한국도시연구소 편, 『한국사회의 신빈곤』, 한울, 2006.
· 한국조경학회, 『현대한국조경작품집』, 도서출판 조경, 1992.
· 한국토지공사, 『수도권신도시 종합평가분석연구』, 1999.
· 한소영 · 조경진, "서울시 도시 공원의 장소적 재현: 기념성, 상징성, 장소 기억을 중심으로", 『한국조경학회지』 38(2), 2010, pp.37~52.
· 헨리 토드, "Colonial Seoul' s Wartime Spatiality and Its Post-Colonial Legacies", 『20세기 서울, 세계 속의 서울학』, 2008 서울학국제심포지움 자료집, 서울학연구소, 2008, pp.37~60.
· 환경계획연구소, "작품: 파리공원 및 관리사무소", 『건축문화』 (75), 1987, pp.87~89.
· 환경과 조경 통권 201호 기념 특별기획, "열 개의 공간, 다섯 가지 시선", 『환경과 조경』 2005(1), 2005
· 환경과 조경 편집부, 『한국의 공원: Park_scape』, 도서출판 조경, 2006.
· 황기원 외, "서울, 20세기 공원 · 녹지의 변천", 『서울 20세기 공간 변천사』, 서울시정개발연구원, 2001, pp.379~448.
· 황기원, "한국의 조경교육 30년: 회고와 전망", 『한국의 조경 1972-2002: 한국조경학회 창립 30주년 기념집』, 한국조경학회, 2002, pp.55~66.

· 황두진, "김태수와 한국적 전통", 『건축과 환경』 1995년 1월호.

· Andreas Huyssen, "Mapping Postmodern", *New German Critique* 33, 1984, pp.5~52.
· Anna Klingmann, *Brandscape*, Cambridge: The MIT Press, 2007.
· Arjun Appadurai, "Disjuncture and Difference in the Global Cultural Economy", *Theory, Culture and Society* Vol.7, 1990, pp.295~310.
· Arjun Appadurai, *Modernity at Large*, Minneapolis: University of Minnesota Press, 1996.
· Charles Moore and William Mitchell, "On Gardens", *Mimars*, 1983, pp.23~29.
· Cho, M.R., "Flexible sociality and the postmodernity of Seoul", *Korea Journal* vol.31 no.3, 1999.
· Cho, M.R., "Neo-liberal urbanism: reflections on the post-crisis Seoul, Korea", *paper presented at the 3rd International Conference of Critical Geography*, held in Bekescaba, Hungary, June 25-30, 2002.
· Christophe Girot, "Four Trace Concepts in Landscape Architecture" ed. James Corner, *Recovering Landscape*, New York: Princeton Architectural Press, 1999.
· Craig Owens, "The Allegorical Impulse: Toward a Theory of Postmodernism", *October* 12, Spring, 1980, p.68.
· David Coffin, *The Villa in the Life of Renaissance Rome*, Princeton: Princeton University Press, 1979.
· David Harvey, "The Social Construction of Space and Time: A Relational Theory", *Geographical Review of Japan* 2, 1994, pp.121~135.
· Donald Kunze, *Thought and Place*, New York: Peter Lang, 1987.
· Dorothy Stroud, *Capability Brown*, London: Faber and Faber, 1975.
· Edward W. Said, *Orientalism*, New York: Vintage, 1979.
· Elizabeth Meyer, "Site Citations: The Grounds of Modern Landscape", *Site Matters,* New York: Routledge, 2005, pp.93~129.
· Eric Hobsbawm and Terence Ranger, eds., *The Invention of Tradition*, Cambridge: Cambridge University Press, 1983.
· Henri Lefebvre, *The Production of Space*, London: Blackwell, 1991.
· Ippolito Pizzetti, "Of Gods and Gardens", *Spazio Societa* July/September, 1992, pp.115~118.

· Irwin ltman & Setha Low, *Place Attachment*, New York: Plenum Press, 1992.

· Jacques Lucan, "Architecture en France(1940-2000)", *Histoire et Theories*, Paris: Le Moniteur, 2001.

· James Duncan and Nancy Duncan, "(Re)reading the landscape", *Environment and Planning, D: Society and Space 6*, 1988, pp.123~125.

· James Duncan, *The City as Text: The Politics of Landscape Interpretation in the Kandyan Kingdom*, Cambridge: Cambridge University Press, 1990.

· John Dixon Hunt ed., *The Genius of the Place*, Cambridge: The MIT Press, 1990.

· John Dixon Hunt, *Gardens and Picturesque*, Cambridge: The MIT Press, 1992.

· John Dixon Hunt, *Greater Perfections: The Practice of Garden Theory*, Philadelphia: University of Pennsylvania Press, 2000.

· Junai Pallasmaa, "Space, Place, Memory, and Imagination: The Temporal Dimension of Existential Space", *Spatial Recall: Memory in Architecture and Landscape,* ed. Marc Treib, New York: Routledge, 2009, pp.16~41.

· Jung, In-Ha, *Exploring Tectonic Space: The Architecture of Jong Soung Kim*, Tubingen, Germany: Wasmuth, 2009.

· Jurgen Habermas, *Philosophical Discourse of Modernity*, Cambridge: MIT Press, 2000.

· Kenneth Frampton, "Ten Points on an Architecture of Regionalism: A Provisional Polemic", *Architectural Regionalism,* New York: Princeton Architectural Press, 2007.

· Kim, Tai-Soo, *Tai Soo Kim Partners, Selected Works*, Victoria, Australia: Image Publisher, 1999.

· Kim, Young-ha, "SEOUL Collective Alzheimer' s", *Topos* 64, 2008, pp.68~73.

· Kim, Young-Sub, *Kim Young-Sub and Kunchook-Moonhwa Architect Associates, Selected and Current Works*, Victoria, Australia: Image Publisher, 2003.

· Kwon, Mi-won, "One Place After Another: Notes on Site Specificity", *October* 80, 1997, pp.85~110.

· Lineu Castello, *Rethinking the Meaning of Place: Conceiving Place in Architecture-Urbanism*, Surrey: Ashgate E-book, 2010.

· Manfredo Tafuri, "L' architecture dans le boudoir", in *Oppositions* 3, 1974, reprinted in *Oppositions Reader*, New York: Princeton Architectural Press, 1998, p.292.

· Michael E. Latham, *Modernization as Ideology*, University of North Carolina Press, 2000.

· Michael Keith and Steve Pile eds., *Place and the Politics of Identity*, London: Routledge, 1993.

· Partha Chatterjee, *Nation and Its Fragment: Colonial and Post Colonial Histories*, Princeton: Princeton University Press, 1993.

· Peter G. Rowe, *East Asia Modern*, London: Reacktion Book, 2005.

· R. J. Johnston, Derek Gregory, Geraldine Pratt and Michael Watts eds., *The Dictionary of Human Geography*, London: Wiley Blackwell, 1994.

· Richard Patterson, "The Renaissance Garden", *Transactions* 1, 1986, pp.15~25.

· Robert Beauregard, "From Place to Site: Negotiating Narrative Complexity", *Site Matters*, New York: Routledge, 2005, pp.39~58.

· Robert Maxwell, "The Pursuit of the Art of Architecture", in *James Stirling, Architectural Design Profile*, London: Academy Editions, 1982.

· Ronald Lee Fleming, *The Art of Placemaking: Interpreting Community through Public Art and Urban Design*, London: Merrel, 2007.

· Stephen Ward, *Selling Places: The Marketing and Promotion of Towns and Cities 1850-2000*, London: Routledge, 1998.

· Susan Fainstein, "New Directions in Planning Theory", *Urban Affairs Review* 35(4), 2000, pp.451~478.

· Terry Comito, *The Idea of the Garden in the Renaissance*, New Brunswick: Rutgers University Press, 1971.

· Toby Clark, *Art and Propaganda in the Twentieth Century: The Political Image in the Age of Mass Cultures*, New York: Harry N. Adams, 1997.

· Woo, Kyu-Sung, *Casa Internacinal* edited by Oscar Riera Ojeda, Madirid: Kliczkowski Publisher, 1999.

· Woo, Kyu-Sung, *Whanki Museum* edited by Oscar Riera Ojeda, Gloucester: Rockport Publisher, 1999.

· Yi-Fu Tuan, *Space and Place*, New York: Columbia University Press, 1977.

· Zoh, Kyung-Jin · Pae, Jeong-Hann, "Conflicts and Problems of Foreign Models in Designing Youido Park", *IFLA Eastern Region Conference Proceeding*, 1999, pp.82~89.

· 찾아보기 ·

- ㅅ -

- ㅊ -

- ㅋ -